四川省示范性高职院校建设项目成果

校企合作共同编写，与企业对接，实用性强

企业级Java EE 商业项目开发

qiyeji JavaEE Shangye Xiangmu Kaifa

主　编◎云贵全　张　鑫

副主编◎谢　宇　林勤花　李焕玲

西南交通大学出版社

图书在版编目（CIP）数据

企业级 Java EE 商业项目开发 / 云贵全，张鑫主编．
—成都：西南交通大学出版社，2015.10
ISBN 978-7-5643-4254-8

Ⅰ．①企… Ⅱ．①云… ②张… Ⅲ．①JAVA 语言－程序设计－教材 Ⅳ．①TP312

中国版本图书馆 CIP 数据核字（2015）第 203775 号

四川省示范性高职院校建设项目成果

企业级 Java EE 商业项目开发

主编　云贵全　张　鑫

责任编辑	李芳芳
特邀编辑	穆　丰
封面设计	米迦设计工作室
出版发行	西南交通大学出版社 （四川省成都市金牛区交大路 146 号）
发行部电话	028-87600564　028-87600533
邮政编码	610031
网　　址	http://www.xnjdcbs.com
印　　刷	成都蓉军广告印务有限责任公司
成品尺寸	185 mm × 260 mm
印　　张	20
字　　数	496 千
版　　次	2015 年 10 月第 1 版
印　　次	2015 年 10 月第 1 次
书　　号	ISBN 978-7-5643-4254-8
定　　价	42.00 元

课件咨询电话：028-87600533
图书如有印装质量问题　本社负责退换

序

“华迪”的名字起源于中华、启迪之意，目的是为中华民族培养优秀的IT人才。

作为本书的作者群体，伴随着中国IT行业的发展而成长，在过去的十多年中，由于工作和项目的缘故，从事过众多软件项目的开发，看到过很多项目的成败得失，同时培训过许多优秀的软件开发人员，其中感触良多。

本书分为三个部分，共十二章，以商业项目开发的实际过程为路线图，全面展开软件开发的思想、流程、方法、技术和最佳实践。全书力求做到方法有效、技术实用，集中讲解实际产品开发工作。

第一部分：程序员职业能力指南，系统分析应用型软件人才职业能力要求，详细说明了软件开发人员软件开发过程中的工作职责，让有意向参与软件开发工作的程序员能够清楚的认识到自己的工作目标和工作范围。并对软件开发所采用的过程，关键技术，常用工具等进行了描述，这些都有助于程序员对自己必须具备的能力有更深刻的认识。

第二部分：在这一部份里，带着大家从项目管理的角度去思考一些问题。比如：如何构建一个项目开发小组，给大家介绍不同的项目类型或者不同的任务规模下项目组的结构，以及企业级应用开发项目组角色与职责；应用开发项目管理，包括应用开发工作的规范以及标准，以及应该为企业级应用开发人员提供的帮助；如何创建用户喜欢的企业级应用程序，软件开发过程，以及如何管理与使用信息资源和对商业项目的需求分析与设计、数据库设计。

第三部分：基于 struts2+hibernate+spring 的 web 应用软件开发工作任务。这一部分是此教材的核心内容。此内容包含了通常 web 项目开发的具体流程，以及所对应的技术技能详细讲解，最后以一个完成的项目案例穿透各个环节的具体开发流程。包括，搭建 JavaEE 应用开发工作环境、搭建 JavaEE 开发系统框架、设计企业级应用 WEB 页面、开发数据组件、开发业务组件、开发控制器、开发视图、测试、发布应用和部署应用。

本书主要由四川信息职业技术学院-四川华迪软件工程部团队一起执笔编著。参与该教材编写的工程师付出了艰辛的努力，在此对参与编著本教材的工程师团队表示衷心的感谢。同时特别鸣谢学院的领导和公司的领导对该书的极大支持与关注，在此对他们表示诚挚的感谢！

由于水平和时间的限制，书中难免会出现错误，欢迎读者及各界同仁提出宝贵的意见和建议，您的意见和建议是对我们工作的最大支持。谢谢！

四川信息职业技术学院-四川华迪信息技术有限公司

前　言

一、关于本书

JavaEE 是一个开发分布式企业级应用的规范和标准。Java 语言的平台有 3 个版本：适用于小型设备和智能卡的 JavaME（Java Platform Micro Edition，Java 微型版）、适用于桌面系统的 JavaSE（Java Platform Micro Edition，Java 标准版）、适用于企业应用的 JavaEE（Java Platform Enterprise Edition，Java 企业版）。JavaEE 应用程序是由组件构成的。J2EE 组件是具有独立功能的单元，他们通过相关的类和文件组装成 JavaEE 应用程序，并与其他组件交互。

JavaEE 包括的技术有：Web Service、Struts、Hibernate、Spring、JSP、Servlet、JSF、EJB、JavaBean、JDBC、JNDI、XML、JavaSE。

本书的作者有着多年的企业开发经验和职业教育经验，全面掌握目前企业的开发标准和人才培养的规律。作者从多年的开发经验和教学经验出发，编写出本书。

本书分为三个部分，共十二章，以商业项目开发的实际过程为路线图，全面展开软件开发的思想、流程、方法、技术和最佳实践。

第一部分：程序员职业能力指南，系统分析应用型软件人才职业能力要求，详细说明了软件开发人员软件开发过程中的工作职责，让有意向参与软件开发工作的程序员能够清楚的认识到自己的工作目标和工作范围。并对软件开发所采用的过程，关键技术，常用工具等进行了描述，这些都有助于程序员对自己必须具备的能力有更深刻的认识。

第二部分：在这一部份里，带着大家从项目管理的角度去思考一些问题。比如：如何构建一个项目开发小组，给大家介绍不同的项目类型或者不同的任务规模下项目组的结构，以及企业级应用开发项目组角色与职责；应用开发项目管理，包括应用开发工作的规范以及标准，以及应该为企业级应用开发人员提供的帮助；如何创建用户喜欢的企业级应用程序，软件开发过程，以及如何管理与使用信息资源和对商业项目的需求分析与设计、数据库设计。

第三部分：基于 struts2+hibernate+spring 的 web 应用软件开发工作任务。这一部分是此教材的核心内容。此内容包含了通常 web 项目开发的具体流程，以及所对应的技术技能详细讲解，最后以一个完成的项目案例穿透各个环节的具体开发流程。包括搭建 JavaEE 应用开发工作环境、搭建 JavaEE 开发系统框架、设计企业级应用 WEB 页面、开发数据组件、开发业务组件、开发控制器、开发视图、测试、发布应用和部署应用。

二、本书的特点

精选企业真实开发项目、使用企业真实开发流程、采用企业真实评审标准来完成项目开发。通过本书的学习能够掌握企业对 Java 程序员的基本要求、Java 程序员的成长途径和积累企业项目的开发经验。

三、本书的应用平台和软件

本书的应用平台是 Win7 及以上的操作系统，开发工具和 JDK 的版本为：JDK1.7，Tomcat6.0，Eclipse3.7，数据库为 Microsoft SQLServer 2005 及以上版本。

四、本书的使用对象

本书适合于大学本科、高职高专、Java 技术的培训学校的学生等已经掌握了 JavaWeb 基础的人员学习和参考。通过本书学习，可以掌握完整 JavaEE 企业级开发的流程、规范和方法。

五、本书的资源

课程网站：http://jpgx.scitc.com.cn/Course WebSite/index.php? CourseID=56

编　者

2015 年 9 月

目 录

第 1 章　Java 程序员的职责与专业技能

【学习目标】

➢认识软件；
➢了解软件开发过程；
➢了解软件开发方法；
➢了解常见的软件开发工作种类；
➢掌握程序员的工作职责；
➢掌握程序员职业能力分析；
➢掌握程序员必备的专业技能；
➢了解本书提供的程序员专业技能学习机会；
➢掌握程序员职业能力分析；
➢掌握程序员必备的专业技能。

1.1　Java 程序员的工作职责

1.1.1　认识软件

国标中对软件的定义为：与计算机系统操作有关的计算机程序、规程、规则，以及可能有的文件、文档及数据。

总体来说，软件 = 程序 + 数据 + 文档。

1. 应用类别

按应用范围不同，软件被划分为系统软件、应用软件和介于这两者之间的中间软件。

（1）系统软件：它为计算机使用提供最基本的功能，可分为操作系统和系统软件，其中操作系统是最基本的软件。

（2）应用软件：系统软件并不针对某一特定应用领域，而应用软件则相反，应用软件根据用户和所服务的领域的不同提供不同的功能。

2. 授权类别

（1）专属软件：此类授权通常不允许用户随意地复制、研究、修改或散布该软件。违反此类授权通常会有严重的法律后果。传统的商业软件公司会采用此类授权，例如微软的 Windows 和办公软件。专属软件的源码通常被公司视为私有财产而予以严密的保护。

（2）自由软件：此类授权正好与专属软件相反，赋予用户复制、研究、修改和散布该软件的权利，并提供源码供用户自由使用，仅给予些许的其他限制。Linux、Firefox 和 Open Office 可作为此类软件的代表。

（3）共享软件：通常可免费地取得并使用其试用版，但在功能或使用期限上受到限制。开发者会鼓励用户付费以获取功能完整的商业版本。根据共享软件作者的授权，用户可以从各种渠道免费得到它的拷贝，也可以自由传播它。

（4）免费软件：可免费取得和传播，但并不提供源码，也无法修改。

（5）公共软件：原作者已放弃权利、著作权过期、或作者已经不可考究的软件。使用上无任何限制。

1.1.2 软件开发方法简介

1. 瀑布方法

所有软件开发方法的祖先是瀑布方法（waterfall methodology）。它之所以被称为瀑布方法，是因为开发模块相互之间的依次流动，瀑布方法通过控制阀门的一系列活动组成。这些控制阀门决定一个给定的活动是否已经完成并且可以进入下一个活动。需求阶段处理决定了所有的软件需求。设计阶段决定整个系统的设计。代码在代码阶段编写，然后被测试，最后产品被发布。

对瀑布方法模型最基本的批评就是瀑布方法对于反馈事物发展状况耗时太长。软件的一些内容很容易被理解，而另一些内容则相反。因此，当用户对于手边出现的问题都没有很好理解的时候，开发人员试图先完成所有的需求（也就是说，将需求量化到实际的规格说明当中）是非常困难的。更进一步来说，如果在需求中出现一个错误，它将传播到设计阶段，传播到代码阶段等。同时一般不存在过程中返回的真正能力。因此，如果进入测试并且发现设计的一部分是无法工作的，那么就会进行修改并修补问题而交差，但是这种方法将会失去设计活动的所有上下文环境——你只是有目的地对系统权宜行事！

认识到这个问题后瀑布方法已经被修改成几种形式。例如螺旋式瀑布方法，继承并使用了多个瀑布模型。这种方法缩短了生命周期向下的时间；也就是说，为解决问题提供了迭代方案。

最终，大家无法脱离瀑布方法是因为它确实是合乎常规的方法。首先，这种方法可以决定将要构建的内容；接着，决定将要如何构建这些；下一步，实际构建这些内容。这样可以确保自己确实构建自己所需的东西（并且可以成功运行）。

2. 统一过程

统一过程应用了基于处理系统，首先考虑的最重要方面而实施的短期迭代开发方法。开发一个关于各种用例（use case）的调查文档（也就是说，对用户与系统交互的简短描述），并且开始排除那些可能对整个系统的成功造成风险的用例。只要适合，就可以在开发过程中添加或者删除用列。

统一过程的 4 个阶段定义如下：

➢初始（inception）：仍然处于决定系统内容的阶段——系统将要完成什么以及系统的边界是什么。如果系统能够很好的理解，那么这个阶段就非常短。

➢细化（elaboration）：正在将体系结构的风险移至系统。一种表述该阶段的说法是，“你是否已经解决了所有难题？”或者“你知道如何完成你将要去完成的事情吗？”。

➢构造（construction）：正在完成所有相关的用例来使系统为移交做好准备，也就是说，进入 Beta 版本。

➢移交（transition）：使系统通过它的最后发布阶段以及 Beta 版本。它可能包括软件的操作及维护。

这是一个关注于维护要素的敏捷过程，但是仍然采用了大量用例开发，建模等方面的传统实践。

3. 极限编程

极限编程的开发过程就是以代码为中心的方法。

让用户告知你一些有关系统是如何运转的故事描述，基于故事相互之间的重要性来定制这些系统，这样就可以为自己的团队提供一个故事集合，可以在一个给定的迭代中完成它们，大约两周时间 ——每周工作 40 个小时，你将团队划分，双人应付一个故事，在代码被编写时提供确定数量的测试用例。你和你的同伴在编写自己代码的同时编写单元测试。在完成自己负责的那段代码后，将其拿到集成的机器上，放入代码基线，运行从所有人的代码中积累而成的单元测试。在完成自己负责的那段代码后，将会提供一个运行系统使用户可以评审来确保自己的工作满足他们的需要。

注意极限编程并没有将软件的设计设置成一个高级阶段。相反它认为那些最前端的设计对于整个系统开发不是很有帮助，并且随着实际开发的进行它最终还是被修改。

极限编程对于需要持续提供运行系统的软件开发来说非常适用。当缺少用户介入或者项目规模很大时极限编程方法将会不好用，这时协调和设计活动实际上变得更重要了。

极限编程合理地考虑开发团体的能力，这样可以有效计划。

1.1.3　常见的软件开发工作种类

常见软件开发工作种类如表 1-1 所示。

表 1-1　常见的软件开发工作种类

角色	职　责
业务流程分析员	通过概括和界定作为建模对象的组织来领导和协调业务用例建模
业务设计员	通过描述一个或几个业务用例的工作流程来详细说明组织中某一部分的规约。通过描述一个或几个业务用例的工作流程来详细说明组织中某一部分的规约。指定实现业务用例所需的业务角色及业务实体，并且将业务用例的行为分配给这些业务角色及业务实体。定义一个或几个业务角色和业务实体的责任、操作、属性和关系
业务模型复审员	参与对业务用例模型和业务对象模型的正式复审
需求复审员	负责计划并执行对用例模型的正式复审
系统分析员	通过概括系统的功能和界定系统来领导和协调需求获取及用例建模
用例阐释员	通过描述一个或几个用例的需求状况以及其他支持软件的需求，详细说明系统功能某一部分的规约。还可负责用例包，并保持用例包的完整性

续表

角色	职　责
架构设计师	负责在整个项目中对技术活动和工件进行领导和协调。确立每个构架视图的整体结构：视图的详细组织结构、元素的分组以及这些主要分组之间的接口
架构复审员	负责计划并执行对软件构架的正式复审
用户界面设计员	领导和协调用户界面的原型设计和正式设计
封装体设计员	根据并行需求确保系统能够及时地对事件做出响应
代码复审员	确保源代码的质量，并且计划和执行源代码复审。在复审活动中，负责收集有关返工的反馈意见
数据库设计员	定义表、索引、视图、约束条件、触发器、存储过程、表空间或存储参数，以及其他在存储、检索和删除永久性对象时所需的数据库专用结构
设计复审员	计划并进行设计模型的正式复审
设计员	定义一个或几个类的职责、操作、属性及关系，并确定应如何根据实施环境对它们加以调整。此外还可能要负责一个或多个设计包或设计子系统，其中包括设计包或子系统所拥有的所有类
实施员	按照项目所采用的标准来进行构件开发与测试，以便将构件集成到更大的子系统中。如果必须创建驱动程序或桩模块等测试构件来支持测试，那么还要负责开发和测试这些测试构件及相应的子系统
集成员	负责制订集成构建计划，在子系统和系统级别进行集成
测试员	负责设置和执行测试；评估测试执行过程并修改错误
测试设计员	负责对测试进行设计、实施和评估，包括：参与测试计划的制订，生成测试模型；执行测试过程；评估测试范围和测试结果，以及测试的有效性；生成测试评估摘要
测试经理	负责计划测试，管理和评估整个测试过程
变更控制经理	负责对变更控制过程进行监督
配置经理	负责为产品开发团队提供全面的配置管理（CM）基础设施和环境
部署经理	负责制订向用户群体发布产品的计划，并将其纳入部署计划中
流程工程师	对软件开发流程本身负责。包括在项目开始前配置流程，并在开发工作过程中不断改进流程
项目经理	负责分配资源，确定优先级，协调与客户和用户之间的沟通。使项目团队一直集中于正确的目标。还要建立一套工作方法，以确保项目工件的完整性和质量
项目复审员	负责在项目生命周期中的主要复审点处评估项目计划工件和项目评估工件
课程开发员	开发用户用来学习产品使用的培训材料。其中包括制作幻灯片、学员说明、示例、教程等，以增进学员对产品的了解
图形设计员	制作可作为产品包装一部分的产品标识图案
系统管理员	负责维护支持开发环境、硬件和软件、系统管理、备份等
技术文档编写员	负责制作最终用户支持材料，例如用户指南、帮助文本、发布说明等
工具专家	负责项目中的支持工具。其中包括选择和购买工具，还要配置和设置工具，并核实工具是否可以使用

1.1.4　程序员在软件开发过程中的职责

程序员开发职责如表 1-2 所示。

表 1-2　程序员开发职责

岗位名称	岗位职责
Java 程序员	➢参与需求分析，参与系统设计； ➢负责按照要求完成各类设计文档，并参与开发； ➢进行代码审核，提出改善建议； ➢参与配置管理，建立自动化单元测试，每日构建

1.2　Java 程序员必备的专业技能

1.2.1　程序员职业能力分析

1. 职责描述

程序员负责按照项目所采用的标准来进行构件开发与测试，以便将构件集成到更大的子系统中。如果必须创建驱动程序或模块等测试构件来支持测试，那么程序员还要负责开发和测试这些测试构件及相应的子系统。

2. 进入条件

要成为一名合格的程序员，应满足下列条件之一：

➢具有大专及以上计算机相关专业学历的非本行业从业人员；

➢曾经作为测试员在软件开发团队中工作过的人员。

1.2.2　程序员必备的专业技能

1. 核心能力

1）核心能力概述

按项目规定的要求创建构件，实施单元测试，修改构件的缺陷，最终交付构件的能力。

2）核心能力技能及知识要求

程序员核心能力如表 1-3 所示。

表 1-3　程序员核心能力

核心能力具体要求	技能要求	知识要求
核心能力 1：正确理解项目规定的实施要求	➢能够正确理解构件实施计划中规定的实施任务； ➢能够正确理解指导构件实施的实施模型	➢软件项目管理（项目计划）； ➢UML
核心能力 2：根据构件的实施模型编写源代码	➢能够熟练使用项目实施所需的编程工具编程； ➢能够正确执行软件编程规范	➢软件编程技术； ➢软件编程规范

续表

核心能力具体要求	技能要求	知识要求
核心能力 3：实施单元测试	➢能够按照实施模型确定单元测试的对象，并设计相应的单元测试用例； ➢能够按照单元测试用例的要求，正确编写测试构件； ➢能够执行测试，并且记录测试结果	➢软件测试技术（白盒测试、黑盒测试）； ➢软件编程技术； ➢软件测试过程（步骤/操作、输入值/测试用例、预期结果、核实方法）
核心能力 4：根据批准的缺陷报告要求修复缺陷	➢能够正确理解缺陷报告； ➢能够确定缺陷的位置，修复缺陷	➢软件配置管理； ➢软件编程技术
核心能力 5：按要求交付构件	➢能够按照交付要求对构件正确打包； ➢能够按照交付要求正确交付构件	➢软件编程规范（打包要求）

2. 基本能力

1）基本能力概述

确保自己具备程序员从业资格，并能有效管理实施工作环境的能力。

2）基本能力技能及知识要求

程序员基本能力如表 1-4 所示。

表 1-4 程序员基本能力

基本能力具体要求	技能要求	知识要求
基本能力 1：能持续学习和掌握构件实施的工具与方法	➢能够正确理解“程序员”职责要求； ➢能够根据软件开发技术的发展及时学习和掌握新的软件工具及方法； ➢能够使用外语获得相关的专业知识	➢专业外语
基本能力 2：对自己的任务和时间进行有效管理	➢能够根据实施计划对自己承担的各项任务合理地安排时间，确保按计划完成任务； ➢能够及时填写和定期提交工作任务完成情况，为项目过程的改进提供准确的基础数据	➢软件项目管理； ➢个体软件管理
基本能力 3：能够建立和谐的工作关系	➢能够与实施小组负责人及时沟通，确保正确地理解构件实施计划的全部内容； ➢能够与设计员及时沟通，以便正确地执行构件设计，并及时解决实施中出现的问题； ➢能够与实施小组中的其他程序员协同工作，确保任务成功执行； ➢能够与测试小组中的测试员协同工作，确保及时修复缺陷； 能够配合质量保证人员的工作	➢沟通技巧； ➢软件开发过程； ➢ SQA
基本能力 4：能够建立稳定的日常工作环境	➢能够确保实施设备（计算机、网络等）的正常工作； ➢能够确保实施环境（操作系统、网络、数据库系统等）的正常工作； ➢能够确保开发工具的正常工作	➢计算机操作系统（在操作系统中安装、删除程序，配置操作系统的环境变量）； ➢数据库管理系统（数据库的维护）； ➢TCP/IP（IP 地址、DNS、TCP/IP 的配置）

1.3　如何拥有 Java EE 开发专业技能

1.3.1　Java EE 应用开发技能的获取过程

1. 如何学习软件开发

软件开发是一种目标导向的，期待以更低的成本完成更高质量投资回报的，需要沟通和创造的协作过程。

作为一名软件开发工程师应该学习软件开发专业技能，包括软件开发技能的学习路线，包括需要重点学习的专业知识与工具。

1）软件开发工程师必须掌握的内容

（1）项目需求。

只有真正的了解项目需求后，才能制定出适合项目的开发计划。当一个企业需要有信息化方面的项目规划的时候，首先需要明白信息化系统要管理什么，以及对要管理的目标如何实现。如果要做到真正明确需求的话，整个过程必须立足于管理的目标和管理方法之间的关系。

（2）业务流程。

项目成员只有真正的了解每个需求的业务流程之后，才能设计出完善的系统用例。在项目需求中，每一个需求可能都包含一个或多个业务流程。业务流程是为达到特定的价值目标而由不同的人分别共同完成的一系列活动。活动之间不仅有严格的先后顺序限定，而且活动的内容、方式、责任等也都必须有明确的安排和界定，以使不同活动在不同岗位角色之间进行转手交接成为可能。

2）软件开发工程师学习线路

软件开发工程师学习线路如图 1-1 所示。

3）带着问题去学习

带着问题去学习是非常高效的一种学习方法。在项目中或者学习过程中遇到了问题，那么我们就需要去解决这个问题，它将促进我们更深入的学习和掌握相关的知识点和技能。

4）多请教，多总结，多思考，多积累

- 多请教：请教前辈可节约非常多的时间。
- 多总结：解决问题后需要对此类型的问题进行总结。
- 多思考：思考可以带入到生活的方方面面，而我们需要学会如何来进行思考。
- 多积累：学习笔记，项目工程等都是提供积累的资源。

5）归根结底

- 学习和走路、开车一样，掌握基本要领，然后多练、多总结，必然能学会。
- 耐心、细心、动手、思考、总结。

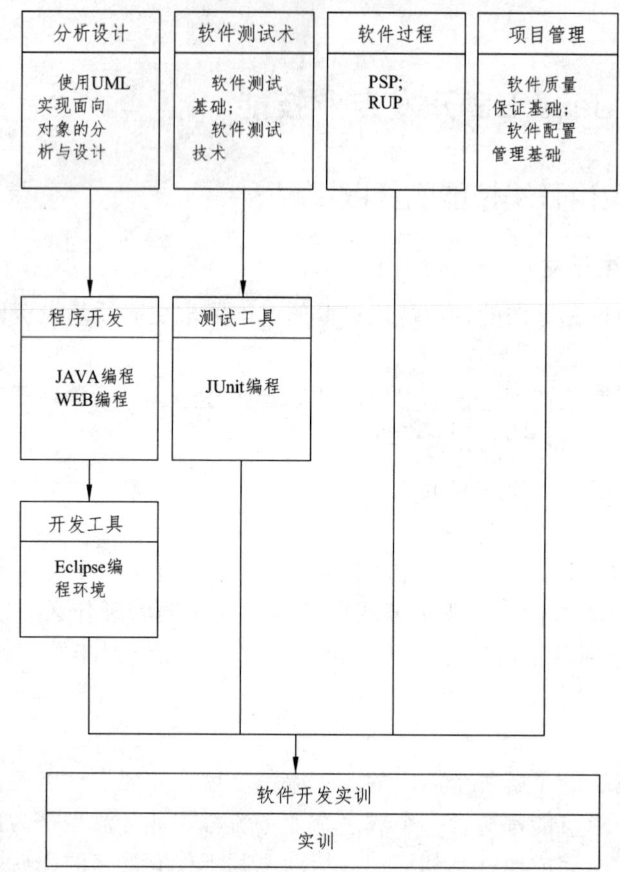

图 1-1 软件开发工程师学习线路图

1.3.2 需要学习的专业知识与工具

1. 专业能力概述

能够熟练搭建开发环境，按实施要求使用项目规定的工具和方法高效实施，并能根据项目组使用的开发流程、规范和质量标准开发出合格的构件。

2. 专业能力基本技能及知识要求

专业能力基本技能及知识要求如表 1-5 所示。

表 1-5 软件开发工程师学习线路图

专业能力具体要求	技能要求	知识要求
专业能力 1：掌握建模工具	➢能够熟练使用建模工具	➢UML 建模工具（Rose 等）
专业能力 2：熟练运用 Java 编程技术	➢熟练使用 JDK1.4API 编程； ➢能够运用 JDK1.5 新增特性编程； ➢能够编写 JavaBean； ➢能够编程解析 XML 数据； ➢能够应用 JNDIAPI 编程； ➢能够应用 JDBCAPI 编程；	➢JDK API（java.lang、java.util 等）； ➢JDK1.5 新增特性； ➢JavaBean 规范； ➢XML 语法； ➢XML 编程 API（DOM、SAX、JAXP、JAXB、JQuery 等）；

续表

专业能力具体要求	技能要求	知识要求
专业能力 2：熟练运用 Java 编程技术	➢能够编写 GUI 程序	➢JNDI 规范； ➢SQL 语句； ➢JDBC API 接口； ➢AWT 组件、Swing 组件、SWT 组件； ➢事件响应机制
专业能力 3：熟练运用 Web 编程技术	➢能够使用 Servlet API 编程； ➢能够使用 JSP 语法、JSTL、Expression Language 编程实现 JSP； ➢能够编程实现自定义标签； ➢能够使用 JSP、Servlet、JavaBean、JDBC 开发 Web 应用程序； ➢能够使用 JavaScript 编程； ➢能够在 Web 服务器中配置数据库连接池，使用 JNDI API 编程获取数据库连接	➢Html 基础（Html 标签）； ➢WEB 开发技术（JSP、JSTL、Expression Language）； ➢标签库； ➢JavaScript 语法； ➢数据库连接池； ➢Struts2 MVC 框架； ➢Hibernate ORM 框架； ➢Spring 容器框架； ➢Tomcat 服务器
专业能力 4：熟练使用编程工具	➢能够使用编程工具管理项目的源代码； ➢能够使用编程工具正确地进行调试	➢编程工具（Eclipse、JBuilder 等）
专业能力 5：熟练使用单元测试框架	➢能够使用单元测试框架编写测试代码	➢JUnit 测试框架； ➢软件测试过程（步骤/操作、输入值/测试用例、预期结果、核实方法）
专业能力 6：建立和配置开发环境	➢能够正确安装、配置编程工具； ➢能够正确安装配置管理工具； ➢能够正确安装、配置 Web 应用服务器	➢编程工具（Eclipse、JBuilder 等）； ➢配置管理工具（VSS、TortoiseSVN）； ➢Web 应用服务器（Tomcat 等）
专业能力 7：严格执行规定的开发过程、规范与质量标准	➢能够配合设计员提交变更请求； ➢能够配合软件质量保证小组工作	➢软件变更管理（提交变更请求、确认或拒绝、分配工作与安排工作时间、进行变更、核实变更）； ➢软件质量保证

第 2 章 企业级项目管理与案例分析

【学习目标】

➢构建项目组；

➢了解项目组角色与职责；

➢掌握软件开发过程；

➢了解项目环境；

➢了解 JavaEE 相关技术；

➢掌握项目需求分析和设计。

2.1 构建开发项目组

2.1.1 不同任务规模下的项目组结构

在不同时期和不同规模的软件企业中，软件开发团队的组织形式是有差异的。对不同规模的项目，如何组建项目开发团队？

1. 方案一：项目负责人总揽全局

对于小作坊的软件开发团队，可以由一个项目负责人总览全局。项目负责人承担从用户需求-软件需求-总体设计的所有工作。同时还需要做到整个团队进度规划，质量保证，配置管理和沟通协调等相关工作。所以小型项目团队对项目负责人的业务，技术和沟通管理等技能都要求较高，项目负责人是项目中的总体方案确认者和架构师。项目负责人能力和技能往往决定了整个软件项目的成败。

我们这里指的小型团队不是只一个人单打独斗的项目，所以项目负责人最好不要介入到模块设计和编码活动中，而是应该把重点放在进度的控制和质量的保证上面。由于项目负责人一般有较强的技术能力，所以项目负责人可以承担项目中要使用的一些新技术的研究，项目中一些疑难问题的解决等相关工作。项目负责人还应该有计划的设计开发人员的代码进行评审，对发现的规范性、性能、复用差等问题跟项目成员确认，并写入到项目开发规范中。

2. 方案二：项目负责人和开发负责人分离

在这种方案下，项目负责人和开发负责人在软件需求和架构上的工作是重叠的。这两个岗位的人员共同来确认项目的总体方案和架构。项目负责人的重点在项目管理和与客户交流沟通上，只有确认清楚第一手的用户需求，才能开发出来用户满意度高的软件。对于很多小型项目往往是用户需求都没有搞清楚就开工，项目成员完全凭借着自己的感觉在做系统，过程中又不注意与用户及时反馈和迭代，导致开发出完全不能使用的系统；开发负责人的重点是对整个开发过程负责，包括对项目经理确认的进度目标进行任务的进一步分解，安排后续的增量和迭代计划，方案二的重点是第一次解放项目经理，架构的核心移动到了开发负责人，而项目经理仅仅是参与讨论和评审，而单独剥离出开发负责人后，可以更好的对开发过程进行跟踪和协调，开发负责人重点放在项目内部，而避免过多和外部干系人沟通和协调。

3. 方案三：测试的专职化

对于项目团队发展到 5 ~ 10 人的时候，项目中的测试工作必须专职化的由测试人员来完成。一般测试人员的配置比例为 4 ~ 6 名开发人员需要配置一名专职化的测试人员。测试人员站在第三方和模拟使用者角度来进行系统的测试，可以更好的发现系统的 BUG 和相关问题，有效的保证系统的质量。

在方案三中项目经理工作进一步清晰，项目经理不在承担软件需求和架构的相关工作。而重点在项目内外的沟通协调和整个项目进度计划的安排上。这个时候项目中的设计负责人对整个系统的总体设计方案和架构负责，而且设计负责人也将不在参与具体的功能模块的设计和开发工作。设计负责人的重点转化到软件需求的开发和总体设计上面（如涉及到 RUP 中的用例建模，用例分析，架构设计，组件接口复用）。

4. 方案四：项目经理和需求角色分离

当项目团队的规模发展到 12 ~ 20 人的时候，项目团队基本上可以算做中小型的项目团队。这个时候项目经理完全专职化做项目管理的工作。包括项目进度计划制定，项目跟踪监控，风险分析和控制，项目度量分析和决策等相关内容。对于需求活动设置专门的需求工程师岗位来完成需求的开发。同时项目中设置专门的架构设计人员，架构设计人员不再负责需求的开发工作，而重点在于系统总体设计方案的确定，系统的 4+1 视图的分析，同时架构人员要考虑整个系统的集成方案的确定和具体功能单元和模块的集成。

由于项目规模的扩大，项目的配置项更加复杂，项目也需要同时起开发，测试，集成和 Bug Fix 等多个分支，因此需要设置专门的配置管理员来进行项目的配置管理。

对于项目同时需要开发新版本，又需要对已经发布的维护版本进行功能改进的时候，项目中要考虑设置专门的维护人员。由维护人员来完成项目小功能的改进和 Bug 的修复。这样新版本设计开发人员可以更专注的进行新功能的开发。

不同规模的软件企业都有各自的开发团队，但这些团队的组织形式差异很大。我有幸经历过一些不同规模的企业，其开发团队的组织形式通过下面的两个案例和大家分享。

案例 1：某公司是一个大型的集团公司，软件研发团队组织结构如图 2-1 所示，软件研发工作由公司 CTO 领导，下设中央研究院、应用研究院和技术委员会。中央研究院主要关注核心技术和前沿技术的研究以及为应用研究院提供技术支撑；应用研究院和市场接轨，主要针对行业应用设置开发室；技术委员会下设软件测试中心和项目管理部，对整个项目研发过程实行跟踪监控以及质量控制。所有的项目组由中央研究院下属各实验室以及应用研究院下属各开发室组建，对于大型的项目，可以由多个实验室和开发室共同组建。

分析：在该公司的组织架构中，开发部门或者开发组和测试部门是独立的，当项目组组建时，由软件研发中心组建开发组为项目提供研发服务。根据项目规模大小，开发组由一名项目经理负责，并配备相应数量的开发工程师为项目提供开发服务。项目经理向研发中心主任汇报工作，开发组将独立于项目组开展研发工作。同时项目经理制定项目计划，跟进进展，和测试经理就项目整体进度达成一致。

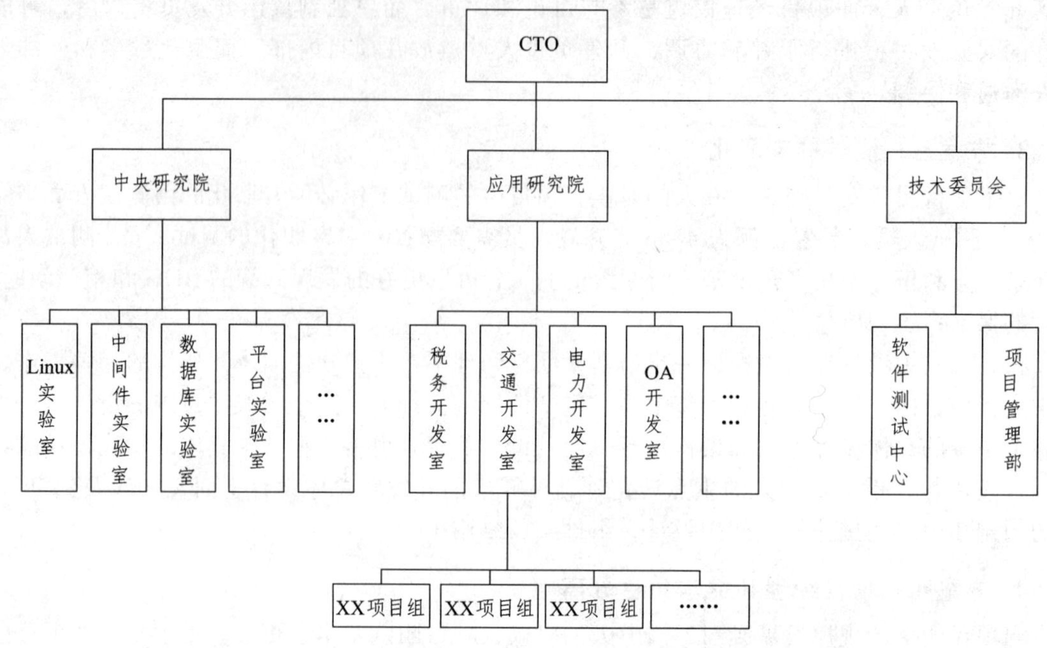

图 2-1　案例 1 公司软件研发团队组织结构图

案例 2：某公司是一个不足一百人的中小型企业，其软件研发团队组织结构如图 2-2 所示，软件研发工作由 CTO 领导，下设软件研发部和项目管理部，项目管理部管理项目的立结项以及过程监控，软件研发部由各项目组构成，并在软件研发部设立了专门的测试组，测试组负责所有项目组的软件测试任务。

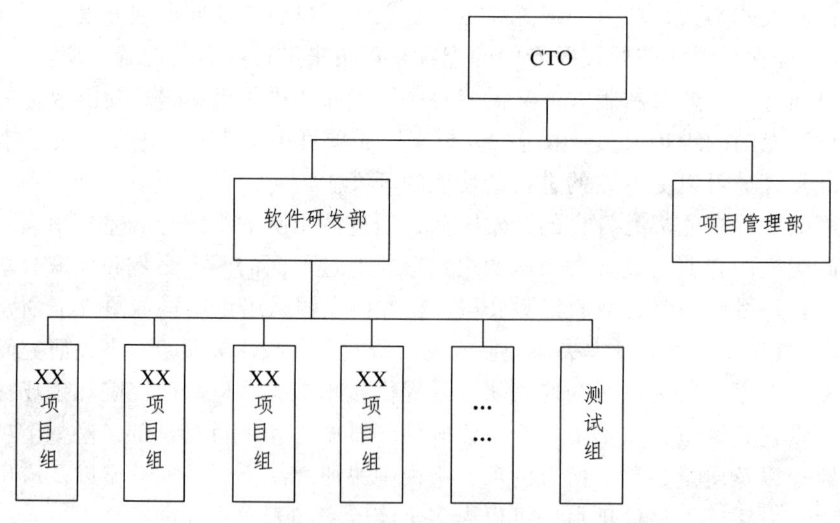

图 2-2　案例 2 公司软件研发团队组织结构图

分析：在这种组织方式下，开发和测试都归属于软件研发部，开发人员可能归属于某一个项目，由项目经理直接领导。这种情况下项目经理对整个项目负责，也拥有最多的决定权。

从上面的案例中，我们看到在早期的软件公司里面或一些小型公司里面一般没有独立的测试部门，往往会下设多个项目组，每个项目组里面配 1-3 名测试人员，直接由项目经理领导，所有的项目组又统一归研发部或技术总监领导；这种组织架构的一个弊端就是没有独立的测试部门，有人戏称项目经理既是运动员又是裁判员，测试人员起不到较好的质量监督和保障作用。

随着对软件质量要求的提高，目前，在一些大中型公司，甚至一些中小型公司，项目部门将测试部门独立出来，由测试部门经理直接领导测试工程师，并根据项目的需要，把测试人员派往不同的项目组进行项目的测试和质量监督，测试工程师在项目质量上要对项目经理负责，其工作任务完成情况要向测试部门经理汇报，有人将其称之为双向领导。测试部门从开发部门独立出来，会起到更好的第三方监督作用。

2.1.2 企业级应用开发项目组角色与职责

在前面我们通过两个案例分析了软件开发团队的组织形式，目前，绝大多数软件企业都会根据项目的规模、技术平台、行业背景来构建项目组。在一个典型的软件项目开发组中，工作角色大致可以分为两类，他们分类是：

管理类角色：制定计划、组织资源开展工作，并对过程进行跟踪监控。如：部门经理、项目经理等。

技术类角色：执行计划，按时交付工作成果。如：开发架构师、开发工程师、设计员、数据库设计员、集成员、程序员等。

在不同的软件开发企业中，由于管理的成熟度不同，采用的软件开发过程及工作角色划分也会有所差别。无论如何组建软件开发组都会涉及到管理和技术两类角色，只是具体的岗位设置会有多寡。表 2-1 是在当前软件开发技术发展水平下，一个典型开发组的角色设置及职责分配。

表 2-1 开发组角色与职责

类别	角　色	工作职责
管理类	项目经理	项目经理负责分配资源，确定活动优先级，协调与客户和用户之间的沟通。总而言之，就是尽量使项目团队一直集中于正确的目标。项目经理还要建立一套工作方法，以确保项目工件的完整性和质量
	开发组长	开发组长对分配的小组工作负责，包括制订成员工作计划，检查工作完成情况；辅助编写项目计划、测试结果分析和报告，并能够帮助测试工程师完成工作；对所负责的子系统、模块负责；服从项目资源调度和分配，并参加项目阶段的评审；与测试团队等进行有效沟通，并协同测试、质量控制及配置管理等小组工作，提供必要的技术支持
技术类	架构设计师	构架设计师负责在整个项目中对技术活动和工件进行领导和协调。构架设计师要为各构架视图确立整体结构：视图的详细组织结构、元素的分组以及这些主元素组之间的接口。因此，与其他角色相比，构架设计师的见解重在广度，而不是深度

续表

类别	角 色	工作职责
	需求分析员	需求分析员通过概括和界定作为建模对象的组织来领导和协调业务用例建模。例如，确定存在哪些业务主角和业务用例，他们之间如何交互。通过描述一个或几个用例的需求状况以及其他支持软件的需求来获取系统功能某一部分的规约。还要负责用例包并维护该用例包的完整性
	软件设计师	设计员定义一个或几个类的职责、操作、属性及关系，并确定应如何根据实施环境对它们加以调整。此外，设计师可能要负责一个或多个设计包或设计子系统，其中包括设计包或子系统所拥有的所有类。编写部分模块设计文档和代码，检查软件工程师编写的模块代码
	UI 设计师	界面设计人员通过以下方法来领导和协调 Web 界面的原型设计和正式设计：获取对 Web 界面的需求（包括可用性需求），构建 Web 页面原型，使 Web 界面的其他涉众（如最终用户）参与可用性复审和使用测试会议，复审并提供对 Web 界面最终实施方案（由其他开发人员创建，如设计师和实施工程师）的适当反馈
	软件工程师	软件工程师负责完成设计师的设计意图，根据设计文档编写代码；根据设计文档编写单元测试代码，根据测试报告 BUG 记录修订 BUG，完成包或子系统的开发
	测试工程师	测试工程师负责执行测试，其中包括设置和执行测试，评估测试执行过程并修改错误，以及评估测试结果并记录所发现的缺陷
	实施工程师	负责软件产品安装调试和部署，完成项目相关系统工程工作，负责客户技术支持，负责编写系统部署方案和使用手册、维护手册，负责系统实施计划和规划

2.2 应用开发项目管理

2.2.1 基于规范和标准实施企业级应用开发流程

具有一定成熟度的软件企业，一般都会建立企业自己的软件过程，定义其软件生命周期模型。通常的软件生命周期模型如：瀑布模型、迭代模型、敏捷开发等。这些模型对于软件开发起到了很好的指导作用。同样，企业根据自身软件过程的需要，会定义开发模型，确定企业的软件开发流程。

1. 瀑布模型

瀑布模型是由 W.W.Royce 在 1970 年最初提出的软件开发模型，在瀑布模型中，开发被认为是按照需求分析，设计，实施，测试，集成和维护坚定地顺畅地进行。

瀑布模型（Waterfall Model）最早强调系统开发应有完整的周期，且必须完整的经历周期的每一开发阶段，并系统化的考虑分析与设计的技术、时间与资源的投入等，因此瀑布模型又可以称为"系统发展生命周期"（System Development Life Cycle，SDLC）。由于该模式强调系统开发过程需有完整的规划、分析、设计、测试及文件等管理与控制，因此能有效的确保系统品质。

2. 迭代模型

迭代式模型是 RUP（Rational Unified Process，统一软件开发过程）推荐的周期模型，也是我们在本教材中使用的周期模型。在 RUP 中，迭代被定义为：迭代包括产生产品发布（稳定、可执行的产品版本）的全部开发活动和要使用该发布必需的所有其它外围元素。所以，在某种程度上，开发迭代是一次完整地经过所有工作流程的过程（至少包括需求工作流程、分析设计工作流程、实施工作流程和测试工作流程）。实质上，它类似小型的瀑布式项目。RUP 认为，所有的阶段（需求及其它）都可以细分为迭代。每一次的迭代都会产生一个可以发布的产品，这个产品是最终产品的一个子集。

迭代和瀑布的最大的差别就在于风险的暴露时间上。任何项目都会涉及到一定的风险。如果能在生命周期中尽早确保避免了风险，那么您的计划自然会更趋精确。有许多风险直到已准备集成系统时才被发现。不管开发团队经验如何，都绝不可能预知所有的风险。

由于瀑布模型的特点（文档是主体），很多的问题在最后才会暴露出来，为了解决这些问题的风险是巨大的。在迭代式生命周期中，您需要根据主要风险列表选择要在迭代中开发的新的增量内容。每次迭代完成时都会生成一个经过测试的可执行文件，这样就可以核实是否已经降低了目标风险。

迭代模型与传统的瀑布模型相比较，迭代模型具有以下优点：

➢降低了在一个增量上的开支风险。如果开发人员重复某个迭代，那么损失只是这一个开发有误的迭代的花费。

➢降低了产品无法按照既定进度进入市场的风险。通过在开发早期就确定风险，可以尽早来解决而不至于在开发后期匆匆忙忙。

➢加快了整个开发工作的进度。因为开发人员清楚问题的焦点所在，他们的工作会更有效率。

➢由于用户的需求并不能在一开始就作出完全的界定，它们通常是在后续阶段中不断细化的。因此，迭代过程这种模式使适应需求的变化会更容易些。

迭代模型的选择使用条件：

➢在项目开发早期需求可能有所变化。

➢分析设计人员对应用领域很熟悉。

➢高风险项目。

➢用户可不同程度地参与整个项目的开发过程。

➢使用面向对象的语言或统一建模语言（Unified Modeling Language，UML）。

➢使用 CASE（Computer Aided Software Engineering，计算机辅助软件工程）工具，如 Rose（Rose 是非常受欢迎的对象软件开发工具）。

➢具有高素质的项目管理者和软件研发团队。

3. 敏捷开发

敏捷开发（agile development）是一种以人为核心、迭代、循序渐进的开发方法。在敏捷开发中，软件项目的构建被切分成多个子项目，各个子项目的成果都经过测试，具备集成和可运行的特征。简言之，就是把一个大项目分为多个相互联系，但也可独立运行的小项目，并分别完成，在此过程中软件一直处于可使用状态。

1）敏捷开发技术的特点和优势

➢个体和交互胜过过程和工具。

➢可以工作的软件胜过面面俱到的文档。

➢客户合作胜过合同谈判。

➢响应变化胜过遵循计划。

2）敏捷开发技术的 12 个原则

➢我们最优先要做的是通过尽早、持续地交付有价值的软件来使客户满意。

➢即使到了开发的后期，也欢迎改变需求。

➢经常性地交付可以工作的软件，交付的间隔可以从几周到几个月，交付的时间间隔越短越好。

➢在整个项目开发期间，业务人员和开发人员必须天天都在一起工作。

➢围绕被激励起来的个人来构建项目。

➢在团队内部，最具有效果并且富有效率地传递信息的方法，就是面对面地交谈。

➢工作的软件是首要的进度度量标准。

➢敏捷过程提倡可持续的开发速度。

➢不断地关注优秀的技能和好的设计会增强敏捷能力。

➢简单使未完成的工作最大化。

➢最好的构架、需求和设计出自于自组织的团队。

➢每隔一定时间，团队会在如何才能更有效地工作方面进行反省，然后相应地对自己的行为进行调整。

3）敏捷开发技术的适用范围

➢项目团队的人数不能太多。

➢项目经常发生变更。

➢高风险的项目实施。

➢开发人员可以参与决策。

4）敏捷开发技术的几种主要类型

➢XP(Extreme Programming)——极限编程。

➢Cockburn 的水晶系列方法。

➢开放式源码。

➢Highsmith 的适应性软件开发方法（ASD）。

2.2.2 迭代式模型

如图 2-3 所示显示了随着时间的变化重点发生变化。例如，在早期迭代，我们花费更多的时间在需求上，而在后期迭代，我们花费更多的时间在实施上。

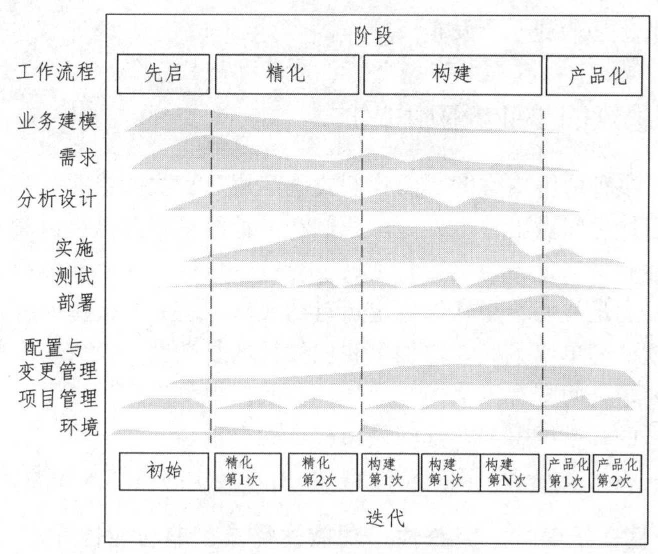

图 2-3　RUP 模型结构

1. 水平轴表示时间，显示过程展开时的生命周期表现

生命周期划分为四个阶段，每个阶段可以有多个迭代。四个阶段根据开发生命周期中不同的关键里程碑划分为：

➢Inception，先启阶段；

➢Elaboration，精化阶段；

➢Construction，构造阶段；

➢Transition，产品化阶段。

2. 垂直轴表示工作流，通过将活动以自然的方式进行逻辑分组

➢Business Modeling，业务建模；

➢Requirements，需求；

➢Analysis& Design，分析和设计；

➢Implementation，实施；

➢Test，测试；

➢Deployment，部署；

➢Configuration &Change Management，配置与变更管理；

➢Project Management 项目管理；

➢Environment，环境。

3. RUP 生命周期

RUP 的软件生命周期从时间上分为四个阶段，每个阶段包括一个主要的里程碑。阶段是两个主要里程碑的分隔，在各个阶段结束时，执行评估阶段目标是否满足以决定是否进入下一个阶段。

RUP 是一个风险驱动的生命周期模型，为了有效地控制风险，RUP 以渐进的方式进行演进，首先解决高风险的问题，这主要是通过迭代来实现。在每个阶段可以划分为多个迭代，每个迭代确定一个内部里程碑(或一个发布)。

2.2.3 创建用户喜欢的企业级应用程序

一个问题总是有多种的解决方案。而我们要确定用户喜欢的企业级应用程序，就意味着我们要在不同的矛盾体之间做出一个权衡。我们在设计的过程总是可以看到很多的矛盾体：开放和整合，一致性和特殊化，稳定性和延展性等等。任何一对矛盾体都源于我们对软件的不同期望。可是，要满足我们希望软件稳定运行的要求，就必然会影响我们对软件易于扩展的期望。我们希望软件简单明了，却增加了我们设计的复杂度。没有一个软件能够满足所有的要求，因为这些要求之间带有天生的互斥性。而我们评价应用程序设计的好坏的依据，就只能是根据不同要求的轻重缓急，在其间做出权衡的合理性。

经过多年经验的积累及跟众多用户沟通得知,用户喜欢的应用程序通常体现在如下方面：

1. 需求的符合性：正确性、完整性；功能性需求、非功能性需求

软件项目最主要的目标是满足客户需求。在进行构架设计的时候，大家考虑更多的是使用哪个运行平台、编成语言、开发环境、数据库管理系统等问题，对于和客户需求相关的问题考虑不足、不够系统。如果无论怎么好的构架都无法满足客户明确的某个功能性需求或非功能性需求，就应该与客户协调在项目范围和需求规格说明书中删除这一需求。否则，架构设计应以满足客户所有明确需求为最基本目标，尽量满足其隐含的需求。(客户的非功能性需求可能包括接口、系统安全性、可靠性、移植性、扩展性等等，在其他小节中细述)。

一般来说，功能需求决定业务构架、非功能需求决定技术构架，变化案例决定构架的范围。需求方面的知识告诉我们，功能需求定义了软件能够做些什么。我们需要根据业务上的需求来设计业务构架，以使得未来的软件能够满足客户的需要。非功能需求定义了一些性能、效率上的一些约束、规则。而我们的技术构架要能够满足这些约束和规则。变化案例是对未来可能发生的变化的一个估计，结合功能需求和非功能需求，我们就可以确定一个需求的范围，进而确定一个构架的范围。

这里讲一个因客户某些需求错误造成构架设计问题而引起系统性能和可靠性问题的小小的例子：此系统的需求本身是比较简单的，就是将某城市的某业务的全部历史档案卡片扫描存储起来，以便可以按照姓名进行查询。需求阶段客户说卡片大约有 20 万张，需求调研者出于对客户的信任没有对数据的总量进行查证。由于是中小型数据量，并且今后数据不会增加，经过计算 20 万张卡片总体容量之后,决定使用一种可以单机使用也可以联网的中小型数据库管理系统。等到系统完成开始录入数据时，才发现数据至少有 60 万，这样使用那种中小型数据库管理系统不但会造成系统性能的问题，而且其可靠性是非常脆弱的，不得不对系统进行重新设计。从这个小小的教训可以看出，需求阶段不仅对客户的功能需求要调查清楚，对于一些隐含非功能需求的一些数据也应当调查清楚，并作为构架设计的依据。

对于功能需求的正确性，在构架设计文档中可能不好验证(需要人工、费力)。对于功能需求完整性，就应当使用需求功能与对应模块对照表来跟踪追溯。对于非功能需求正确性和完整性，可以使用需求非功能与对应设计策略对照表来跟踪追溯评估。"软件设计工作只有基于用户需求，立足于可行的技术才有可能成功"。

2. 总体性能

性能其实也是客户需求的一部分，当然可能是明确的，也有很多是隐含的，这里把它单独列出来在说明一次。性能是设计方案的重要标准，性能应考虑的不是单台客户端的性能，而是应该考虑系统总的综合性能；

性能设计应从以下几个方面考虑：内存管理、数据库组织和内容、非数据库信息、任务并行性、网络多人操作、关键算法、与网络、硬件和其他系统接口对性能的影响；几点提示：算法优化及负载均衡是性能优化的方向。经常要调用的模块要特别注意优化。占用内存较多的变量在不用时要及时清理掉。需要下载的网页主题文件过大时应当分解为若干部分，让用户先把主要部分显示出来。

3. 运行可管理性

系统的构架设计应当为了使系统可以预测系统故障，防患于未然。现在的系统正逐步向复杂化、大型化发展，单靠一个人或几个人来管理已显得力不从心，况且对于某些突发事件的响应，人的反应明显不够。因此通过合理的系统构架规划系统运行资源，便于控制系统运行、监视系统状态、进行有效的错误处理；为了实现上述目标，模块间通信应当尽可能简单，同时建立合理详尽的系统运行日志，系统通过自动审计运行日志，了解系统运行状态、进行有效的错误处理；（运行可管理性与可维护性不同）。

4. 可移植性

不同客户端、应用服务器、数据库管理系统：如果潜在的客户使用的客户端可能使用不同的操作系统或浏览器，其可移植性必须考虑客户端程序的可移植性，或尽量不使业务逻辑放在客户端；数据处理的业务逻辑放在数据库管理系统中会有较好的性能，但如果客户群中不能确定使用的是同一种数据库管理系统，则业务逻辑就不能数据库管理系统中；达到可移植性一定要注重标准化和开放性：只有广泛采用遵循国际标准，开发出开放性强的产品，才可以保证各种类型的系统的充分互联，从而使产品更具有市场竞争力，也为未来的系统移植和升级扩展提供了基础。

5. 系统安全性

随着计算机应用的不断深入和扩大，涉及的部门和信息也越来越多，其中有大量保密信息在网络上传输，所以对系统安全性的考虑已经成为系统设计的关键，需要从各个方面和角度加以考虑，来保证数据资料的绝对安全。

6. 系统可靠性

系统的可靠性是现代信息系统应具有的重要特征，由于人们日常的工作对系统依赖程度越来越多，因此系统的必须可靠。系统构架设计可考虑系统的冗余度，尽可能地避免单点故障。系统可靠性是系统在给定的时间间隔及给定的环境条件下，按设计要求，成功地运行程序的概率。成功地运行不仅要保证系统能正确地运行，满足功能需求，还要求当系统出现意外故障时能够尽快恢复正常运行，数据不受破坏。

7. 业务流程的可调整性

应当考虑客户业务流程可能出现的变化，所以在系统构架设计时要尽量排除业务流程的制约，即把流程中的各项业务结点工作作为独立的对象，设计成独立的模块或组件，充分考虑他们与其他各种业务对象模块或组件的接口，在流程之间通过业务对象模块的相互调用实现各种业务，这样，在业务流程发生有限的变化时（每个业务模块本身的业务逻辑没有变的情况下），就能够比较方便地修改系统程序模块或组件间的调用关系而实现新的需求。如果这种调用关系被设计成存储在配置库的数据字典里，则连程序代码都不用修改，只需修改数据字典里的模块或组件调用规则即可。

8. 业务信息的可调整性

应当考虑客户业务信息可能出现的变化，所以在系统构架设计时必须尽可能减少因为业务信息的调整对于代码模块的影响范围。

9. 使用方便性

使用方便性是不须提及的必然的需求，而使用方便性与系统构架是密切相关的。WinCE（1.0）的失败和后来改进版本的成功就说明了这个问题。WinCE（1.0）有太多层次的视窗和菜单，而用户则更喜欢简单的界面和快捷的操作。失败了应当及时纠正，但最好不要等到失败了再来纠正，这样会浪费巨大的财力物力，所以在系统构架阶段最好能将需要考虑的因素都考虑到。当然使用方便性必须与系统安全性协调平衡统一，使用方便性也必须与业务流程的可调整性和业务信息的可调整性协调平衡统一。"满足用户的需求，便于用户使用，同时又使得操作流程尽可能简单。这就是设计之本。"

10. 可维护性

便于在系统出现故障时及时方便地找到产生故障的原因和源代码位置，并能方便地进行局部修改、切割。

11. 可扩充性：系统方案的升级、扩容、扩充性能

系统在建成后会有一段很长的运行周期，在该周期内，应用在不断增加，应用的层次在不断升级，因此采用的构架设计等方案应充分考虑升级、扩容、扩充的可行性和便利。

2.2.4 管理与使用信息资源

在软件开发过程中，每个活动都会产生相应的工作产品，如表 2-2 所示列举了项目开发常用工作产品。

表 2-2 项目开发常用工作产品

活动	工作产品
先启阶段	软件项目开发计划、项目审批表、技术可行性报告
构建阶段	需求规约、需求规格说明书、软件实现规约、用例建模界面原型风格
分析设计	软件系统分析和设计模型、架构设计说明书、数据库设计说明书、软件系统界面原型
产品化阶段	单元编码、测试用例、软件测试分析报告、软件安装手册、用户使用手册、项目开发总结报告
项目管理	项目计划、任务分配表、配置管理计划、配置状态报告

（1）《项目审批表》：确定项目参与人员、估算项目开发经费及项目开发周期，此审批表需提交高层领导审批。

（2）《软件项目开发计划》：安排项目开发时所需的所有信息，包括项目资源、项目管理流程、项目技术流程、项目支持流程等，以便让项目组全体成员明确了解他们的工作任务、工作时间以及他们所依赖的其他活动。

（3）《需求规格说明书》：定义软件需求总体要求，作为用户和软件开发人员之间相互了解的基础；它主要提供用户功能需求、非功能需求等需求，是软件人员进行软件设计、编码、测试的基础。

（4）《架构设计说明书》：确定系统分层并产生层次内的模块，阐明模块之间的关系。

（5）《测试用例》：确定测试输入数据及其预期结果。

2.3　企业级案例分析

2.3.1　案例介绍

本教材使用二个商业项目作为教学案例，公共信息服务平台和网上政务大厅行政处罚系统。

公共信息服务平台作为《JavaEE 商业项目软件开发》教材的内容案例，以实现整个教材示例的完整性；网上政务大厅行政处罚系统作为《JavaEE 商业项目软件开发》教材的课后习题项目案例，让学生通过学习教材内容并课后进行商业项目练习，以达到巩固知识技能、提高编程技术、增强学生实际开发项目能力。

公共信息服务平台用于创业服务中心实现对企业的创业辅导服务。同时，通过该平台，创业服务中心也希望能搭建起资金需求企业与有资质的担保公司、投资公司/机构/个人之间对接的桥梁，以支持和帮助企业的长期稳定发展。公共信息服务平台的建设基于 JavaEE 企业级应用跨平台开发技术（Struts2、Spring、Hibernate）实现，简称 SSH。SSH 用于构建灵活、易于扩展的多层 Web 应用程序，如图 2-4 所示 SSH 框架图。

网上政务大厅行政处罚系统用于实现优化经济发展环境，加快建立权责明确、行为规范、监督有效、保障有力的行政执法体制，加强网上行政处罚。以支持市各个行政权力部门网上办理行政处罚业务，并对处罚事项业务过程进行全面的监控。实现行政处罚运行流程优化、程序简化、效能提高。

JavaEE 是一个开发分布式企业级应用的规范和标准。基于 JavaEE 的 Struts、Spring、Hibernate 技术组合，是目前软件开发中非常热门的跨平台、市场占有率大、应用广泛的技术。JavaEE 应用程序是由组件构成的，组件是具有独立功能的单元，它们通过相关的类和文件组装成 JavaEE 应用程序，并与其它组件交互。

本案例《公共信息服务平台》就是基于 JavaEE 的 Struts、Spring、Hibernate 技术开发的应用系统。案例运行环境，以 Windows 操作系统环境为例，包括 JRE（Java Runtime Environment）Java 运行时环境、JDK（Java Development ToolKit）Java 开发工具包、JVM（Java

Virtual Machine）Java 虚拟机、WEB 服务器（Tomcat 服务器）、数据库 Microsoft Sql Server Express。

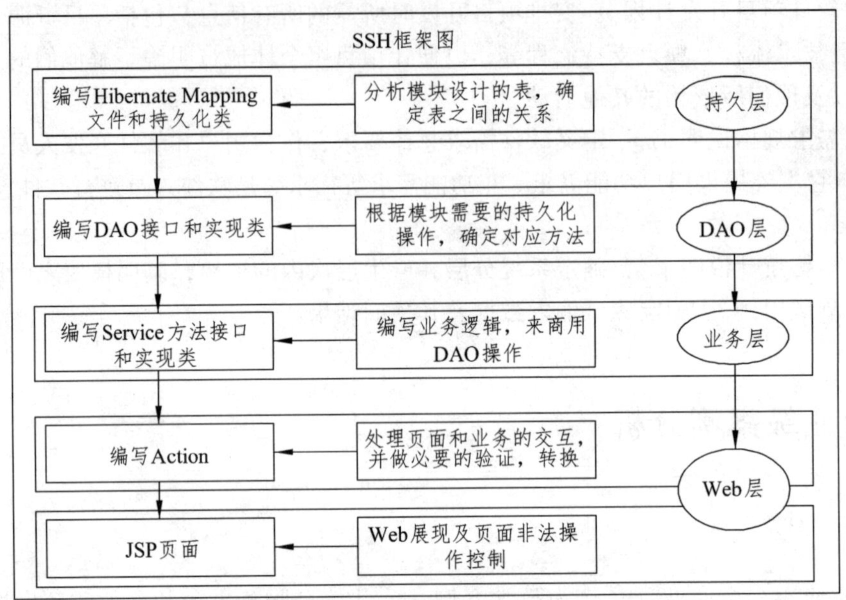

图 2-4　SSH 框架图

JavaEE 的体系结构，应用程序的三层结构如下：

➢表示层：由用户界面和用户生成界面的代码组成；

➢中间层：包含系统的业务和功能代码；

➢数据层：负责完成存取数据库的数据和对数据进行封装。

三层体系结构的优点：

➢一个组件的更改不会影响其他两个组件。例如：如果用户需要更换数据库，那么只有数据层组件需要修改代码。同样，如果更改了用户界面设计，那么只有表示层组件需要修改；

➢由于表示层和数据层相互独立，因而可以方便地扩充表示层，使系统具有良好的可扩展性；

➢代码重复减少，因为在 3 个组件之间尽可能地共享代码；

➢良好的分工与协作。这将使不同的小组能够独立地开发应用程序的不同部分，并充分发挥各自的长处和优势。

2.3.2　核心技术

JSP（Java Server Pages）是一种动态页面技术，它的主要目的是将表示逻辑从 Servlet 中分离出来。JSP 页面由 HTML 代码和嵌入其中的 Java 代码所组成。服务器在页面被客户端请求以后对这些 Java 代码进行处理，然后将生成的 HTML 页面返回给客户端的浏览器。

Struts 2 以 WebWork 优秀的设计思想为核心，吸收了 Struts 1 的部分优点，建立了一个兼容 WebWork 和 Struts 1 的 MVC 框架。Struts 2 采用拦截器的机制来处理用户的请求，这样的设计也使得业务逻辑控制器能够与 Servlet API 完全脱离开。

Spring 是一个轻量级的 Java 开源框架，它是为了解决企业应用开发的复杂性而创建的。Spring 使用基本的 JavaBean 来完成以前只可能由 EJB 完成的事情。Spring 的核心是控制反转（IoC）和面向切面（AOP）。

Hibernate 是一个开放源代码的对象关系映射框架，它对 JDBC 进行了非常轻量级的对象封装。Hibernate 可以应用在任何使用 JDBC 的场合，既可以在 Java 的客户端程序使用，也可以在 Servlet/JSP 的 Web 应用中使用，完成数据持久化的重任。

JavaScript 是一种由 Netscape 的 LiveScript 发展而来的原型化继承的面向对象的动态类型的区分大小写的客户端脚本语言，它在浏览器中运行，为浏览器提供了强大的处理能力，为客户提供更流畅的浏览效果。也就是说，如果一个网页里有 JavaScript 代码，那么，在打开这个网页的时候，JavaScript 代码就会被自动下载到我们的浏览器里。它是在本地浏览器中执行的程序，这样可以减少服务端得压力。

2.3.3 案例分析

1. 公共信息服务平台

公共信息服务平台主要由九大功能模块组成，它们分别是：项目申报、融资担保、天使投资、科技成果、大学生创业、孵化服务、信息公告、交流互动、系统管理。

“项目申报”用于创业服务中心对有项目申报需求的企业进行项目申报的指导服务；通过“融资担保”和“天使投资”可以让创业服务中心建立资金需求企业与担保公司、投资公司/机构/个人之间的对接桥梁；“科技成果”用于为有技术、有专利项目的企业寻求合作机会或者转让技术、专利项目的机会；借助“大学生创业”来为大学生创业者提供服务指导以及创业支持；“孵化服务”是创业服务中心对企业或登录用户提供的企业管理、政策法规等方面的信息共享服务；“信息公告”可以用来显示项目申报结果、投融资业务评估结果等信息，供项目申报企业、资金需求企业、投资公司/机构/个人、担保公司等进行查看；“交流互动”可以方便所有登录用户与创业服务中心之间的留言互动。

公共信息服务平台包含 9 大功能模块，公共信息服务平台包图如图 2-5 所示。

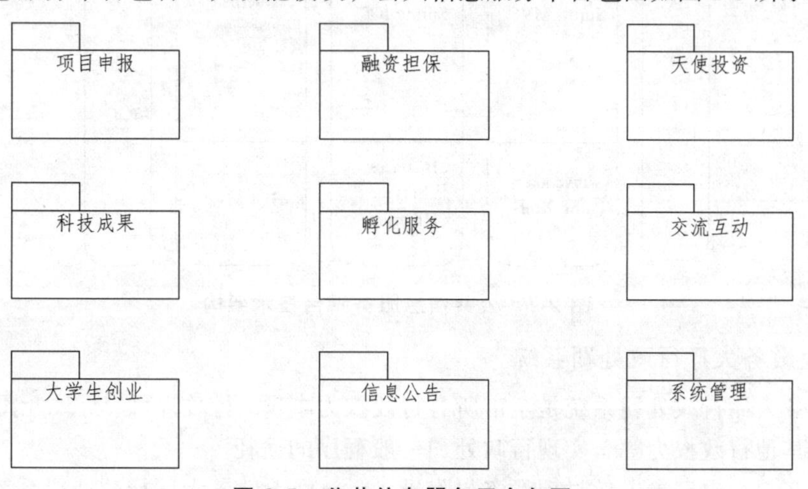

图 2-5　公共信息服务平台包图

公共信息服务平台的功能结构如图 2-6 所示。

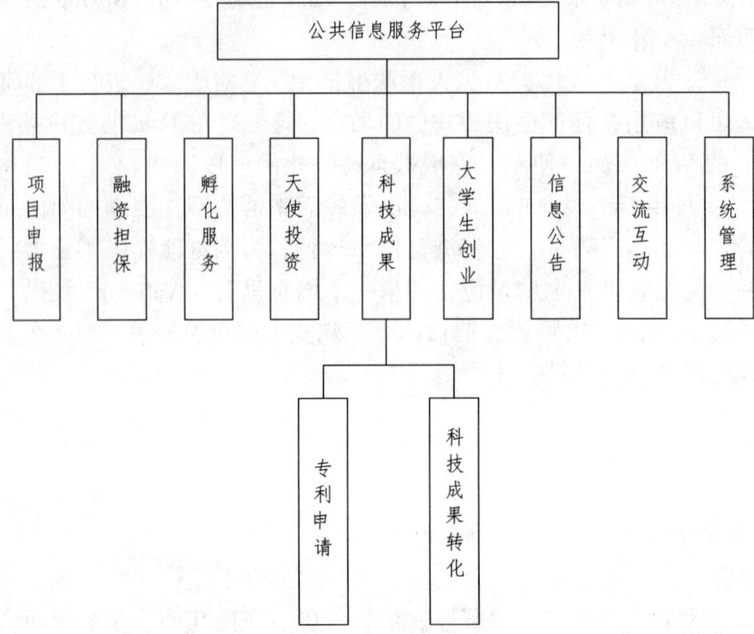

图 2-6 公共信息服务平台结构图

公共信息服务平台系统技术架构如图 2-7 所示。

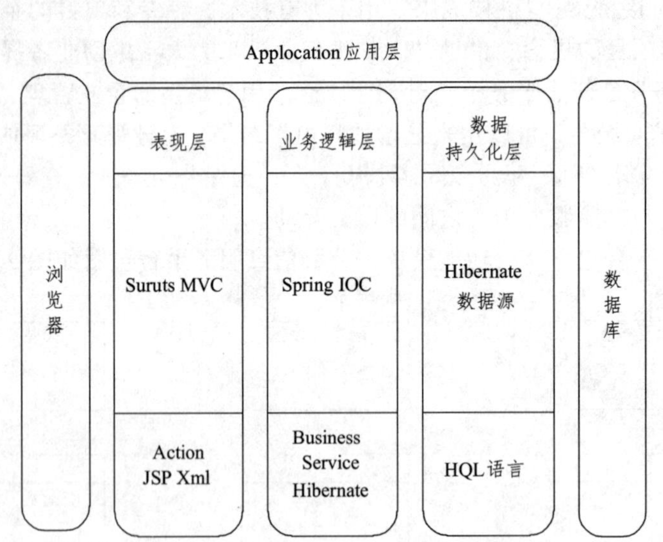

图 2-7 公共信息服务平台技术架构

2. 网上政务大厅行政处罚系统

网上政务大厅行政处罚系统是全市所有行政权力事项（行政许可、行政处罚、行政强制、行政征收、其他行政权力等）实现行政处罚一般程序的途径。

该平台客户需求请参考教材项目资料附录 1 ——网上政务大厅行政处罚系统。

本系统采用 struts2+spring2+hibernate3 的 J2EE 框架，系统架构如图 2-8 所示：

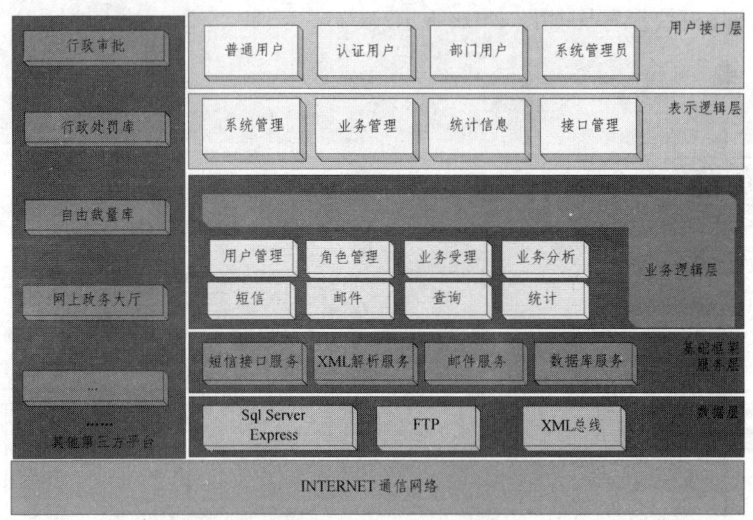

图 2-8　系统架构图

➢用户接口层，负责处理用户和应用程序的交互过程。它可以是一个通过防火墙运行的 Web 浏览器，也可以是一般的桌面应用程序，还可以是无线的移动设备。

➢表示逻辑层，定义了用户界面要显示的内容和如何处理用户的请求，根据所支持的是什么样的用户接口。对于不同的用户，会有不同的版本。

➢业务逻辑层，把业务逻辑封装到组件里面，通过和数据打交道，对应用的业务规则建模。

➢基础框架服务层，提供系统需要的其他一些公共功能，如消息、事务支持等。

➢数据层，存放所有的数据，存放的形式可以是关系数据库、文档数据库、文件、XML 文档、目录服务等。

2.3.4　案例设计

教材案例项目是公共信息服务平台，在案例项目中，我们选取了具有业务流程处理功能的科技成果转化模块。

科技成果转化包括添加科技成果转化、修改科技成果转化、查询科技成果转化、删除科技成果转化、查看科技成果转化、提交科技成果转化审核、审核科技成果转化功能，如图 2-9 所示为科技成果转化管理结构图。

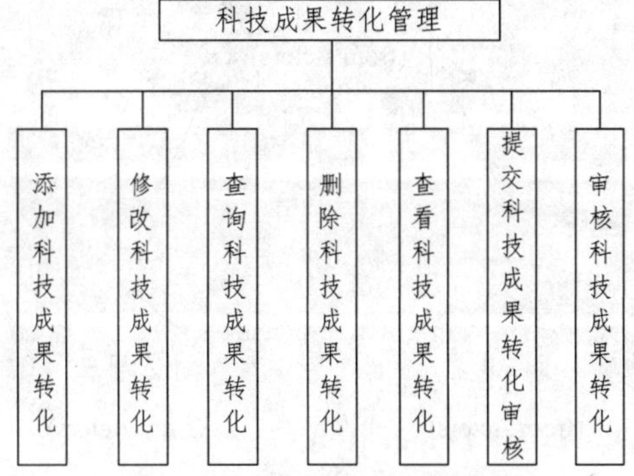

图 2-9　科技成果转化管理结构图

科技成果转化模块流程图如图 2-10 所示。

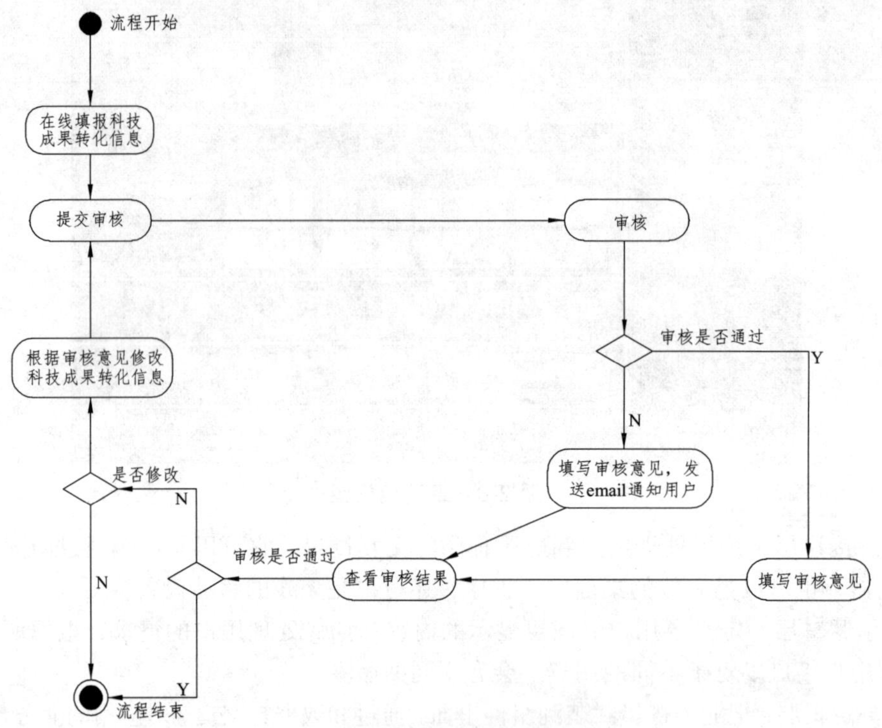

图 2-10 科技成果转化流程图

科技成果转化的流程是：用户（企业用户或个人用户）首先在线填报科技成果转化信息；然后提交给管理方用户审核，如果审核不合格，则管理方用户填写审核意见，并拒绝通过，用户可以查看审核结果并根据审核意见决定是否修改科技成果转化信息，如果修改科技成果转化信息，则可以再次提交审核，如果不修改则流程结束；如果审核合格，管理方用户填写审核意见，并审核通过，用户可以查看审核结果及审核意见，流程结束。

业务系统中角色之间的范化关系，如图 2-11 所示。

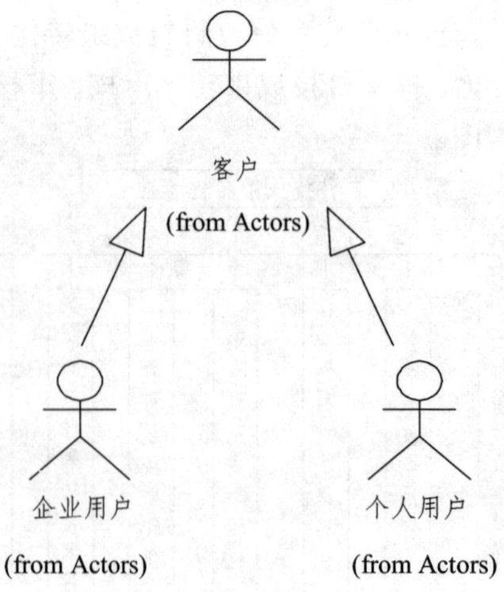

图 2-11 角色范化关系

1. 科技成果转化

科技成果转化用于管理（增加、修改、删除、查询、提交审核、查看）科技成果转化信息，如图 2-12 所示。

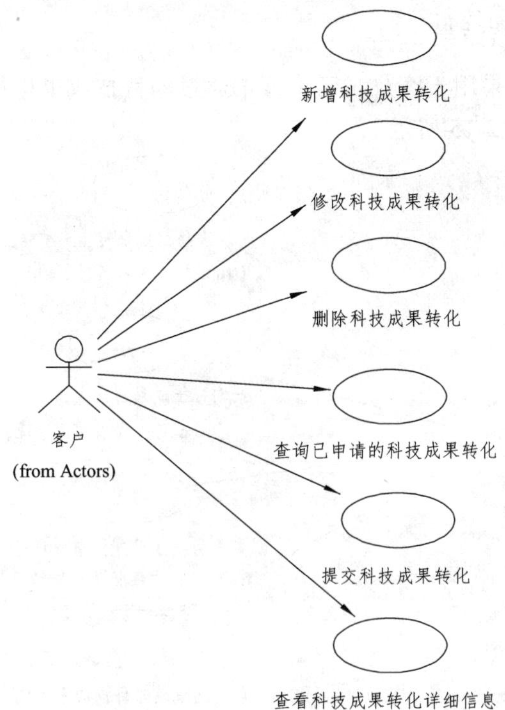

图 2-12　科技成果转化管理

2. 科技成果转化审核

科技成果转化审核用于管理方用户对已提交科技成果转化进行审核。包括：填写审核意见，然后进行审核通过或审核不通过，查询已提交的科技成果转化以及查看已提交的科技成果转化详细信息操作，如图 2-13 所示。

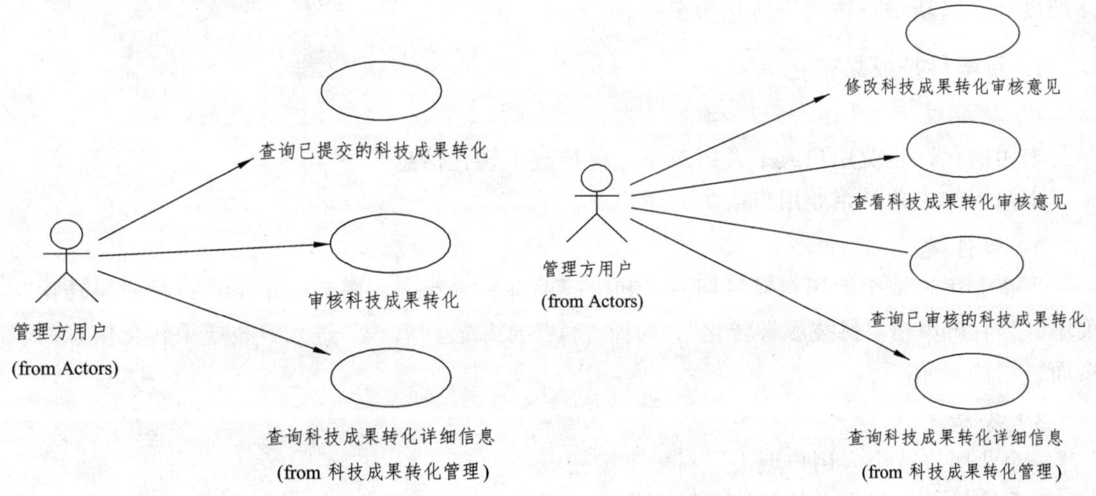

图 2-13　科技成果转化审核　　图 2-14　科技成果转化审核结果管理

3. 科技成果转化审核结果管理

科技成果转化审核结果管理用于管理方用户对已审核的科技成果转化进行修改审核意见。如图 2-14 所示。

4. 科技成果转化审核结果

科技成果转化审核结果用于客户对已审核未通过的科技成果进行修改和查看已审核科技成果转化结果信息。如图 2-15 所示。

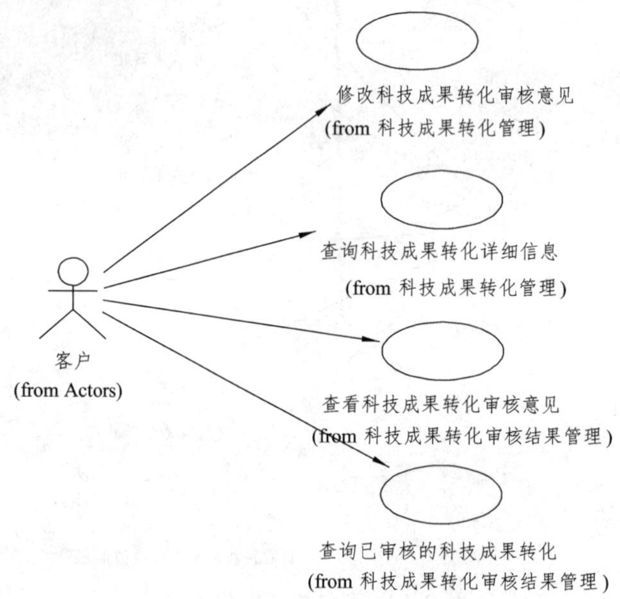

图 2-15 科技成果转化审核结果

2.3.5 用例阐述

基于公共信息服务平台系统中科技成果转化功能概要设计，来实现科技成果转化功能的详细设计。以新增科技成果转化为案例。

1. 新增科技成果转化

1）简要说明

本用例允许企业用户或个人用户添加科技成果转化信息。

本用例的主角是企业用户或个人用户。

2）事件流

当企业用户或个人用户通过用户名和密码验证，并赋予权限后，单击“科技成果转化”菜单，然后再单击“科技成果转化”，选择“科技成果转化管理”进入科技成果转化信息列表页面，用例开始。

3）基本流

➢企业用户或个人用户点击“新增”按钮；

➢系统显示一张空白的科技成果转化信息页面；

➢企业用户或个人用户输入科技成果转化申请信息：项目名称，产权证编号，行业类型，持有人，联系电话，挂牌价格，科技成果转化类型，项目技术情况，项目企业情况，产权类型，只是产权类型，专利状态，项目介绍，其他说明；

➢企业用户或个人用户点击“保存”按钮，系统验证数据以确保格式正确，如果数据有效，系统将创建一条新的科技成果转化申请。

每向系统中添加一条科技成果转化申请，重复步骤 1 ~ 4。当企业用户或个人用户向系统添加科技成果转化申请完成后回到科技成果转化列表页面，此用例结束。

4）备选流

如果系统验证数据不正确，系统将提示用户“***数据不能为空”或“***数据格式不正确”。

5）特殊需求

无。

6）前置条件

登录：在本用例开始前，企业用户或个人用户必须要登录到系统。

7）后置条件

无。

8）扩展点

无。

2.3.6　数据库设计

公共信息服务平台是典型的信息管理系统，而数据库是信息系统最重要的组成部份，用来存储信息管理系统的数据信息。我们在公共信息服务平台中实现的科技成果转化功能的数据库是根据系统功能结构、需求分析和设计出来的。

1. 数据库设计

概念数据模型(Conceptual Data Model)是建模的重要阶段，它把现实世界中的信息抽象成实体和联系来产生实体联系图(E-R 模型)。这一阶段为高质量的应用提供坚实的数据结构基础，概念数据建模通过实体和属性以及这些实体间的关系(E-R 模型)表明系统内部抽象的数据结构，概念数据建模与模型的实现方法无关。

物理数据模型(Physical Data Model)把 CDM 与特定 DBMS 的特性结合在一起产生 PDM。同一个 CDM 结合不同的 DBMS 产生不同的 PDM。PDM 中包含了 DBMS 的特征，反映了主键(Primary Key)、外键(Foreign key)、候选键(Alternative)、视图(View)、索引(Index)、触发器(Trigger)、存储过程(Stored Procedure)等特征。

PDM 可以用 CDM 转换得到，其中实体(Entity)变为表(Table)，属性(Attribute)变为列(Column)，同时创建主键和索引，CDM 中的数据类型映射为具体 DBMS 中的数据类型。

创建概念模型和物理模型使用的工具是 Power Designer。Power Designer 是 Sybase 公司进行数据库设计的软件，是开发人员常用的数据库建模工具。它可以对管理信息系统进行数据库分析和设计。使用 Power Designer 可以画出数据流程图、概念数据模型、物理数据模型。

科技成果转化概念数据模型如图 2-16 所示。

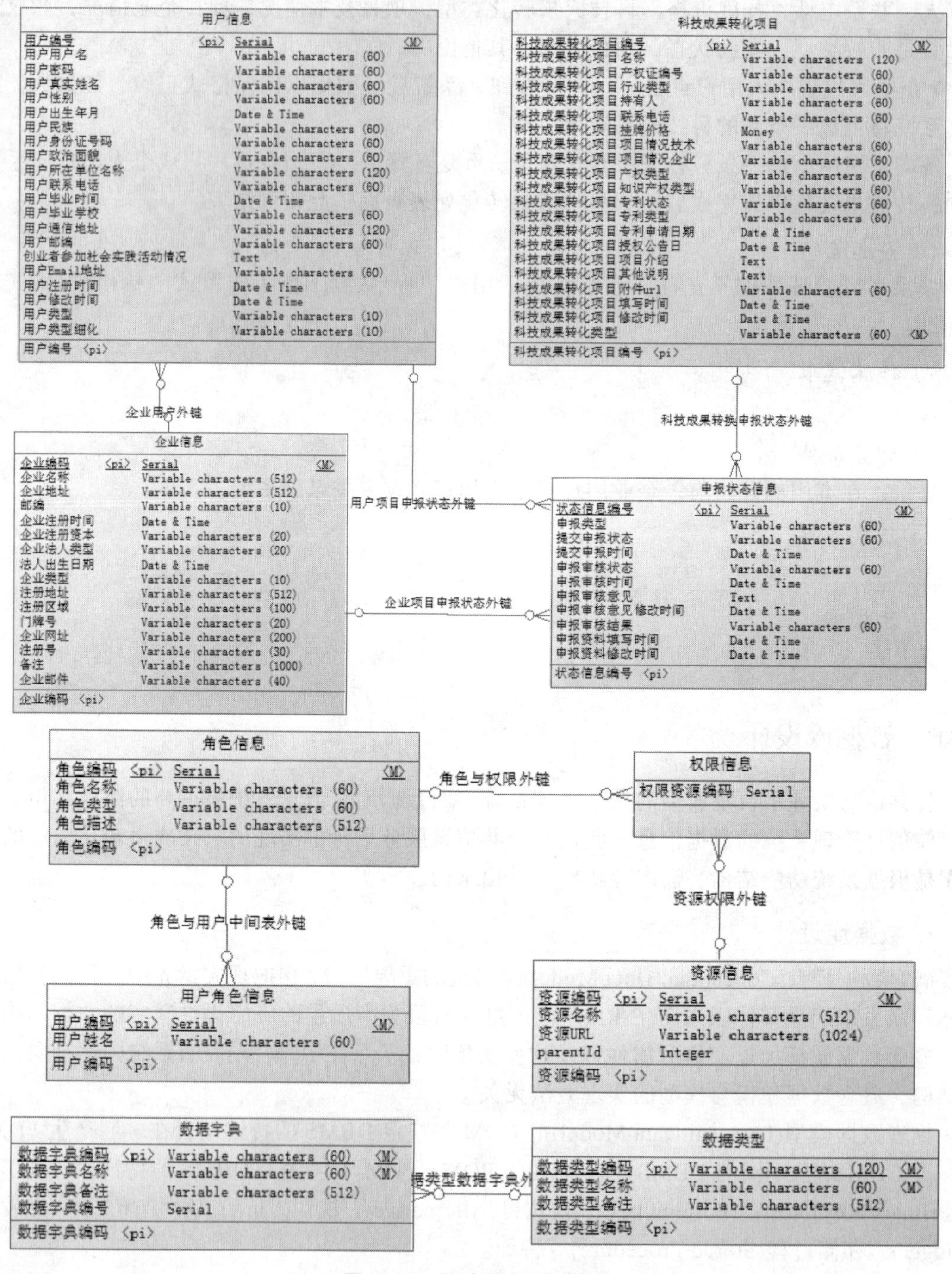

图 2-16 概念数据模型图

科技成果转化物理数据模型如图 2-17 所示。

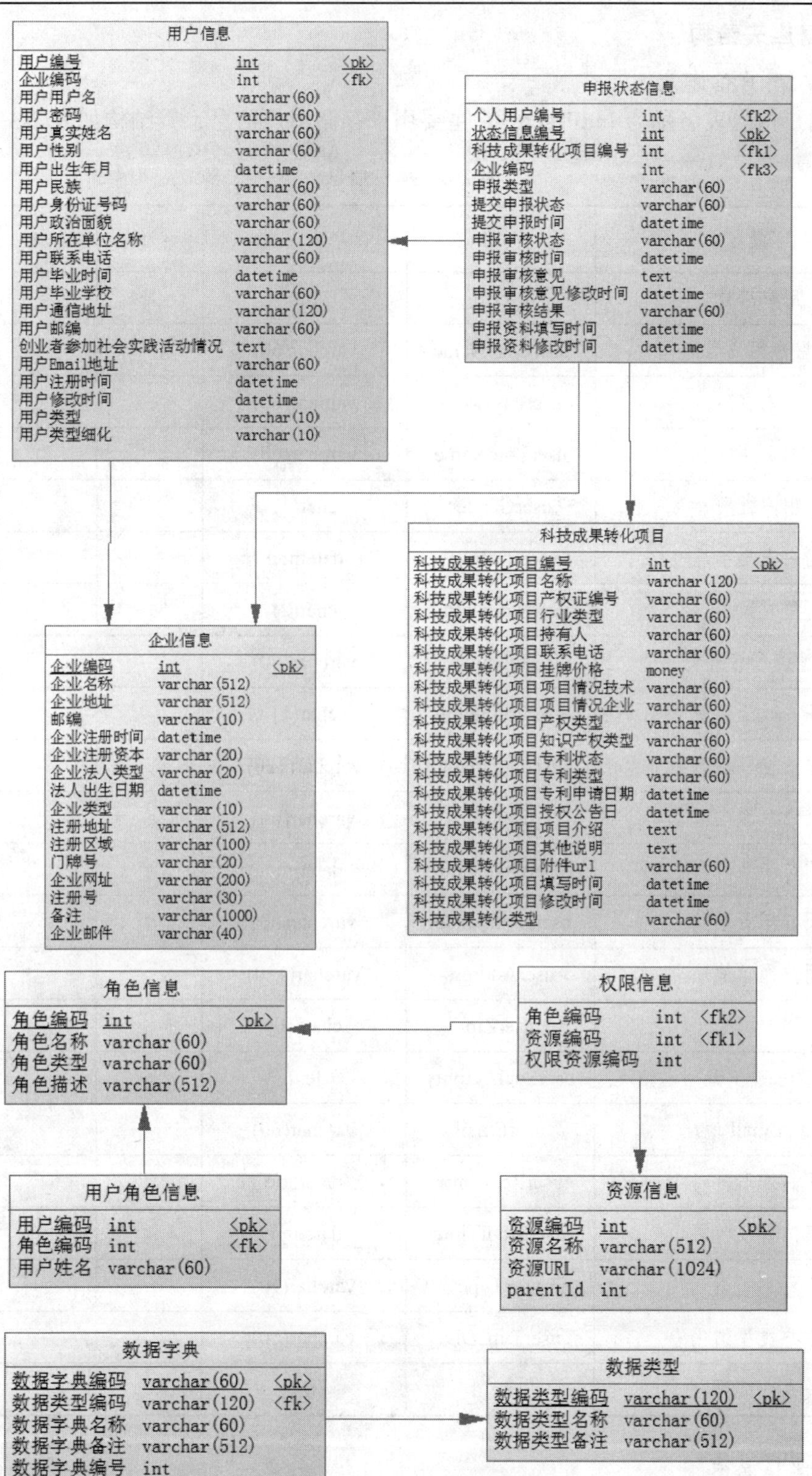

图 2-17　物理数据模型图

2. 数据库表结构

1）个人用户信息表

个人用户信息表名称为 IndiUser，它主要用于存储用户信息，其结构如表 2-3 所示。

表 2-3 用户信息

字段名	列名	字段类型	不为空	主键	外键
用户编号	userId	int	是	是	
用户用户名	userLogeName	varchar(60)			
用户密码	userPassword	varchar(60)			
用户真实姓名	userTrueName	varchar(60)			
用户性别	userGender	char(1)			
用户出生年月	userBirthday	datetime			
用户民族	userNationality	char(2)			
用户身份证号码	userIdNumber	varchar(60)			
用户政治面貌	userPoliFeture	char(1)			
用户所在单位名称	userCompany	varchar(120)			
用户联系电话	userTel	varchar(60)			
用户毕业时间	userGradTime	datetime			
用户毕业学校	userGradSchool	varchar(60)			
用户通信地址	userAddress	varchar(120)			
用户邮编	userZip	char(10)			
创业者参加社会实践活动情况	userSociActivity	text			
用户 Email 地址	userEmail	varchar(60)			
用户注册时间	userRegiTime	datetime			
用户修改时间	userModiTime	datetime			
用户类型	userType	varchar(10)			
用户类型细化	userTypeDivi	varchar(10)			
企业编码	enteId	int			是

2）企业信息表

企业信息表名称为 Enterprises，它主要用于存储企业信息，其结构如表 2-4 所示。

表 2-4　企业信息

字段名	列名	字段类型	不为空	主键	外键
企业编码	enteId	int	是	是	
企业名称	enteName	varchar(512)			
企业地址	enteAddress	varchar(512)			
邮编	enteZip	varchar(10)			
企业注册时间	enteRegiTime	datetime			
企业注册资本	enteRegiCapital	varchar(20)			
企业法人类型	enteAuthUnit	varchar(20)			
法人出生日期	enteAuthNumDate	datetime			
企业类型	enteType	varchar(10)			
注册地址	registAddress	varchar(512)			
注册区域	rentArea	varchar(100)			
门牌号	roomNo	varchar(20)			
企业网址	enterWebsite	varchar(200)			
注册号	registNo	varchar(30)			
企业邮件	enteEmail	varchar(40)			
备注	remark	varchar(1000)			

3）科技成果转化项目信息表

科技成果转化项目信息表名称为 TechTranProjects，它主要用于存储科技成果转化信息，其结构如表 2-5 所示。

表 2-5　科技成果转化项目信息

字段名	列名	字段类型	不为空	主键	外键
科技成果转化项目编号	tranId	int	是	是	
科技成果转化项目名称	tranName	varchar(120)			
科技成果转化项目产权证编号	tranOwnRighNum	varchar(60)			
科技成果转化项目行业类型	tranTrade	varchar(60)			
科技成果转化项目持有人	tranOwner	varchar(60)			
科技成果转化项目联系电话	tranOwnTel	varchar(60)			
科技成果转化项目挂牌价格	tranTagPrice	money			
科技成果转化项目技术情况	tranTech	varchar(60)			
科技成果转化项目企业情况	tranFirm	varchar(60)			
科技成果转化项目产权类型	tranOwnRighType	varchar(60)			
科技成果转化项目知识产权类型	tranRighType	varchar(60)			

续表

字段名	列名	字段类型	不为空	主键	外键
科技成果转化项目专利状态	tranPateStatus	varchar(60)			
科技成果转化项目专利类型	tranPateType	varchar(60)			
科技成果转化项目专利申请日期	tranPateDate	datetime			
科技成果转化项目授权公告日	tranAuthDate	datetime			
科技成果转化项目项目介绍	tranIntro	text			
科技成果转化项目其他说明	tranOtheIntro	text			
科技成果转化项目附件 url	tranAttachments	varchar(60)			
科技成果转化项目填写时间	tranEditTime	datetime			
科技成果转化项目修改时间	tranModiTime	Datetime			
科技成果转化类型	tranType	varchar(60)			

4）申报信息表

科技成果转化申报信息表名称为 DeclStatInfo，它主要用于存储科技成果转化申报信息，其结构如表 2-6 所示。

表 2-6 科技成果转化申报状态信息

字段名	列名	字段类型	不为空	主键	外键
状态信息编号	statusId	int	是	是	
科技成果转化项目编号	tranId	int			是
企业编码	enteId	int			是
申报类型	declType	varchar(60)	是		
提交申报状态	declSubmStatus	varchar(60)	是		
提交申报时间	declSubmTime	datetime	是		
申报审核状态	declAudiStatus	varchar(60)	是		
申报审核时间	declAudiTime	datetime	是		
申报审核意见	declAudiSuggest	text			
申报审核意见修改时间	declSuggModiTime	datetime	是		
申报审核结果	declAudiResult	varchar(60)	是		
申报资料填写时间	declDataSubmTime	datetime	是		
申报资料修改时间	declDataModTime	datetime	是		

5）数据字典信息表

数据字典信息表名称为 DataDictionary，它主要用于存储科技成果转化中所用到的公共数据信息，如：科技成果转换、知识产权类型等。其结构如表 2-7 所示。

表 2-7　数据字典信息

字段名	列名	字段类型	不为空	主键	外键
数据字典编码	dataDictCode	varchar(60)	是	是	
数据类型编码	dataTypeCode	varchar(120)	是		是
数据字典名称	dataDictName	varchar(60)	是		
数据字典备注	dataDictComment	varchar(512)			
数据字典编号	DictId	int	是	是	

6）数据类型信息表

数据类型信息表名称为 DataType，它主要用于存储数据字典中不同数据所需要的类型属性信息，其结构如表 2-8 所示。

表 2-8　数据类型信息

字段名	列名	字段类型	不为空	主键	外键
数据类型编码	dataTypeCode	varchar(120)	是	是	
数据类型名称	dataTypeName	varchar(60)	是		
数据类型备注	dataTypeComment	varchar(512)			

2.4　归纳总结

本章内容主要讲解构建项目组、分配项目组成员角色、项目开发过程管理与控制以及对商业项目的需求分析和设计(功能结构图、用例图、序列图、用例阐述)，数据库设计(数据结构、概念模型、物理模型)。

JavaEE 技术体系结构可分为表示层技术、中间层技术和数据层技术。

1. 表示层技术

表示层技术包括：HTML、CSS、JavaScript、Ajax、JSP、JSTL。Ajax 的主要功能是异步地向服务器端发送请求，处理数据或者根据返回的数据重新显示页面；JSP:显示动态内容的服务器网页；JSTL:辅助 JSP 显示动态内容的标准标签库。

2. 中间层技术

中间层的框架技术有 Struts2 框架与 Spring 框架。Struts2 主要是扩展了 Servlet，Spring 是 J2EE 应用程序框架，是轻量级的 IoC 和 AOP 的容器框架，主要是针对 JavaBean 的生命周期进行管理的轻量级容器。

3. 数据层技术

数据层框架技术：数据层框架，Hibernate 提供了以对象的形式操作关系型数据库数据的功能。

2.5 练习与实训

1. 分析网上政务大厅行政处罚系统，完成网上政务大厅行政处罚系统立案信息管理模块的功能结构图、包图、用例图、序列图。

2. 分析网上政务大厅行政处罚系统立案信息管理模块，完成功能模块用例阐述，包括立案信息添加、立案信息修改、立案信息查询、立案信息查看、立案信息删除。

3. 根据立案信息管理功能进行数据库设计，完成概念数据模型、物理数据模型。

4. 组织同学进行项目分组，分配项目组成员的角色。

第 3 章　搭建 JavaEE 应用开发工作环境

【学习目标】

➢掌握如何安装配置 JDK；

➢掌握如何安装配置 Tomcat；

➢掌握如何安装配置 Eclipse 开发环境。

3.1　案例环境概述

基于 SSH(Struts2+Spring+hibernate)技术开发的项目是目前非常热门的跨平台开发技术，应用非常广泛。基于 SSH 技术开发的系统在技术构架、安全性、数据库访问通用性上是比较有优势的，一般比较多用于中大型系统。本次案例《公共信息技术服务平台》就是基于 SSH 技术开发的应用系统，接下来介绍搭建案例系统的开发和运行环境。以 Windows 操作系统环境为例。

时间：3 课时。

3.2　安装配置 JDK

JDK（Java Development ToolKit）Java 开发工具包：包含运行环境、Java 工具和 Java 基础类库。

JRE（Java Runtime Environment）运行环境：运行 Java 程序所必须的环境的集合，包含 JVM 标准实现及 Java 核心类库。

JVM（Java Virsual Machine）Java 虚拟机：指通过软件模拟的具有完整硬件系统功能的、运行在一个完全隔离环境中的完整计算机系统；包括 Java 虚拟机包括一套字节码指令集、一组寄存器、一个方法调用栈、一个垃圾回收堆和一个存储方法域。

JDK 是 Java 程序开发和运行的基础，在开发 Java 程序之前，必须要先安装并配置好 JDK。本教材使用 JDK1.7 来进行程序开发。

3.2.1　下载安装程序

1. 下载安装包

首先需要先到 Oracle 公司的 Java 网站

http://www.oracle.com/technetwork/java/javase/downloads/index.html 上下载 JDK1.7 版本的安装包。

2. 安装 JDK

根据安装向导将 JDK 安装在 d:/java 目录。如图 3-1 和图 3-2 所示。

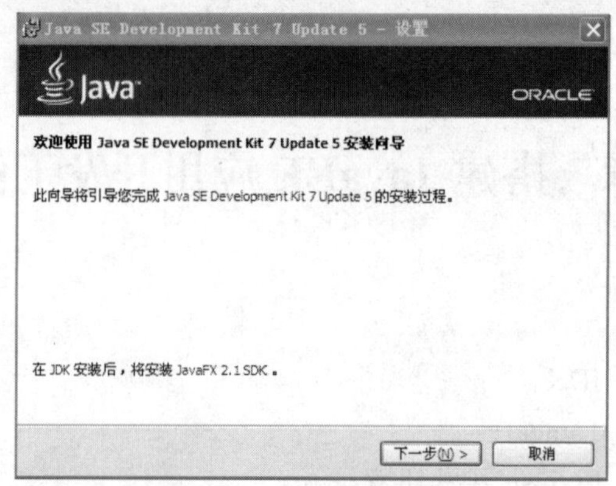

图 3-1 安装 JDK 对话框

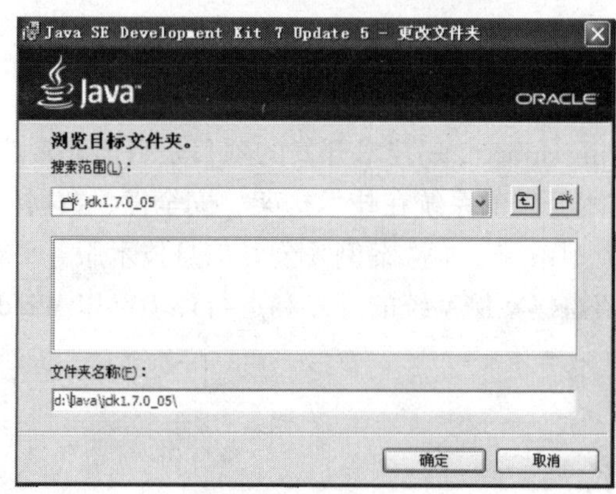

图 3-2 安装 JDK 对话框

3. 配置环境变量

配置环境变量 path 的目的是当我们在 DOS 窗口中输入相关命令的时候，DOS 才会从 path 指定的目录去查找是否存在这样的 exe、bat 等可执行程序。因为我们接下来的练习将在 DOS 窗口中进行。右键点击“我的电脑”，如图 3-3 所示。

点击“环境变量”，如图 3-4 所示。

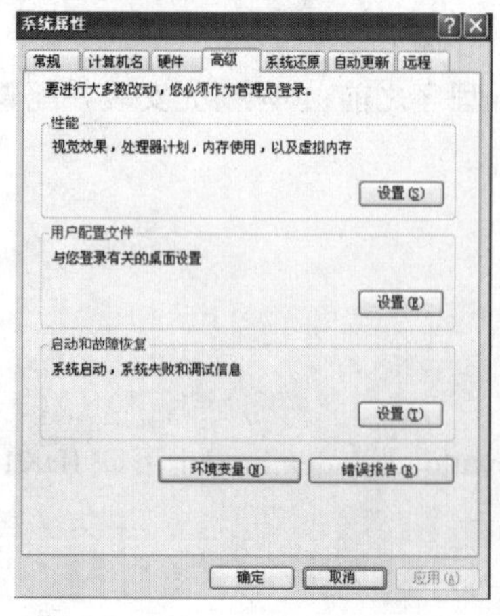

图 3-3 系统属性对话框

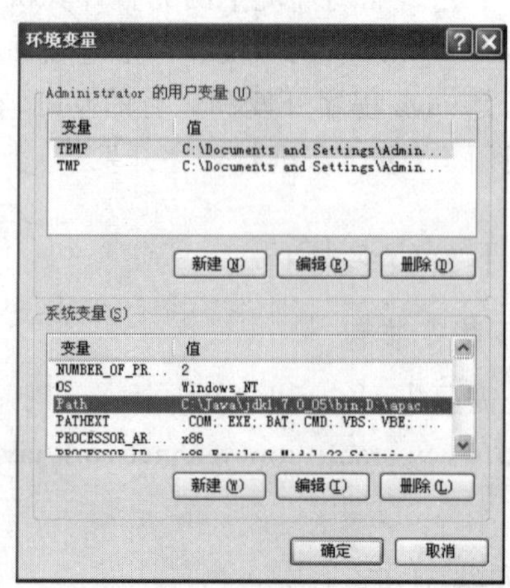

图 3-4 环境变量对话框

选择“系统变量”的 Path 变量，点击“编辑”，如图 3-5 所示。

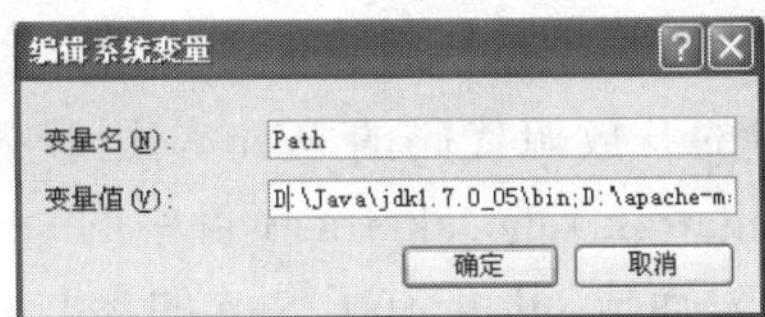

图 3-5　编辑系统变量对话框

将 JDK 安装的 bin 目录的路径拷贝到 Path 最前面，点击【确定】，现在环境变量 path 就配置完成。

3.2.2　检查配置是否正确

现在点击【开始】菜单，选择【运行】项将弹出运行窗口，输入 cmd 并点击确定按钮，如图 3-6 所示。

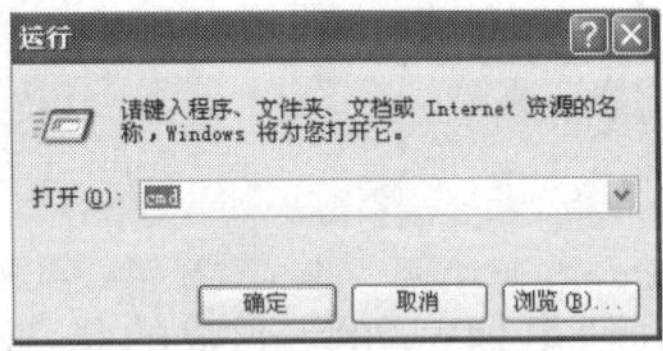

图 3-6　运行 cmd 部令

在 dos 命令行中输入 javac 后键入回车键，如图 3-7 所示。

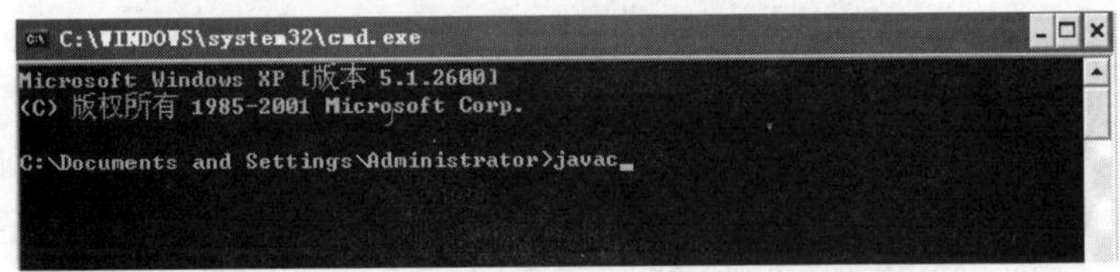

图 3-7　cmd 界面

看到下面如图 3-8 所示的显示，就说明安装配置成功了。

图 3-8　安装配置成功

3.3 安装配置运行环境 Tomcat

Tomcat 服务器是一个免费的开放源代码的 Web 应用服务器。Tomcat 是 Apache 软件基金会（Apache Software Foundation）的 Jakarta 项目中的一个核心项目，由 Apache、Sun 和其它一些公司及个人共同开发而成。由于有了 Sun 的参与和支持，最新的 Servlet 和 JSP 规范总是能在 Tomcat 中得到体现。因为 Tomcat 技术先进、性能稳定，而且免费，因而深受 Java 爱好者的喜爱并得到了部分软件开发商的认可，成为目前比较流行的 Web 应用服务器。

本教材使用 Tomcat6.0 进行 Web 程序的发布和运行，具体安装配置过程如下。

3.3.1 下载 Tomcat

首先到 Apache 的官方网站 http://www.apache.org 上下载 Tomcat6.0 版本的安装包，安装包有两种：Windows 安装版和免安装压缩版，建议下载免安装压缩版。

3.3.2 安装 Tomcat

首先将 tomcat 安装程序下载到本地。如果下载的是 Windows 安装版，直接运行安装程序即可，期间不用作任何修改；如果是免安装压缩版，直接将文件解压到硬盘某个目录下就可以了，本教材中使用的 tomcat 安装于 d:盘根目录中。Tomcat 的目录结构如图 3-9 所示。

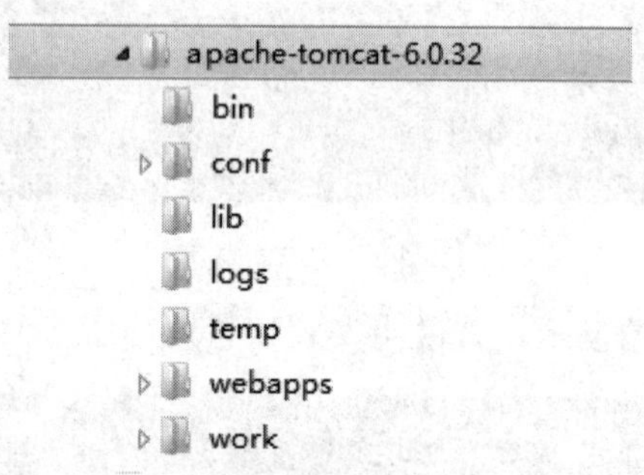

图 3-9 Tomcat 目录结构图

➢bin：Tomcat 的运行和启动目录；

➢conf：Tomcat 的配置文件目录；

➢lib：Tomcat 的库文件目录；

➢logs：Tomcat 的日志文件目录；

➢temp：Tomcat 的临时文件目录；

➢webapps：Tomcat 的 Web 应用程序部署目录；

➢work：Tomcat 的工作临时文件目录。

3.3.3　配置 Tomcat

安装好 Tomcat 后，需要对 Tomcat 进行一些必要的配置才能让其更好地工作。

1. 配置系统管理

可以配置一个管理员账号，该账号不影响开发人员使用 Tomcat 部署应用，主要是用于登录 Tomcat 控制台查看 Tomcat 服务器的一些基本信息。在 D:\apache-tomcat-6.0.32\conf 目录找到 tomcat-users.xml 文件，添加自己定义的管理员账号，添加内容如下：

```
<?xml version='1.0' encoding='utf-8'?>
<tomcat-users>
  <role rolename="tomcat"/>
  <user username="tomcat" password="tomcat" roles="tomcat"/>
</tomcat-users>
```

2. 启动内存参数的配置

打开 catalina.bat 文件，然后在 rem 下添加如下代码：

set JAVA_OPTS= ‘-server -Xms256m -Xmx512m -XX:PermSize=128M -XX:MaxPermSize=256M’。其中，-server 表示以 server 模式运行(运行效率比默认的 client 高很多)，-Xms256m 是最小内存，-Xmx512m 是最大内存，其中的 256 与 512 可根据你自己的内存做相应调整，PermSize/MaxPermSize 最小/最大堆大小。一般报内存不足时，都是说这个太小，堆空间剩余小于 5%就会警告，建议把这个稍微设大一点，不过要视自己机器内存大小来设置。

1）配置 JDK 目录

在最后一个 rem 后面增加 set JAVA_HOME=C:\ Java\jdk1.7.0_05。

2）配置虚拟主机

打开/tomcat/conf/server.xml，在<host>节点间添加

```
<Context path="/exam" docBase="d:/exam" debug="0" reloadable="true"></Context>
```

3）GET 方式解决乱码

打开/tomcat/conf/server.xml，找到并添加一个选项：

```
<Connector port="8080" protocol="HTTP/1.1" connectionTimeout="20000"
redirectPort="8443"    URIEncoding="utf-8"/>
```

4）数据源配置

运行 webapps\docs\index.html，可参照帮助文档中的配置数据源一节。

3.3.4　运行 Tomcat

运行 Tomcat，只需执行 D:\apache-tomcat-6.0.32\bin\startup.bat 即可以命令行方式运行，运行界面如图 3-10 所示。

```
Tomcat
2014-12-9 14:33:13 org.apache.catalina.startup.Catalina load
信息: Initialization processed in 7928 ms
2014-12-9 14:33:14 org.apache.catalina.core.StandardService start
信息: Starting service Catalina
2014-12-9 14:33:14 org.apache.catalina.core.StandardEngine start
信息: Starting Servlet Engine: Apache Tomcat/6.0.32
2014-12-9 14:33:14 org.apache.catalina.startup.HostConfig deployDescriptor
信息: Deploying configuration descriptor host-manager.xml
2014-12-9 14:33:14 org.apache.catalina.startup.HostConfig deployDescriptor
信息: Deploying configuration descriptor manager.xml
2014-12-9 14:33:15 org.apache.catalina.startup.HostConfig deployDirectory
信息: Deploying web application directory docs
2014-12-9 14:33:15 org.apache.catalina.startup.HostConfig deployDirectory
信息: Deploying web application directory examples
2014-12-9 14:33:15 org.apache.catalina.startup.HostConfig deployDirectory
信息: Deploying web application directory ROOT
2014-12-9 14:33:16 org.apache.coyote.http11.Http11Protocol start
信息: Starting Coyote HTTP/1.1 on http-8080
2014-12-9 14:33:16 org.apache.jk.common.ChannelSocket init
信息: JK: ajp13 listening on /0.0.0.0:8009
2014-12-9 14:33:16 org.apache.jk.server.JkMain start
信息: Jk running ID=0 time=0/145  config=null
2014-12-9 14:33:16 org.apache.catalina.startup.Catalina start
信息: Server startup in 2430 ms
```

图 3-10 Tomcat 运行界面

3.3.5 访问 Tomcat 服务器首页

在 tomcat 运行成功后，打开 IE 浏览器访问 Tomcat 首页，如果是在 tomcat 运行的机器上访问首页，请直接在地址栏输入 http://localhost:8080 即可。Tomcat 服务器的缺省的 HTTP 端口是 8080，在输入 URL 地址时，一定要输入正确的 IP 地址和端口号，图 3-11 所示是 Tomcat 服务器首页的显示页面。

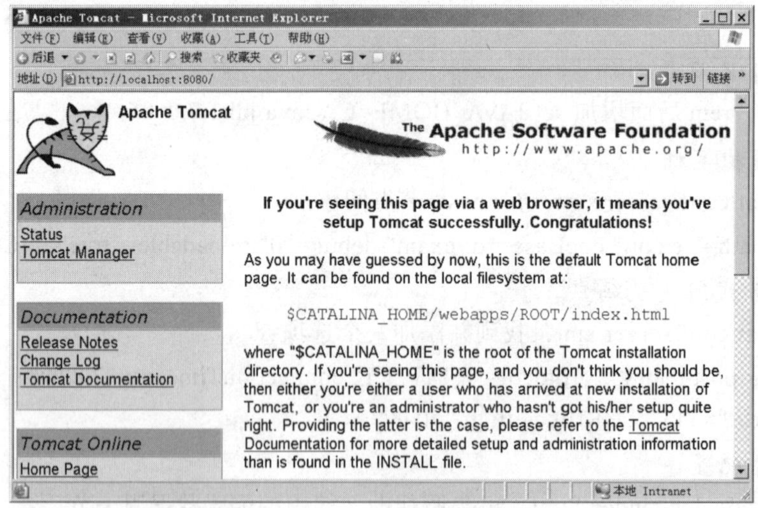

图 3-11 Tomcat 服务器首页

3.3.6 访问 Tomcat 管理控制台

在 Tomcat 服务器首页中点击链接“Tomcat Manager”后，系统会弹出输入框如图 3-12 所示，要求输入用户名和密码，输入上面配置的用户名（tomcat）和密码（password）即可，点击确定后进入 Tomcat Web 应用程序管理界面，在这里可以查看部署了哪些 Web 应用程序，如图 3-13 所示。

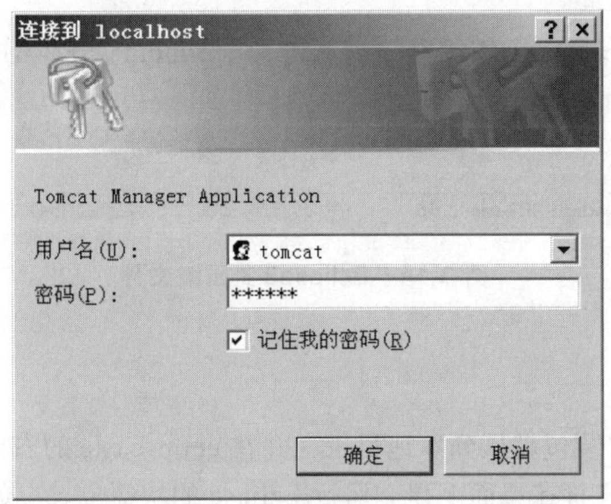

图 3-12　认证对话框

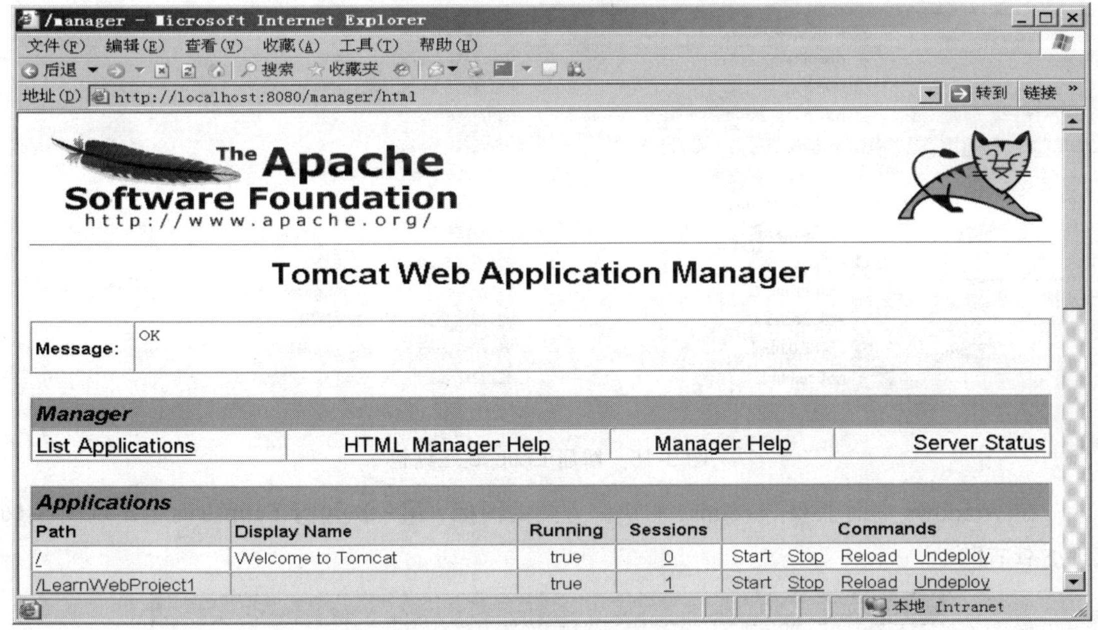

图 3-13　Tomcat Wed 应用程序管理界面

3.4　安装配置 Eclipse 开发环境

Eclipse 是著名的跨平台的集成开发环境（IDE）。最初主要用来 Java 语言开发，但是目前亦有人通过插件使其作为其它计算机语言比如 C++和 Python 的开发工具。Eclipse 的本身只是一个框架平台，但是众多插件的支持使得 Eclipse 拥有其它功能相对固定的 IDE 软件很难具有的灵活性。许多软件开发商以 Eclipse 为框架开发自己的 IDE。Eclipse 最初是由 IBM 公司开发的替代商业软件 Visual Age for Java 的下一代 IDE 开发环境，2001 年 11 月贡献给开源社区，现在它由非营利软件供应商联盟 Eclipse 基金会（Eclipse Foundation）管理。

3.4.1 下载 Eclipse 的安装程序

首先从 www.eclipse.org 官网下载 eclipse-jee-indigo-SR2-win32.zip，这个版本是 Eclipse3.7，如图 3-14 所示。

图 3-14 Eclipse3.7 压缩文件

3.4.2 安装 Eclipse

将下载的 Eclipse 安装包解压到本地目录，并在 eclipse.exe 的右键菜单中选择【发送到】-【桌面快捷方式】，这样将在桌面上建立运行 Eclipse 的快捷方式。如图 3-15 所示。

名称	修改日期	类型
configuration	2012/2/16 14:22	文件夹
dropins	2012/2/16 14:22	文件夹
features	2012/2/16 14:21	文件夹
p2	2012/2/16 14:20	文件夹
plugins	2012/2/16 14:21	文件夹
readme	2012/2/16 14:21	文件夹
.eclipseproduct	2012/2/8 8:36	ECLIPSEPRODUC...
artifacts.xml	2012/2/16 14:21	XML Document
eclipse.exe	2012/2/8 9:16	应用程序
eclipse.ini	2012/2/16 14:22	Configuration Se...
eclipsec.exe	2012/2/8 9:16	应用程序
epl-v10.html	2012/2/8 8:36	360 se HTML Do...
notice.html	2012/2/8 8:36	360 se HTML Do...

图 3-15 解压 Eclipse 压缩包

在 Windows 桌面上双击 eclipse 的快捷方式的图标，第一次运行 Eclipse 时会出现图 3-16 所示对话框。

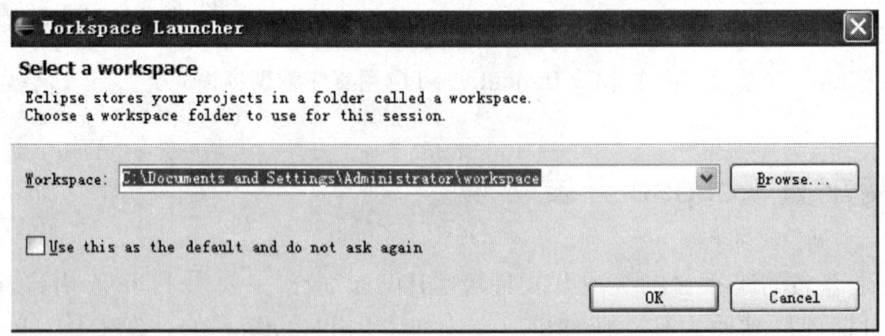

图 3-16 选择工作平台对话框

在工作区目录里保存 Eclipse 的项目工程资源。这里指定工作区之后再次运行 Eclipse，在这个界面将显示之前设置的工作区。同时可以选中下面的复选框，再次运行 Eclipse 时将不会再提示选择工作区，而是直接打开这里指定的默认工作目录，如图 3-17，图 3-18 所示。

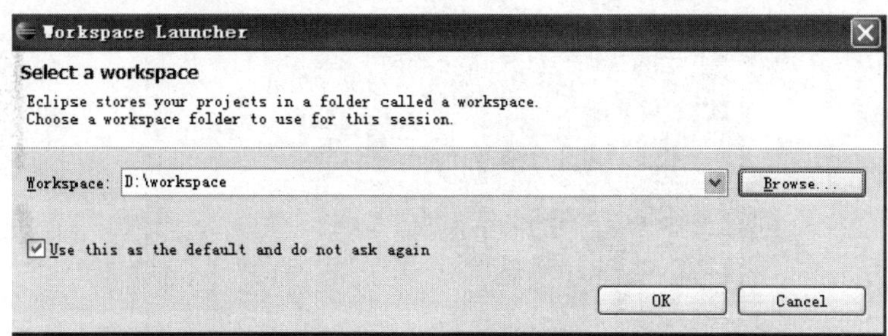

图 3-17　确认工作区

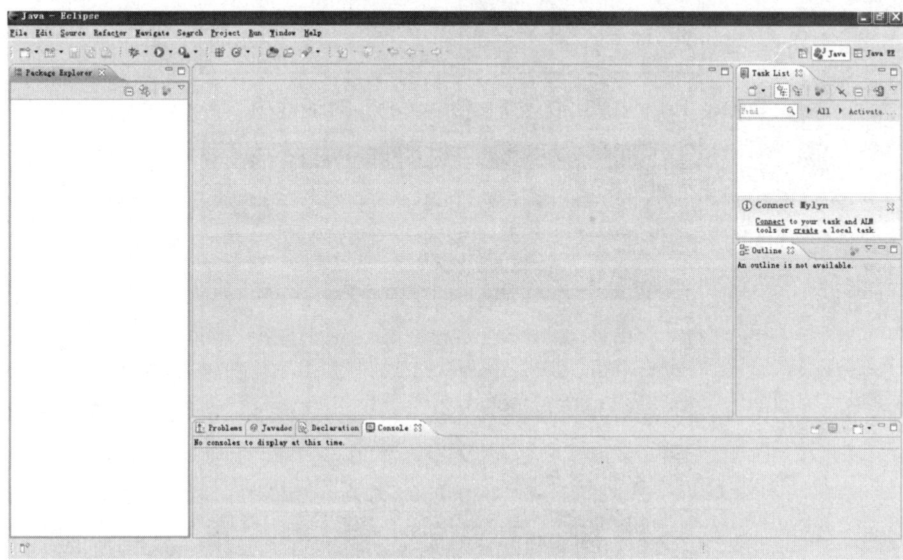

图 3-18　进 Eclipse 主界面

3.4.3　配置 JRE

这里配置JRE的前提是安装了JDK，JDK的安装配置请参考第三章3.2安装配置JDK中的介绍。

选择 Eclipse 主界面中 Window 菜单下的 Preferences，如图 3-19 所示。

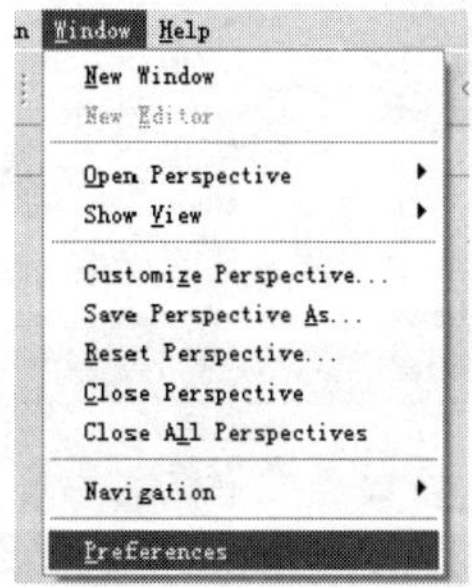

图 3-19　选择 “Preferences” 选项

选择 “Java” → “Installed JREs”，点击右边 “Add...”，如图 3-20，图 3-21 所示。

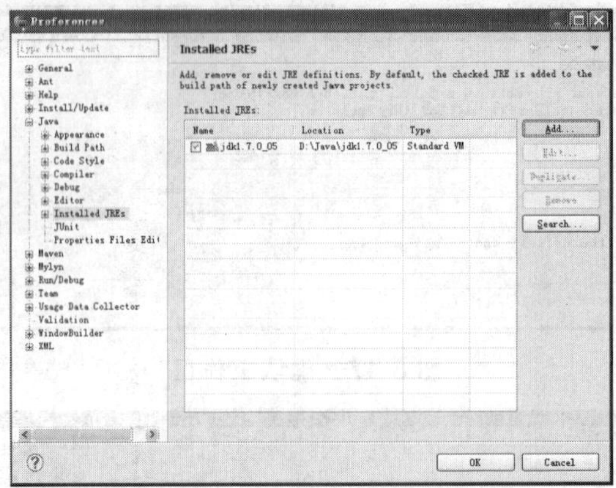

图 3-20 “Preferences”对话框

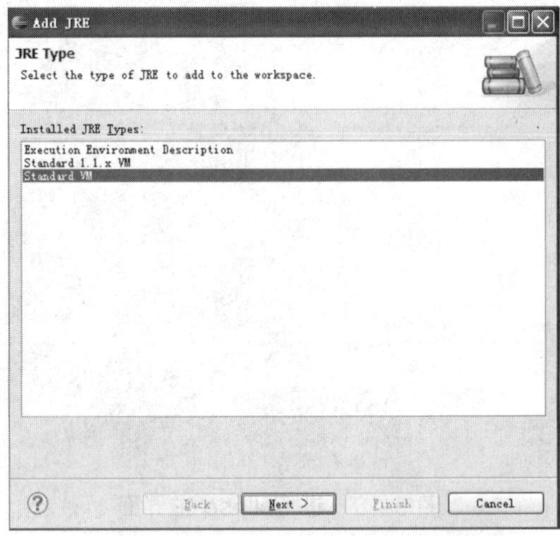

图 3-21 “Add JRE”对话框

在下面界面选择安装的 JDK，如图 3-22 所示。在下图中点击 Directory 按钮，选择 JDK 安装的根目录，然后点击 Finish 即可。

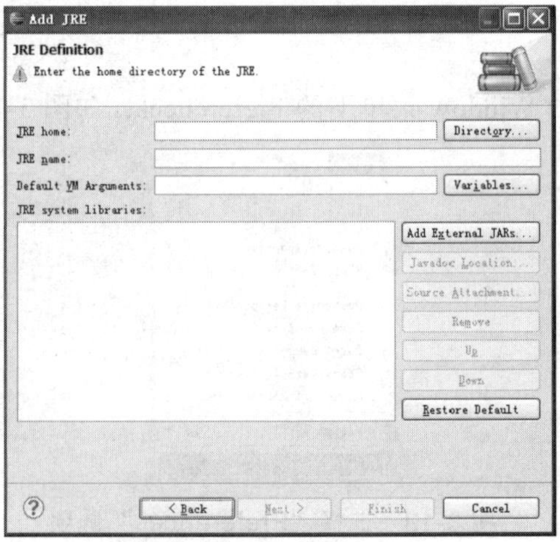

图 3-22 选择安装的 JDK

3.5　归纳总结

本章在搭建 JavaEE 应用开发工作环境过程中，安装配置软件时尤其注意异常情况的处理。

➢JDK 环境变量的配置，在 DOS 输入 Javac，错误时是不会出现图 3-8 显示的信息，这时你需要检查环境变量是否正确配置。

➢启动 Tomcat 时有时会遇到 8080 端口（Tomcat 默认端口是 8080）被占用的情况。这时你需要修改 tomcat/conf 目录下的 server.xml 文件：

```
<Connector port="8080" protocol="HTTP/1.1"
        connectionTimeout="20000"
        redirectPort="8443" URIEncoding="utf-8"/>
```

注：把 8080 换成其他的，如：8070、8090，本书配置案例时设置的端口号为 9999，只要启动时不冲突就可以了。

3.6　拓展提高

有兴趣的同学可以研究一下在 Linux 平台上如何搭建 JavaEE 应用开发工作环境。

3.7　练习与实训：搭建开发环境

（1）在自己的电脑中安装 JDK1.7，并正确配置环境变量（将 JDK 安装在 d:/Java 目录）。

（2）在本机上安装 Tomcat7 服务器。

（3）安装配置 Eclipse 开发环境。

第 4 章　搭建系统框架

【学习目标】

➢掌握搭建配置 SSH 集成开发框架；

➢掌握 SSH 构建的业务流程。

4.1　概　述

SSH 是 Struts、Spring、Hibernate 三个框架的集成实现的简称，它也是目前较流行的一种构建 Web 应用程序的开源集成框架，用于构建灵活、易于扩展的多层 Web 应用程序。

本教材中公共信息技术服务平台就是基于 SSH 框架集成开发的项目。

4.2　任务分析

本章介绍在 Eclipse 开发环境中实现 SSH 框架的搭建和配置。

➢时间：4 课时。

4.3　相关知识

采用 SSH 集成框架开发的系统从职责上分为四层：表现层、业务逻辑层、数据持久层和领域层（实体层）。

Struts2 提供了 Web 应用程序的开发支持，通过 MVC 模式实现内容展现和业务逻辑的分离。Hibernate 对数据持久层提供 ORM 模式的实现，支持对象模型和关系模型之间的双向映射。Spring 作为轻量级的 IoC 容器负责管理对象之间的依赖关系，同时通过集成 Struts2 和 Hibernate 实现三个框架的集成实现。

4.4　系统框架搭建工作任务

4.4.1　新建 Java Web 项目工程

首先，打开 Eclipse，点击“File”菜单下的“New”→“Dynamic Web Project”，新建工程名为 TTPIP 的 Web 项目，如图 4-1、图 4-2 所示。

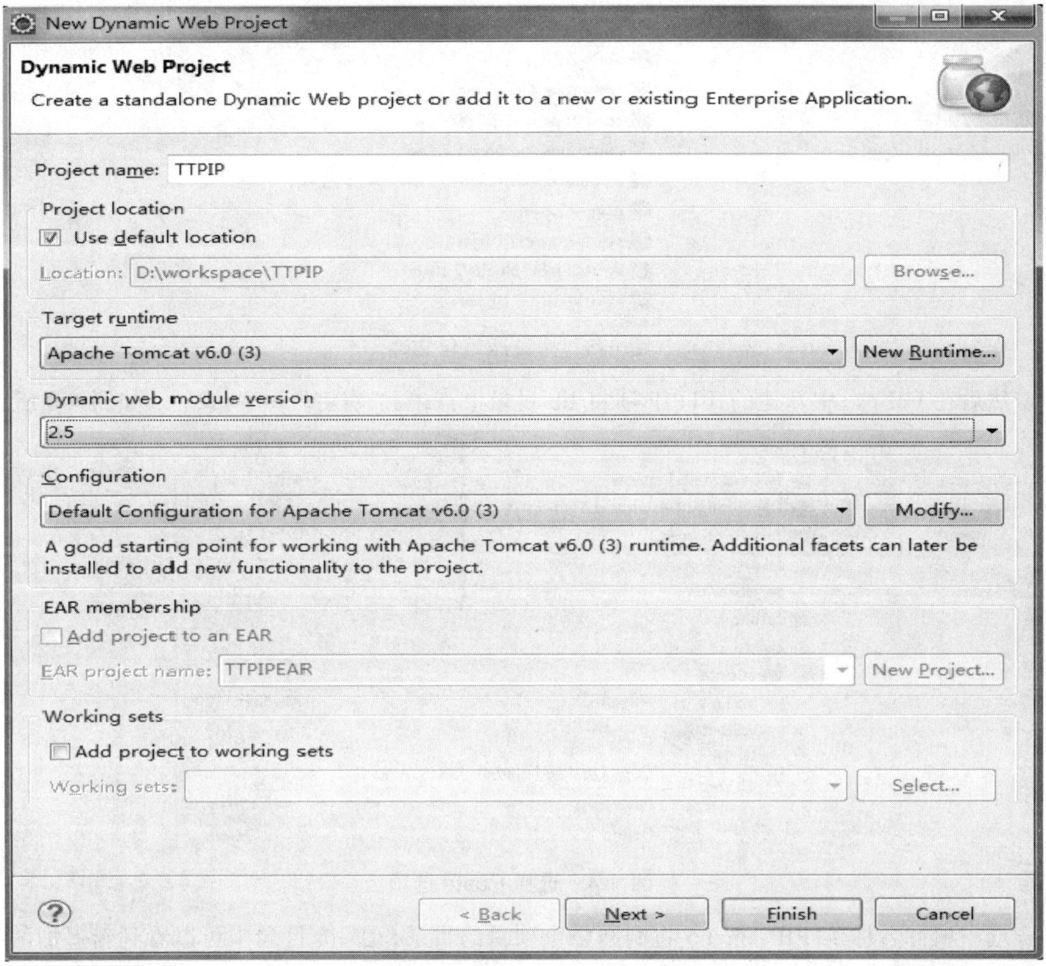

图 4-1　新建工程“TTPIP”

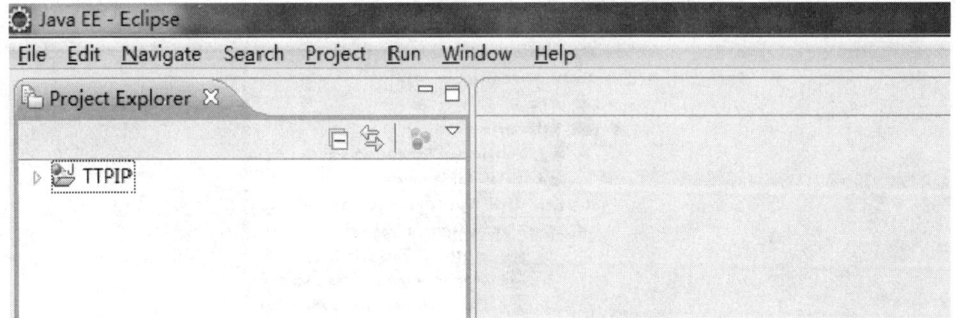

图 4-2　进入 Eclipse 主界面

4.4.2　添加配置 Struts2

下载 Struts2 压缩文件并解压，将 Struts2 的基础包中所有.jar 文件拷贝到新建的项目的 web-inf/lib 目录下，如图 4-3 所示。

名称

antlr-2.7.6.jar
commons-fileupload-1.2.1.jar
commons-io-1.3.2.jar
commons-logging-1.0.4.jar
freemarker-2.3.15.jar
ognl-2.7.3.jar
struts2-core-2.1.8.jar
struts2-json-plugin-2.1.8.jar
xwork-core-2.1.6.jar

图 4-3　拷贝压缩包文件

然后在 Eclipse 中新建的 TTPIP 项目 lib 目录上点击："右键" → "粘贴"，如图 4-4 所示。

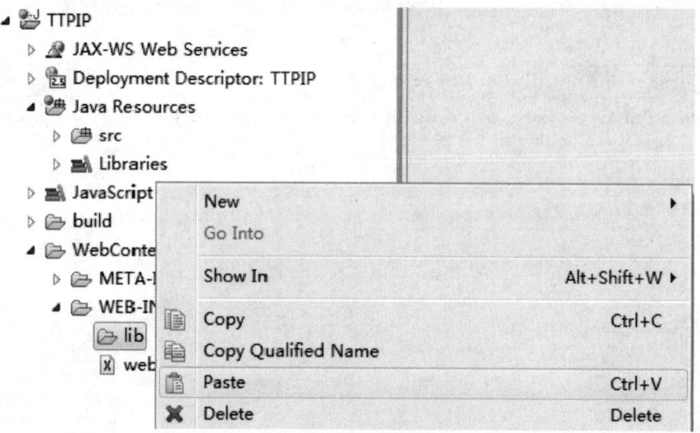

图 4-4　选择 Paste 选项

选中项目名称 TTPIP，按 F5 将刷新整个项目的目录，在 lib 目录中可以看到新追加的 jar 包，如图 4-5 所示。

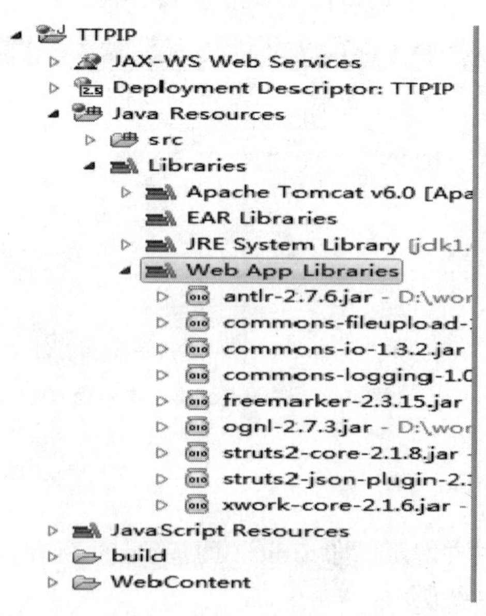

图 4-5　新追加的 Jar 包

下载 struts2-blank-2.0.6.zip 并解压，将其中的 web-inf/web.xml 文件拷贝到 TTPIP 项目下 WEB-INF 目录中，并覆盖之前的 web.xml 文件。如图 4-6 所示。

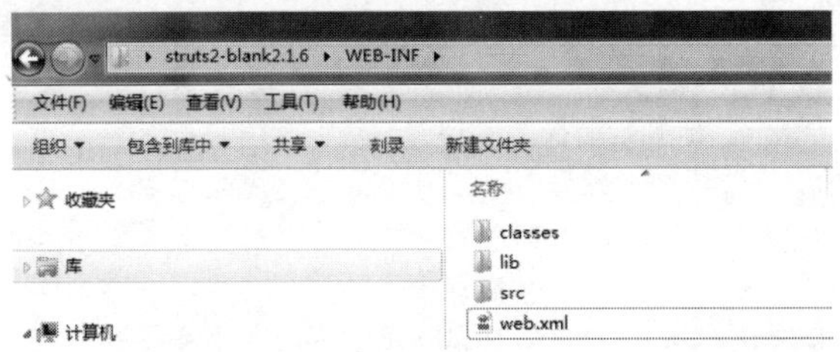

图 4-6　拷贝 Web.xml 文件到 WEB-INF 目录中

Eclipse 切换到 Package Explorer 下，拷贝 struts.xml 文件到 TTPIP 项目 src 下，如图 4-7 所示。

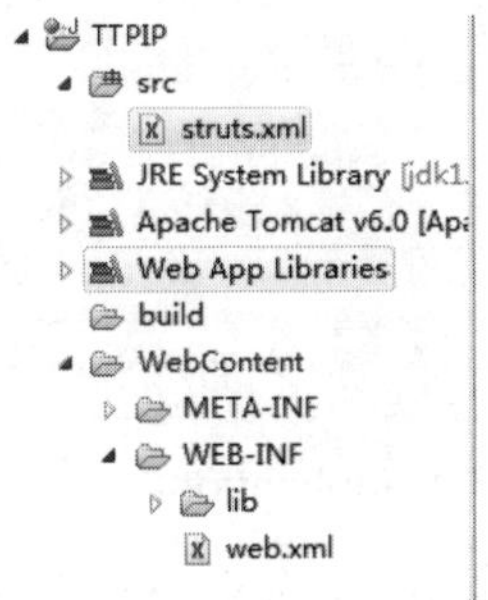

图 4-7　拷贝 struts.cml 到 src 目录下

4.4.3　添加配置 Spring

这里我们以 Spring3 为例，下载 Spring3 压缩文件并解压，将 Spring 的基本 jar 文件拷贝到 TTPIP 项目的 web-inf/lib 目录下，如果需要使用其他功能则要导入相应的 jar 文件，如图 4-8 所示，其中 commons-logging-xx.jar 是在集成 struts2 时导入的。

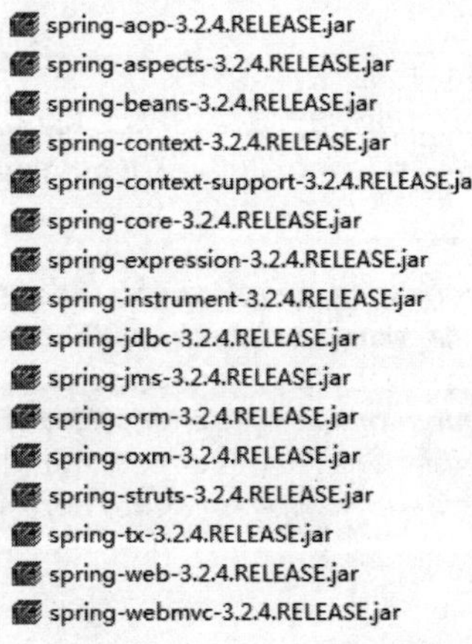

图 4-8　Spring3 的 Jar 包

在 WEB-INF 目录下新建一个 applicationContext.xml 文件，如图 4-9 所示。

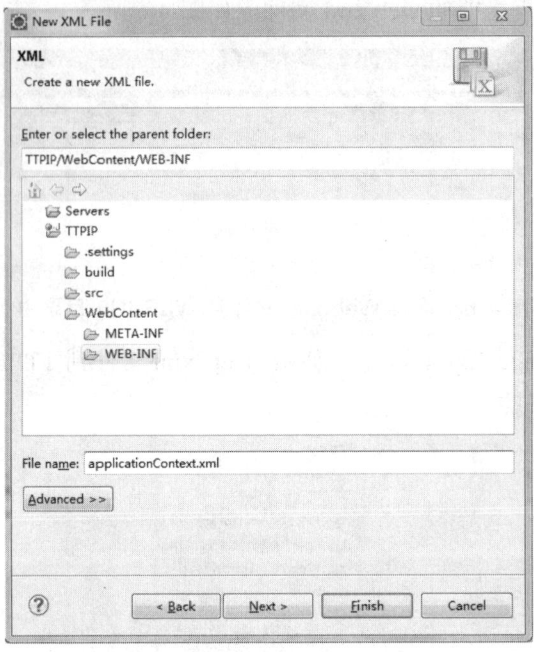

图 4-9　新建 applicationContext.xml 文件

点击“Finish”，在打开的 applicationContext.xml 文件中添加 Spring 信息，如图 4-10、图 4-11 所示。

图 4-10　Spring2 配置文件 applicationContext.xml

```
applicationContext.xml
<?xml version="1.0" encoding="UTF-8"?>
<beans xmlns="http://www.springframework.org/schema/beans"
    xmlns:xsi="http://www.w3.org/2001/XMLSchema-instance"

    xsi:schemaLocation="
    http://www.springframework.org/schema/beans
    http://www.springframework.org/schema/beans/spring-beans-2.5.xsd
    http://www.springframework.org/schema/tx
    http://www.springframework.org/schema/tx/spring-tx-2.0.xsd
    http://www.springframework.org/schema/aop
    http://www.springframework.org/schema/aop/spring-aop-2.0.xsd">

</beans>
```

图 4-11　Spring3 配置文件内容

然后打开 web.xml 文件，添加用于启动 Spring 框架的 Spring 监听器，如图 4-12 黑线框中配置内容所示。

```
web.xml
    xsi:schemaLocation="http://java.sun.com/xml/ns/javaee
    http://java.sun.com/xml/ns/javaee/web-app_2_5.xsd">
      <welcome-file-list>
        <welcome-file>index.jsp</welcome-file>
      </welcome-file-list>
      <filter>
        <filter-name>struts2</filter-name>
        <filter-class>
            org.apache.struts2.dispatcher.ng.filter.StrutsPrepareAndExecuteFilter
        </filter-class>
      </filter>
      <filter-mapping>
        <filter-name>struts2</filter-name>
        <url-pattern>*.action</url-pattern>
      </filter-mapping>

      <listener>
        <listener-class>org.springframework.web.context.ContextLoaderListener</listener-class>
      </listener>
      <context-param>
        <param-name>contextConfigLocation</param-name>
        <param-value>/WEB-INF/applicationContext-*.xml</param-value>
      </context-param>

  </web-app>
```

图 4-12　添加 Spring 的监听器

4.4.4　添加和配置 Hibernate

下载 hibernate3.3.2.jar 包，解压并导入基础的 jar 包到 TTPIP 项目的 web-info/lib 目录下，如图 4-13 所示。

- c3p0-0.9.1.2.jar
- commons-collections-3.1.jar
- dom4j-1.6.jar
- ejb3-persistence.jar
- hibernate3.jar
- hibernate-annotations.jar
- hibernate-commons-annotations.jar
- hibernate-entitymanager.jar
- hibernate-validator.jar
- javassist-3.9.0.GA.jar
- jboss-archive-browsing.jar
- jta-1.1.jar
- log4j.jar
- slf4j-api-1.5.8.jar
- slf4j-log4j12-1.5.8.jar

图 4-13　hibernate3.3.2.jar 包

4.4.5　SSH 框架示例

在 SQL Server Express 中创建一个 ttpip 数据库，并新建一个 User_Info 表，然后基于 SSH 框架开发实现保存用户数据的功能。

User_Info 表，如图 4-14 所示。

表 - dbo.User_Info　摘要

	列名	数据类型	允许空
🔑	user_id	int	☐
	user_name	nchar(20)	☑

图 4-14　User_Info 表结构

在 applicationContext.xml 文件中配置数据库 ttpip 的连接：

```
<bean id="dataSource" class="org.apache.commons.dbp.BasiDataSource">
    <property  name="driverClassName"  value="net.sourceforge.jtds.jdbc.
Driver">
    </property>

    <!--服务器开发数据库及本机数据库-->

    <property  name="url"  value="jdbc:jtds:sqlserver://localhost:1433;
DatabaseName=ttpip">
    </property>

    <property name="username" value="sa"></property>
    <property name="password" value="sasasa"></property>
</beans>
```

在 src 下新建一个包 com.ttpip.model，根据 User_Info 表的字段编写 POJO 对象的 UserInfo，同时编写 POJO 对象对应的映射文件 UserInfo.hbm.xml，如图 4-15 所示。

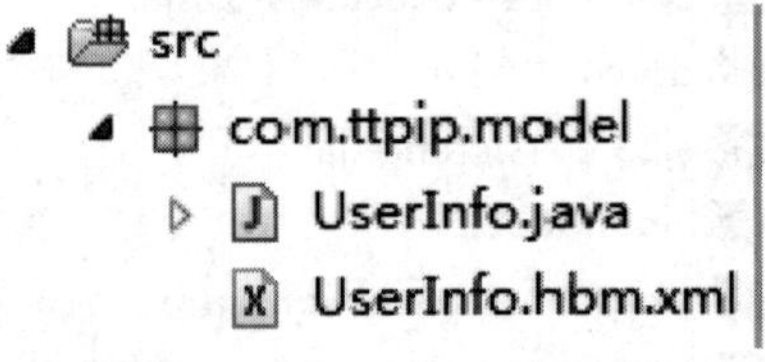

图 4-15　类 UserInfo 映射文件

UserInfo.java：

```
package com.ttpip.model;

public class UserInfor implements java.io.Serializable{
    private Integer userId;
    private String userName;

    public UserInfo{}

    public UserInfo(Integer userId, String userName){
        this.userId = userId;
        this.userName = userName;
    }
```

```
    public Integer uetUserId(){
        return this.userId;
    }

    public void setUserId(Integer userId){
        this.userId = userId;
    }

    public String getUserName(){
        return this.userName;
    }

    public void setUserName(String userName){
        this.userName = userName;
    }
}
```

UserInfo.hbm.xml：

```
<hibernate-mapping>
    <class name="com.ttpip.model.UserInfo" table="User_Info">
        <id name="userId" type="java.Lang.Inerger">
            <column name="user_id" />
            <generator class="identity" />
        </id>
        <property name="userName" type="java.Lang.String">
            <column name="user_name" length="20" />
        </property>
    </class>
</hibernate-mapping>
```

在 applicationContext.xml 文件中，配置 UserInfo.hbm.xml 文件的加载信息：

```
<bean id="sessionFactory" class="org.spingframework.rom.hiernate3.Local
SessionFactoryBean">
    <property name="dataSource">
        <ref local="dataSource" />
    </property>
    <property name="mappingResources">
        <list>
            <value>com/ttpip/model/UserInfo.hbm.xml</value>
        </list>
    </property>
    <property name="hibernateProperties">
        <props>
          <prop
key="hibernate.dialect">org.hibernate.dialect.SQLServerDialect</prop>
            <prop key="hibernate.show_sql">true</prop>
        </props>
    </property>
</bean>
```

配置事务处理信息：

```
<bean id="transactionManager" class="org.springframework.orm.
hibernate3.HibernateTransactionManager">
    <property name="sessionFactory">
        <ref local="sessionFactory" />
    </property>
```

```
</bean>

<tx:advice id="txAdvice" transaction-manager="transactionManager">
    <tx:attributers>
        <tx:method name="add*" propagation="REQUIRED"/>
        <tx:method name="delete*" propagation="REQUIRED"/>
        <tx:method name="update*" propagation="REQUIRED"/>
        <tx:method name="edit*" propagation="REQUIRED"/>
        <tx:method name="save*" propagation="REQUIRED"/>
        <tx:method name="*" read-only="true"/>
    <tx:attributers/>
</tx:advice>

<aop:config>
    <aop:pointcut id="allManagerMerthod" expression="execution(* com.
ttpip.service.*.*(..))"/>
    <aop:advisor advice-ref="txAdvice" pointcut-ref="allManagerMethod"/>
</aop:config>
```

在 src 下新建 com.ttpip.dao 和 com.ttpip.dao.impl 包，分别编写数据层的处理接口、数据层的处理实现类，如图 4-16 所示。

src
com.ttpip.dao
UserInfoDao.java
com.ttpip.dao.impl
UserInfoDaoImpl.java

图 4-16　在 src 下新建 com.ttpip.dao 和 com.ttpip.dao.impl 包

UserInfoDao.java：

```
packag com.ttpip.dao;
import com.ttpip.model.UserInfo;
public interface UserInfoDao{
    public void save(UserInfo userInfo);
}
```

UserInfoDaoImpl.java：

```
package com.ttpip.dao.impl;

import org.springframework.orm.hibernate3.support.HibernateDaoSupport;

public class UserInfoDaoImpl extends HibernateDaoSupport implements
UserInfoDao{
    public void save(UserInfo indiUser){
        this.getHibernateTemplate().save(indiUser);
    }
}
```

applicationContext.xml 文件中配置 UserInfoDaoImpl 的 Bean 信息：

```
<bean id="userInfoDao" class="com.ttpip.dao.impl.UserInfoDaoImpl">
    <property name="sessionFactory">
        <ref bean="sessionFactory"/>
    </property>
</bean>
```

在 src 下新建 com.ttpip.action 包，编写 UserInfoAction 类，并注入 UserInfoDao、UserInfo 实体类，如图 4-17 所示。

TTPIP
src
com.ttpip.action
UserInfoAction.java
com.ttpip.dao
com.ttpip.dao.impl
com.ttpip.model

图 4-17　下新建 com.ttpip.action 包

UserInfoAction.java：

```
public class UserInfoAction{
    UserInfoDao userInfoDao;

    public UserInfoDao getUserInfoDao(){
        return userInfoDao;
    }

    public void setUserInfoDao(UserInfoDao userInfoDao){
        this.userInfoDao = userInfoDao;
    }
}
```

applicationContext.xml 文件中配置 UserInfoAction 注入信息：

```
<bean id="userInfo" class="userInfoAction">
    <property name="userInfoDao">
        <ref bean="userInfoDao"/>
    </property>
</bean>
```

接下来需要编写三个 jsp 页面，第一个 save.jsp 用来提交用户信息、第二个 success.jsp 为提示保存成功，第三个 error.jsp 为提示保存失败，如图 4-18。

图 4-18　编写三个 jsp 页面

save.jsp 页面主要代码：

```
<body>
    <center>
        <h2>用户信息输入</h2>
        <form action="www/userInfoAction" id="form">
            <h4>学号：<input type="text" name="userid" /></h4>
            <h4>姓名：<input type="text" name="username" /></h4>
            <input type="submit" value="提交" />
```

```
        </form>
    </center>
</body>
```

本页面运行效果如图 4-19 所示。

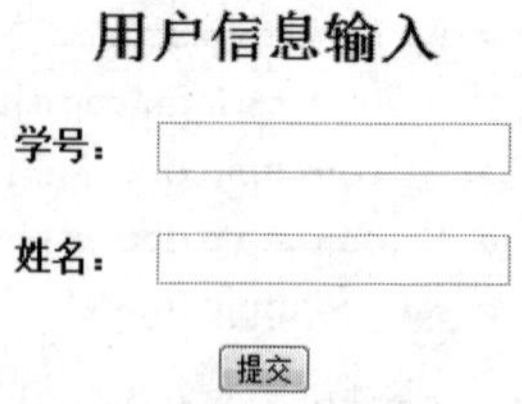

用户信息输入

学号：

姓名：

提交

图 4-19　部署运行效果

然后根据 save.jsp 代码中<form action="www/userInfoAction" id="form">action 属性信息，配置 struts.xml 文件，如下：

```
<struts>
    <constant name="struts.objectFactory"
value="org.apache.struts2.spring.StrutsSpringObjectFactory" />

    <package name="struts2" namespace="/www" extends="struts-default">
        <action name="userInfoAction"
class="com.ttpip.action.UserInfoAction">
            <result name="success">/success.jsp</result>
            <result name="error">/error.jsp</result>
        </action>
    </package>
</struts>
```

注意：Struts 访问 Spring 配置文件 applicationContext.xml 管理的 bean，需要导入 struts2-spring-plugin-2.1.8.1.jar 包，在 struts.xml 中配置：

```
<constant name="struts.objectFactory"
value="org.apache.sturs2.spring.StrutsSpringObjectFactory" />
```

并且 applicationContext.xml 中配置 bean 的 class 名字要与 struts.xml 中配置的 action 名字一致。

applicationContext.xml：

```
<bean id="userInfo" class="userInfoAction">
    <property name="uerInfoDao">
        <ref bean="userInfoDao"/>
    </property>
</bean>
```

struts.xml：

```
<action name="userInfoAction" class="com.ttpip.action.UserInfoAction">
    <result name="success">/success.jsp</result>
    <result name="error">/error.jsp</result>
</action>
```

在 UserInfoAction.java 中编写获取用户信息并保存到数据库的程序代码，如下：

```
public String execute()
{
```

```
        try{
           UserInfo.userInfo = new UserInfo();
           UserInfo.setUserId(Integer.valueOf(userid));
           UserInfo.setUserName(username);
           userInfoDao.save(userInfo);
        }catch(Exception e){
           // TODO Auto-generated catch block
           e.printStackTrace();
           return "error";
        }
        return "success";
    }
```

最后在 Tomcat 中部署 TTPIP 项目，运行 Tomcat 后打开用户信息页面，可以填写用户数据并保存到数据库中，如图 4-20、图 4-21 所示。

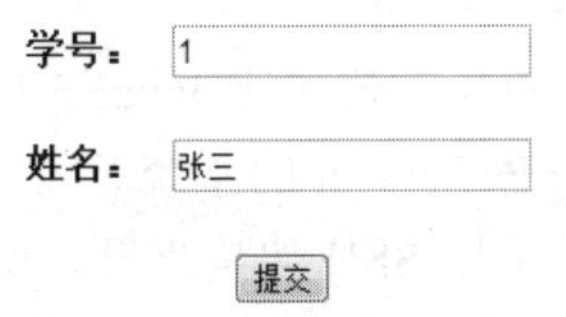

图 4-20　用户信息输入界面

	user_id	user_name
	1	张三
▸*	NULL	NULL

图 4-21　数据保存到数据库中

4.4.6　SSH 常见错误

通过以上的讲解，相信大家已经学会基本的开发环境搭建和编写入门运行程序了。SSH 开发环境在搭建过程中也会遇到各种各样的问题，下面就常见的一些问题以下总结：

（1）严重：Exception starting filter struts2 Unable to load configuration. - bean - jar: file:/D:/Struts2/Struts2/WebRoot/WEB-INF/lib/struts2-core-2.1.2.jar!/struts-default.xml:46:178。类似于这种错误一般是少 jar 包，添加 commons-fileupload-1.2.1.jar；commons-io-1.3.2.jar。

（2）错误信息：org.springframework.beans.factory.BeanCreationException:Error creating bean with name ‘sessionFactory’ defined in ServletContext resource [/WEB - INF/classes/applicationContext.xml]: Invocation of init method failed; nested exception is java.lang.NoSuchMethodError: org.objectweb.asm. ClassVisitor. Visit (IIL java/lang/String; Ljava/lang/String;)。这是由于 Spring 中的 asm-xxx.jar 和 Hibernate 中的 asm.jar 冲突，移除 spring aop 中的 asm-xxx.jar 或者出现 action 为 null 时移除 spring aop。

（3）错误信息：Exception starting filter struts2 Cannot locate the chosen ObjectFactory implementation: The com.opensymphony.xwork2.ObjectFactory Implementation class - [unknown location]。原因是少 jar 包，解决办法：添加 Struts2-spring-plugin-2.1.xx.jar 包，struts.xml 中添加<constant name=”struts. objectFactory” value=”spring” />。

（4）No result defined for action ***Action and result success。这个错误产生的原因是在 struts.xml 中没有配置 success result。可以理解为，action 执行完后，必须产生一个 result 类，不能为空。所以在 struts.xml 文件 action 标记里增加 result success 定义。例如<result>***.jsp</result>。

（5）No rcsult defined for action ***Action and result input。这个错误在提交数据时经常碰到。定义的 struts2 intercept 发挥了作用，当 POJO 类型与输入的类型不同时，intercept 类会终止拦截，并返回输入页面。详细的错误可使用<s:fielderror/>来获取。解决方法：struts.xml 文件增加 result input 定义。<result name="input">***.jsp</result>。

（6）错误信息：There is no Action mapped for namespace / and action name ***Action。没有找到这个 Action，也就是在 struts.xml 文件中没有定义这个 Action，或者是 Action 名字与页面的 form 里 Action 属性名字不一致。

4.5 归纳总结

一个良好的框架可以减轻开发人员重新建立解决复杂问题方案的负担和精力，它可以被扩展以进行内部的定制化，并且有强大的开发者社区来支持它。

不可否认，对于简单的应用，采用 ASP 或者 PHP 的开发效率比 JavaEE 框架的开发效率要高，甚至有人会觉得这种分层的结构，比一般采用 JSP+Servlet 的系统开发效率还要低。那么为什么大多数的企业级项目，包括本章案例项目还都采用 SSH 架构来开发呢？我们重点从以下几个角度来阐述这个问题。

（1）开发效率。软件工程是个特殊的行业，不同于传统的工业，例如电器、建筑及汽车等行业。这些行业的产品一旦开发出来，交付用户使用后将很少需要后续的维护。但软件行业不同，软件产品的后期运行维护是个巨大的工程，单纯从前期开发时间上考虑其开发效率是不理智的，也是不公平的。众所周知，对于传统的 ASP 和 PHP 等脚本站点技术，将整个站点的业务逻辑和表现逻辑都混杂在 ASP 或 PHP 页面里，从而导致页面的可读性相当差，可维护性非常低。即使需要简单改变页面的按钮，也不得不打开页面文件，冒着破坏系统的风险。

采用严格分层架构，则可完全避免这个问题。对表现层的修改即使发生错误，也绝对不会将错误扩展到业务逻辑层，更不会影响持久层。因此，采用 SSH 架构，即使前期的开发效率稍微低一点也是值得的。

（2）需求的变更。很少有软件产品的需求是从一开始就是完全固定的。客户对软件的需求，是随着软件开发过程的深入，不断明晰起来的。因此，常常遇到软件开发到一定程度时，由于客户对软件需求发生了变化，使得软件的实现不得不随之改变。当软件实现需要改变时，如何才能尽可能多地保留软件的部分，尽可能少地改变软件的实现，从而满足客户需求的变更？答案是采用优秀的解耦架构。这种架构就是 J2EE 的分层架构，在优秀的分层架构里，控制层依赖于业务逻辑层，但绝不与任何具体的业务逻辑组件耦合，只与接口耦合；同样，业务逻辑层依赖于 DAO 层，也不会与任何具体的 DAO 组件耦合，而是面向接口编程。采用这种方式的软件实现，即使软件的部分发生改变，其他部分也尽可能不要改变。

综上所述，采用 SSH 开发模型，不仅实现了视图、控制器与模型的彻底分离，而且还实现了业务逻辑层与持久层的分离。这样无论前端如何变化，模型层只需很少的改动，并且数据库的变化也不会对前端有所影响，大大提高了系统的可复用性。而且由于不同层之间耦合度小，有利于团队成员并行工作，大大提高了开发效率。

4.6　拓展提高

1. SSH 构建系统的基本业务流程

（1）在表示层中，首先通过 JSP 页面实现交互界面，负责传送请求（Request）和接收响应（Response），然后 Struts2 根据配置文件（struts.xml）将接收到的 Request 委派给相应的 Action 处理。

（2）在业务层中，管理服务组件的 Spring IoC 容器负责向 Action 提供业务模型（Model）组件和该组件的协作对象数据处理（DAO）组件完成业务逻辑，并提供事务处理、缓冲池等容器组件以提升系统性能和保证数据的完整性。

（3）在持久层中，则依赖于 Hibernate 的对象化映射和数据库交互，处理 DAO 组件请求的数据，并返回处理结果。

2. 案例项目中包文件的层次

（1）Action 层是管理业务调度和跳转的。相当于控制器，取出前台界面数据，调用 Service 方法，转发到下一个 Action 或者页面，对应案例中的 com.ttpip.action.*包，如图 4-22 所示。

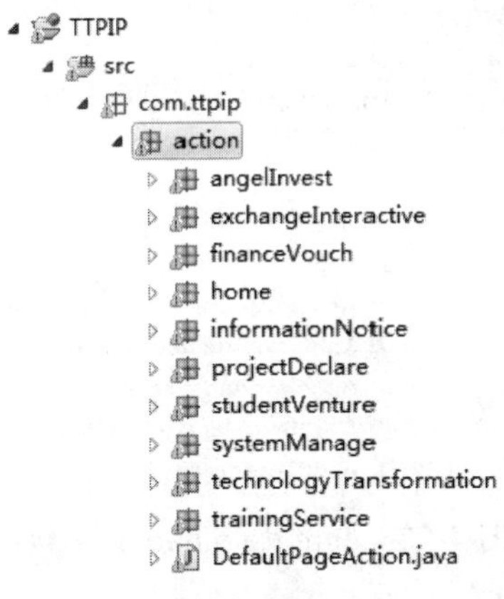

图 4-22　com.ttpip.action.*包

（2）Service 层是管理具体的功能。通常叫做业务层，做相应的业务逻辑处理，实现了数据访问层和业务逻辑层的有效分离，对应案例中的 com.ttpip.service.impl 包，如图 4-23 所示。

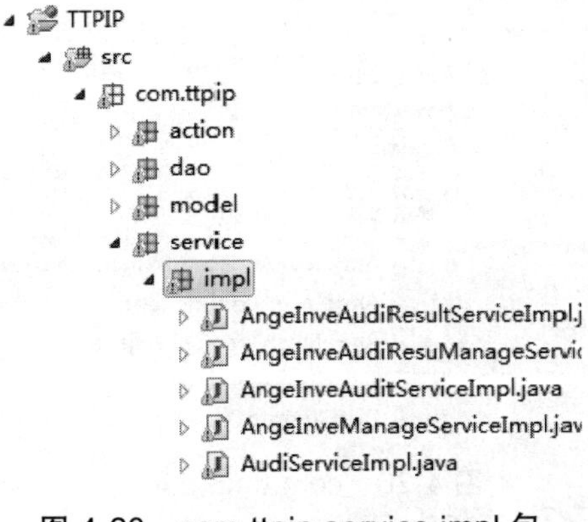

TTPIP
src
com.ttpip
action
dao
model
service
impl
AngeInveAudiResultServiceImpl.j
AngeInveAudiResuManageServi
AngeInveAuditServiceImpl.java
AngeInveManageServiceImpl.jav
AudiServiceImpl.java

图 4-23　com.ttpip.service.impl 包

（3）DAO 层是数据访问层。用来访问数据库实现数据的持久化，对应案例中的 com.ttpip.dao.impl 包，如图 4-24 所示。

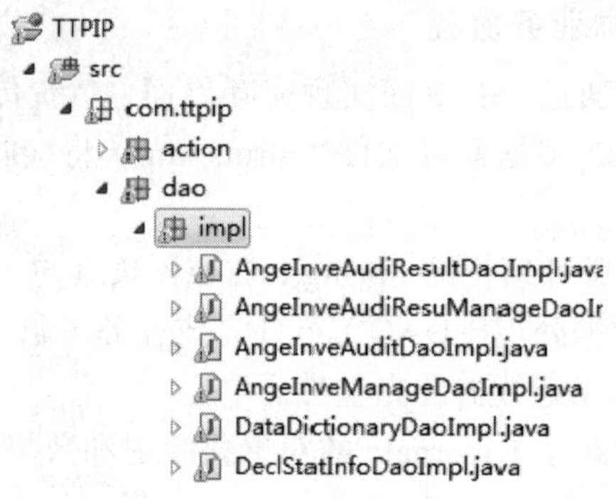

图 4-24　com.ttpip.dao.impl 包

（4）在 SSH 集成框架环境中 Service 层和 DAO 层定义对外的接口，Action 层调用 Service 层接口，对应案例中的 com.ttpip.service 包下的接口，如图 4-25 所示。

图 4-25　com.ttpip.dao.impl 包

（5）DAO 层使用一个通用接口，此接口中提供了对数据库操作的一些方法，Service 层使用该接口提供的方法而无需知道 DAO 层使用的具体实现，达到与 Hibernate 解耦，对应案例中的 com.ttpip.dao 包下的接口，如图 4-26 所示。

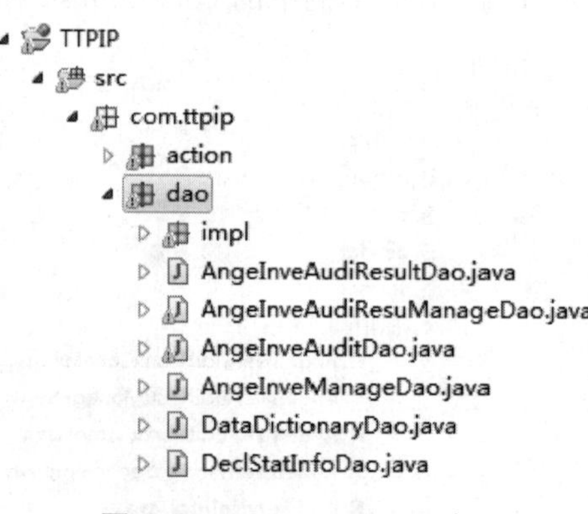

图 4-26　com.ttpip.dao 包

3. 案例项目命名规范

（1）源文件的命名：Java 源文件名必须和源文件中所定义的类的类名相同。例如案例中源文件名 PateTechCoopManageAction.java 与类名要相同，如图 4-27 所示。

PateTechCoopManageAction.java　13 public class PateTechCoopManageAction extends DefaultPageAction {

图 4-27　源文件中的类名

（2）Package 包的命名：Package 名的第一部分应是小写字符，并且是顶级域名之一，通常是 com、edu、gov、mil、net、org 或由 ISO 标准 3166、1981 定义的国家唯一标志码。Package 名的后续部分由各组织内部命名规则决定，内部命名规则指定了各组件的目录名，所属部门名、项目名等，如图 4-28 所示。

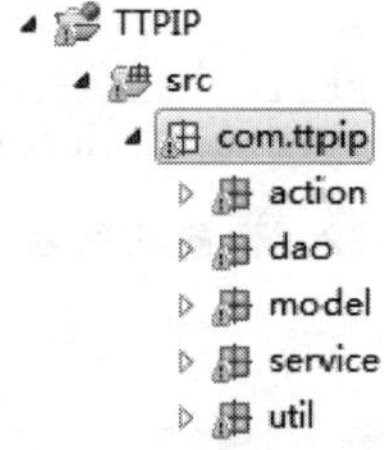

图 4-28　Package 包的命名

（3）Class/Interface 的命名：Class 名应是首字母大写的名词。命名时应该使其简洁而又具有描述性。异常类的命名，应以 Exception 结尾。Interface 的命名规则与 Class 相同。如图 4-29 所示，com.ttpip.service.impl 包下的类，com.ttpip.service 包下的接口的命名。

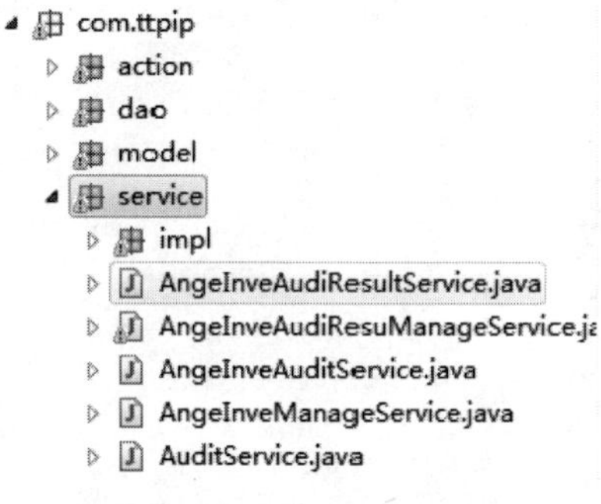

图 4-29　Interface 的命名

（4）方法的命名：方法名的第一个单词应是动词，并且首字母小写，其他每个单词首字母大写。如案例中 PateTechCoopManageAction 类中的 requestApply()方法。如图 4-30 所示。

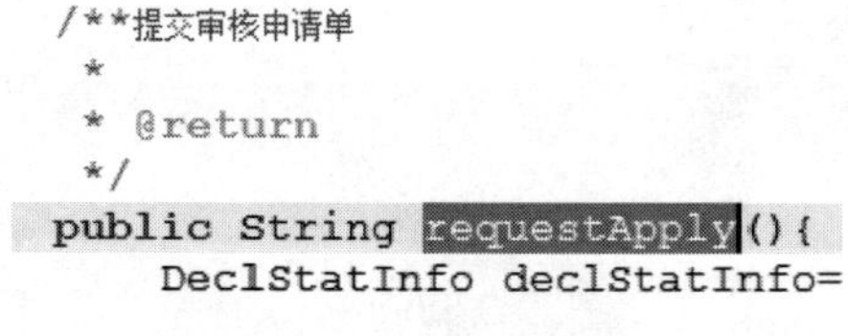

图 4-30　方法的命名

（5）方法参数的命名：应该选择有意义的名称作为方法的参数名。如果可能的话，选择和需要赋值的字段一样的名字，如图 4-31 所示。

```
public String getStartTime() {
    return startTime;
}

public void setStartTime(String startTime) {
    this.startTime = startTime;
}
```

图 4-31 方法参数的命名

（6）变量的命名：变量名的首字母小写，其他每个单词的首字母大写。命名时应该使其简短而又有特定含义，简洁明了的向使用者展示其使用意图，如图 4-32 所示。

```
private String startTime;
private String endTime;
private String tranName;
```

图 4-32 变量的命名

4.7 练习与实训

1. SSH 框架优缺点有哪些？每层之间的关系和作用。
2. 在自己的电脑中搭建配置 SSH 开发框架，编写示例运行程序。
3. 搭建环境时涉及到建包、类、接口、方法和变量等的命名规范。

第 5 章　设计企业级应用 Web 页面

【学习目标】

➢能熟练运用 HTML；

➢了解层叠样式表 CSS；

➢了解脚本语言 JavaScript；

➢了解 Ajax 异步处理；

➢能熟练使用工具 CoffeeCup Free HTML Editor 进行 Web 页面原型设计。

5.1　概　述

企业级应用中的 Web 页面设计又称为界面设计。在用户需求的基础上，多学科背景的团队成员将以界面原型为基础开展工作，通过不断的增强产品的功能和可用性，共同构建满足用户要求的最终界面设计。

界面原型一般是以线框树型的形式表示，在推敲程序的具体实施细节时，可以快速修改界面，并支持在所有成员之间进行有效的沟通交流。由于界面原型修改快捷便利，它可以有效的降低开发成本，缩短开发周期。

界面原型作用：

➢能清晰、全面地反映程序的逻辑、层次、流向等关系；

➢使用界面原型跟客户沟通的时候，容易沟通，因为具有交互性；

➢界面原型能把风险往前提，便于降低开发过程的风险；

➢当界面原型中各个细节敲定后，负责视觉的界面设计师与负责编程的 IT 工程师可以并行开展工作，减少产品开发周期。

界面原型的用途：

➢用例阐释者，用来了解用例的用户界面构建元素；

➢系统分析员，用来了解用户界面如何影响系统分析；

➢设计员，用来了解用户界面如何施加影响及它对系统“内部”的要求；

➢类测试人员，用来制订测试计划活动。

5.2　任务分析

➢本章节主要完成第二章 2.3.4 案例设计中公共信息服务平台中科技成果转化功能界面原型设计。应用 HTML、JavaScript、CSS 技术；采用原型法实现科技成果转化管理（增加、修改、删除、查询、审核和查看）界面设计。

➢了解原型法，并能采用原型法和使用 CoffeeCup Free HTML Editor 工具完成界面设计。

➢时间：6 课时。

5.3 Web 页面设计相关知识

5.3.1 原型法

原型法是指在获取一组基本的需求定义后，利用高级软件可视化工具，快速地建立一个目标系统的最初版本，并把它交给用户试用、补充和修改，再进行新的版本开发。反复进行这个过程，直到得出精确的、满意用户要求的系统界面设计。

原型的分类：

➢抛弃型原型（Throw-It-Away Prototype），该类原型法在系统真正实现后就抛弃不用了。

➢进化型原型（Evolutionary Prototype），此类原型的构造从目标系统的一个或多个基本需求出发，通过修改和追加过程逐渐丰富，演化成为最终的系统。

原型法的开发过程：

➢确定用户的基本需求；

➢构造初始原型；

➢运行、评价、修改原型；

➢形成最终的管理信息系统。

本章中使用的原型设计工具为 CoffeeCup Free HTML Editor，它是一个全功能的免费 HTML 编辑器，包括 JavaScript、ActiveX 控制、图片功能、色彩向导、多文件支持、全功能 FTP 程序、服务器扩展支持(html、shtml，以及 css)。它提供许多制作向导，让你方便的制作 Table 或 Frame 等，并内含相当多内建的背景图\GIF 动画，方便你设计网页。

5.3.2 HTML

1. HTML 概述

超文本标记语言，即 HTML（Hypertext Markup Language），是用于描述网页文档的一种标记语言。

在万维网上的一个超媒体文档称之为一个页面（page）。作为一个组织或个人在万维网上放置开始点的页面称为主页（Homepage），在首页、主页中通常包括有指向其它相关页面或其它节点的指针（超级链接）。所谓超级链接，就是一种统一资源定位器（Uniform Resource Locator：URL）指针，通过激活（点击）它，可使浏览器方便地获取新的网页。这也是 HTML 获得广泛应用的最重要的原因之一。在逻辑上将视为一个整体的一系列页面的有机集合称为网站（Website 或 Site）。

网页的本质就是超级文本标记语言，通过结合使用其它的 Web 技术（例如：脚本语言、公共网关接口、组件等），可以创造出功能强大的网页。超级文本标记语言是万维网（Web）

编程的基础，超级文本标记语言之所以称为超文本标记语言，是因为文本中包含了所谓"超级链接"点，如图 5-1 所示。

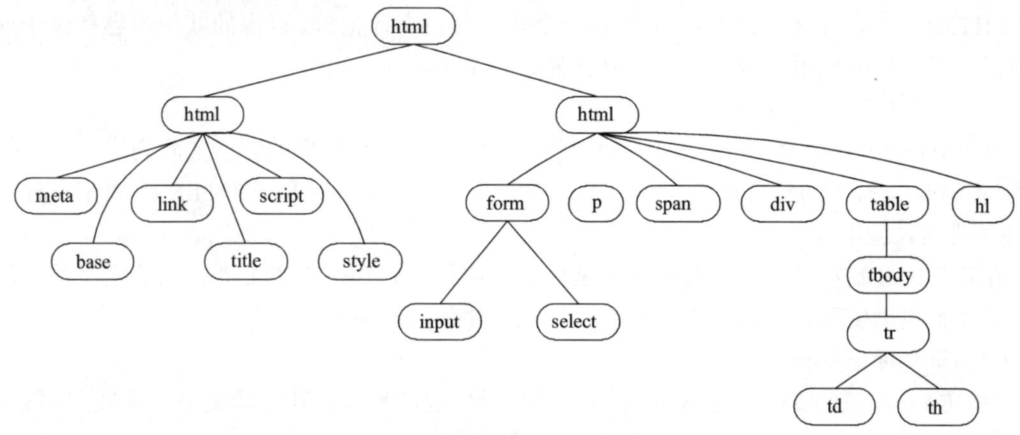

图 5-1　HTML 元素层次

HTML 语言特点具有以下特点：

➢简易性：超级文本标记语言版本升级采用超集方式，从而更加灵活方便。

➢可扩展性：超级文本标记语言的广泛应用带来了加强功能，增加标识符等要求，超级文本标记语言采取子类元素的方式，为系统扩展带来保证。

➢平台无关性：超级文本标记语言可以使用在广泛的平台上，这也是万维网（WWW）盛行的另一个原因。

2. HTML 语法

在 HTML 中，所有的标记符都用尖括号括起来，并且一般都成对出现：即包括开始标记符和结束标记符。它们定义了标记符所影响的范围。结束符和开始符的区别是其前面有一个斜线。如：<B>合体显示</B>其只影响<B>和</B>之间的文字，而不会影响标记符以外的文字。

1）标记符属性

许多标记符还包括一些属性，以便对标记符作用的内容进行更详细地控制；所有的属性都放置在开始标记符的尖括号里。如：<FONT SIZE=4　COLOR="RED">标记符属性的作用</FONT>，则本段文字将以红色 4 号字在浏览器中显示。

2）Web 页基本结构

一个 Web 页实际上对应于一个 HTML 文件，HTML 文件以.html 或.htm 为扩展名。

例如，下面为一个 Web 页的基本结构。

```
<HTML>
<HEAD>
<TITLE>Web 页基本结构</TITLE>
          ……  ……
</HEAD>
<BODY>
          ……  ……
</BODY>
</HTML>
```

3）常用标签

（1）HTML 标记。

<HTML>和</HTML>是 Web 页的第一个和最后一个标记符，页内的其他内容都位于这两个标记之间。它的作用是告诉浏览器该文件是一个 Web 页。

（2）首部标记 ——HEAD。

<HEAD>和</HEAD>位于 Web 页的开头，其不包括 Web 页的任何实际内容，而是提供一些与 Web 页有关的特定信息。如：可以在首部设置网页的标题（TITLE）、或定义样式表（CSS）或插入脚本等。

在首部，最基本、最常用的标记符是标题标记符<TITLE><\TITLE>，用于定义网页的标题，其显示在浏览器的标题栏上，并可被浏览器用作收藏清单。

（3）正文标记符 ——BODY。

<BODY>和</BODY>是包含 Web 页实际显示内容的地方，其包括文字、图像、链接及其他 HTML 元素。<BODY>标记符包括一些常用的属性来格式化整体的版面格式，如设置网页的背景色、背景图像等，如：

```
<HTML>
<HEAD>
    <TITLE>Web 页标题</TITLE>
</HEAD>
<BODY>
        正文，正文，正文，
        正文，正文，
        正文
</BODY>
</HTML>
```

注意：空格、回车等格式控制符在显示时是不起作用的，要在网页中显示空格或产生换行是要借助于标记符和参考字符来完成。

（4）注释。

<!--这是注解-->。

（5）特殊字符的显示。

若用户要在网页中显示某些特殊字符，如："<"">"和空格等，则需要使用参考字符来表示，而不能直接输入。参考字符以"&"开始，以";"结束，既可以用数字代码，也可以用代码名称。如表 5-1 所示为特殊字符表。

表 5-1 特殊字符表

特殊字符	数字代码	代码名称
&	&	&
<	<	<
>	>	>
空格		

（6）表格。

在 HTML 中，表格不但可以用于组织信息，它还是一种必不可少的页面排版工具，可以使用它创建出各种复杂的页面布局。

本章主要介绍如何在 HTML 中创建表格，及如何使用表格进行页面布局。

在 HTML 中创建一个普通的表格的应用格式如下：

```
<html>
<head>
  <title>this is test</title>
  <meta http-equiv="content-type" content="text/html; charset=UTF-8">
  <style type="text/css">
      th, td {
        border: 1px solid black;
      }
  </style>
  <script type="text/JavaScript">
  function addUser(){
      window.showModalDialog("addUser.html", "", "status=0");//模态
    //window.showModelessDialog("");//非模态
  }
  </script>
</head>
<h2 align="center">用户列表</h2>
<body>
   <div id="operatorDiv" align="center" style="width: 700px;margin-left:
25px;margin-bottom: 5px;">
      <button onclick="addUser()">添加</button>  
      <button>修改</button>  
      <button>删除</button>
   </div>
   <table  id="userList"   width="50%"  align="center"  cellspacing="0"
style="border-collapse:collapse; border: 1px solid black;">
      <tr>
         <th>Id</th>
         <th>Name</th>
         <th>Pwd</th>
      </tr>
      <tr align="center">
         <td>1</td>
         <td>wang</td>
         <td>000</td>
      </tr>
      <tr align="center">
         <td>2</td>
         <td>zhang</td>
         <td>111</td>
      </tr>
   </table>
   <table  id="pagination"   width="50%"  align="center"  cellspacing="0"
style="border-collapse:collapse;margin-top: 5px">
      <tr align="center">
         <td align="right" style="border:0;font-size:14;">
                共 20 条记录当前第 1 页共 4 页
            <a href="#">首页</a>
```

```
            <a href="#">上页</a>
            <a href="#">下页</a>
            <a href="#">末页</a>
          </td>
        </tr>
      </table>
</body>
</html>
```

运行效果如图 5-2 所示。

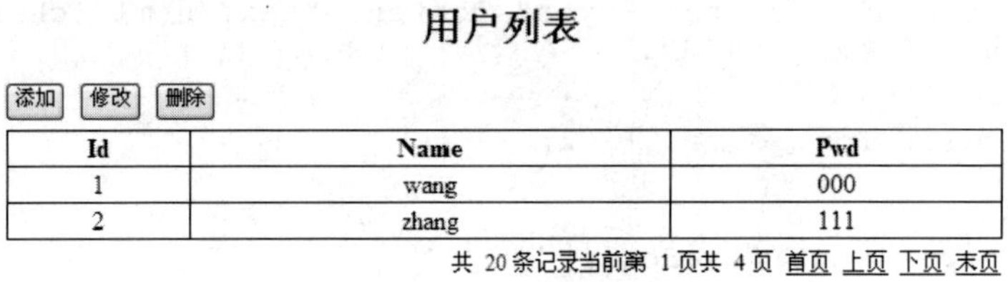

用户列表

[添加] [修改] [删除]

Id	Name	Pwd
1	wang	000
2	zhang	111

共 20条记录当前第 1页共 4页 首页 上页 下页 末页

图 5-2 用户列表

（7）表单。

```
<!DOCTYPE HTML PUBLIC "-//W3C//DTD HTML 4.01 Transitional//EN">
<html>
  <head>
    <title>添加信息</title>
    <meta http-equiv="content-type" content="text/html; charset=UTF-8">
    <style type="text/css">
    td {
      border: 1px solid black;
    }
    body {
       text-align: center;
    }
    </style>
  </head>
  <h2 align="center" style="margin-top: 5px;">添加信息</h2>
  <hr>
  <body>
     <form name="" action="" method="post">
         <table id="userList"  width="90%" height="400px" align="center"
cellspacing="0" style="border-collapse:collapse;
border: 1px solid black;">
          <tr align="center">
             <td>姓名</td>
             <td align="left">
                <input type="text" name="name">
         </td>
          </tr>
          <tr align="center">
             <td>性别</td>
             <td align="left">
                <input type="radio" name="sex" value=1>男
                <input type="radio" name="sex" value=0>女
         </td>
          </tr>
```

```
        <tr align="center">
          <td>语言</td>
          <td align="left">
            <input type="checkbox" name="language" value=1>中文
            <input type="checkbox" name="language" value=2>英文
            <input type="checkbox" name="language" value=3>法文
            <input type="checkbox" name="language" value=4>德文
          </td>
        </tr>
        <tr align="center">
          <td>省份</td>
          <td align="left">
            <select name="province" style="width: 100;">
              <option value=51>四川</option>
                                  <option value=52>云南</option>
                                  <option value=53>贵州</option>
                       </select>
          </td>
        </tr>
        <tr align="center">
          <td>备注</td>
              <td align="left">
              <textarea rows=5 cols=30></textarea></td>
        </tr>
       </table>
       <div style="margin-top: 10px;">
         <input   type="button"   value=" 保 存 ">  <input
type="reset" value="重置">
       </div>
    </form>
  </body>
</html>
```

运行效果如图 5-3 所示。

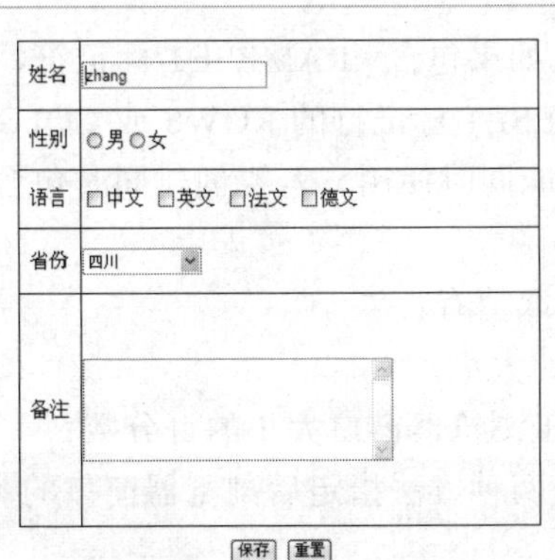

图 5-3　常用表单元素

（8）DIV。

图层用于在网页中精确定位网页元素，它可以包含文本、图像、数值和其他图层，凡是 HTML 文件可包含的元素均可包含在图层中，当要将网页的某部分重叠时，图层特别有用，因为图层可以重叠。另外，图层还可以显示和隐藏，利用此功能可制作下拉菜单。

图层分两种类型，CSS 图层和 Netscape 图层，前者在 HTML 中的图层标记使用 DIV 和 SPAN，后者使用 LAYER 和 ILAYER，前者受 Internet Explorer 和 Netscape 支持，后者仅受 Netscape 支持。

DIV 和 SPAN 标记属性：

其通过 Style 属性建立层，Style 有如下子属性：

Position：层定位的方式；absolute：绝对定位；

Width、Height：设置图层的宽和高；

Top、Left：设置层和窗体顶部和左边框之间的距离；

visibility：设置层是否可见；visible：可见(默认值)；hidden：不可见；

z-index：定义元素在垂直于屏幕方向上的数值（层次），数值越大越靠近用户，即数值大的层将覆盖数值小的层。格式如下：

```
<div style=“position:absolute; width:200px; height:40px; top:60px;
left:36px; z-index:3; visibility: visible>
```

（9）框架。

框架（Frame 也称为“帧”）可以使设计者以行和列的方式组织页面信息。但它与表格不同：在框架中可以通过超级链接来改变自身或其他框架中的内容。

框架集（FRAMESET）是构造这个框架结构的文档内容，其不包含任何可显示的内容，而是包含如何组织各个框架的信息和框架中的初始页面信息。一个框架页面的基本结构如下：

```
<frameset rows="160, *" framespacing="0">
    <frame src="top.html" scrolling="no"/>
    <frameset cols="15%, *" framespacing="0"  >
        <frame src="menu.html"/>
        <frame src="main.html" name="main"/>
    </frameset>
</frameset>
```

注意：在 HTML 文档中，如果包含 FRAMESET 标记符，则不能再包含 BODY 标记符。例如：建立框架时使用 FRAMESET 标记符的 ROWS 或 COLS 属性，分别用于构造横向和纵向分隔框架。但这两个属性不能同时使用，若要创建同时包含横向和纵向框架的文档，则应使用嵌套框架。

ROWS 和 COLS 属性的可取值有：

➢像素：指定框架的绝对的大小；

➢百分数：指定框架相对于浏览器窗口大小的百分数；

➢*：指定框架大小为由前两种方法指定后浏览器窗口的剩余部分。

5.3.3 JavaScript

1. 概述

JavaScript 是一种由 Netscape 的 LiveScript 发展而来的客户端脚本语言，主要目的是为了解决服务器端处理请求的响应速度问题，为客户提供更流畅的浏览效果。在互联网发展的早期，由于网络速度相当缓慢，只有 28.8kbps，当时服务端对数据进行验证时浪费的时间太多，于是在 Netscape 浏览器中加入了 JavaScript 实现，它提供了客户端的数据验证的基本功能。JavaScript 的基本特点：

（1）它是一种脚本编写语言。

JavaScript 是一种脚本语言，它采用小程序段的方式实现编程。JavaScript 是一种解释性语言，不需要先编译，而是在程序运行过程中被逐行地解释。它与 HTML 标识结合在一起，从而方便用户的使用操作。

（2）它是基于对象的语言。

JavaScript 是一种基于对象的语言。因此，许多功能可以来自于脚本环境中对象的方法与脚本的相互作用。

（3）简单性。

它是一种基于 Java 基本语句和控制流之上的简单而紧凑的设计，其次它的变量类型是采用弱类型，并未使用严格的数据类型。

2. 原理

JavaScript 就是一种客户端脚本语言，是一种在互联网浏览器（浏览器也称为 Web 客户端）内部运行的计算机编程语言。也就是说，如果一个网页里有 JavaScript 代码，那么，在打开这个网页的时候，JavaScript 代码就会被自动下载到我们的浏览器里。它是在本地浏览器中执行的程序，这样可以减少服务器端的压力。

资源地址：http://www.w3school.com.cn/js/。

3. 语法

1）数据类型

JavaScript 有三种主要数据类型、两种复合数据类型和两种特殊数据类型。

- 主要（基本）数据类型：字符串、数值、布尔；
- 复合（引用）数据类型：对象、数组；
- 特殊数据类型：null、undefined。

2）变量作用域

变量的作用域由声明变量的位置决定，决定哪些脚本命令可访问该变量。在函数外部声明的变量称为全局变量，其值能被所在 HTML 文件中的任何脚本命令访问和修改。在函数内部声明的变量称为局部变量。只有当函数被执行时，变量被分配临时空间，函数结束后，变量所占据的空间被释放。局部变量只能被函数内部的语句访问，只对该函数是可见的，而在函数外部是不可见的。

3）运算符

（1）算术运算符。

JavaScript 中的算术运算符有单目运算符和双目运算符。双目运算符包括：+（加）、-（减）、*（乘）、/（除）、%（取模）、|（按位或）、&（按位与）、<<（左移）、>>（右移）等。单目运算符有：-（取反）、~（取补）、++（递加 1）--（递减 1）等。

（2）关系运算符。

关系运算符又称比较运算，运算符包括：<(小于)、<=（小于等于）、>（大于）、>=（大于等于）、=（等于）和！=（不等于）。

关系运算的运算结果为布尔值，如果条件成立，则结果为 true，否则为 false。

（3）逻辑运算符。

逻辑运算符有：&&（逻辑与）、||（逻辑或）、!（取反，逻辑非）。

（4）字符串连接运算符。

连接运算用于字符串操作，运算符为“+”（用于强制连接），将两个或多个字符串连结为一个字符串。

（5）三目操作符“？：”。

三目操作符“？：”格式为：操作数？表达式 1：表达式 2。

4）表达式

表达式是指由常量、变量、函数、运算符和括号连接而成的式子。根据运算结果的不同，表达式可分为算术表达式、字符表达式、和逻辑表达式。

5）语句

JavaScript 程序是由若干语句组成的，语句是编写程序的指令。JavaScript 提供了完整的基本编程语句，它们是：赋值语句、switch 选择语句、while 循环语句、for 循环语句、for each 循环语句、do…while 循环语句、break 循环中止语句、continue 循环中断语句、with 语句、try…catch 语句、if 语句（if…else，if…else if…）。

6）函数

函数是命名的语句段，这个语句段可以被当作一个整体来引用和执行。使用函数要注意以下几点：

➤函数由关键字 function 定义（也可由 Function 构造函数构造）。

➤使用 function 关键字定义的函数在一个作用域内是可以在任意处调用的（包括定义函数的语句前）；而用 var 关键字定义的函数必须在定义后才能被调用。

➤函数名是调用函数时引用的名称，它对大小写是敏感的，调用函数时不可写错函数名。

➤参数表示传递给函数使用或操作的值，它可以是常量，也可以是变量，也可以是函数，在函数内部可以通过 arguments 对象访问所有参数。

➤return 语句用于返回表达式的值。

➤yield 语句扔出一个表达式，并且中断函数执行直到下一次调用 next。

一般的函数都是以下格式：

```
function myFunction(params){
//执行的语句
}
```

函数表达式：

```
var myFunction=function(params){
//执行的语句
}
```

var myFunction = function(){
//执行的语句
}
myFunction();//调用函数

匿名函数，它常作为参数在其他函数间传递：

window.addEventListener('load', function(){
//执行的语句
}, false);

7）异常处理

```
<script type="text/JavaScript">
 function test() {
       var d = null;
       try {
          var reulst = 1+d.getDate();
       }
       catch(e) {
          for(var item in e) {//当不知道对象中有些什么元素的时候
            alert(item);
          }
       }
       alert('end...');
    }
    </script>
```

将可能发生问题的代码放在 try 块中，一旦发生异常，在 catch 块中进行处理。

8）对象

JavaScript 的一个重要功能就是面向对象的功能，通过基于对象的程序设计，可以用更直观、模块化和可重复使用的方式进行程序开发。

一组包含数据的属性和对属性中包含数据进行操作的方法，称为对象。比如要设定网页的背景颜色，所针对的对象就是 document，所用的属性名是 bgcolor，如 document.bgcolor="blue"，就是表示设置背景的颜色为蓝色。

（1）window。

window 对象如表 5-2 所示。

表 5-2　window 对象属性及方法

类型	名称	说　明
属性	status	指定当前窗口状态栏中的信息
属性	frames	是一个数组，其中内容是窗口中所有的框架
属性	parent	指当前窗口的父窗口
属性	self	指当前窗口
属性	top	代表当前所有窗口的最顶层窗口
方法	alert	显示带有一个“确定”按钮的对话框

续表

类型	名称	说　明
方法	confirm	if(window.confirm("你确定要删除吗？")){}
方法	prompt	window.prompt("请输入你的姓名")
方法	open	打开一个新窗口 open('url'，'_self'，'height=100，width=400，top=0，left=0，toolbar=no，menubar=no，scrollbars=no，resizable=no，location=no，status=yes')
方法	showModalDialog	showModalDialog('url'，'name=w&pwd=1'，'dialogHeight:300px;dialogWidth:400px')
方法	showModelessDialog	showModelessDialog('url'，'name=w&pwd=1'，'dialogHeight:300px;dialogWidth:400px')
方法	close	关闭用户打开的窗口
	window.screenTop	网页正文部分上
	window.screenLeft	网页正文部分左
	window.screen.height	屏幕分辨率的高
	window.screen.width	屏幕分辨率的宽
	window.screen.availHeight	屏幕可用工作区高度
	window.screen.availWidth	屏幕可用工作区宽度

（2）document。

document 对象如表 5-3 所示。

表 5-3　document 对象属性及方法

类型	名称	说　明
属性	alinkColor	活动链接颜色
属性	linkColor	链接颜色
属性	vlinkColor	已访问过的链接颜色
属性	anchors	页内链接
属性	bgColor	背景颜色
属性	gColor	前景颜色
属性	cookie	"小甜饼"
属性	forms	表单元素
属性	lastModified	文档最后修改的时间
属性	links	超链接
属性	location	当前文档的 URL
属性	referer	在用户跟随链接移动时，包含主文档的 URL 字符串值

续表

类型	名称	说　明
属性	title	文档标题
方法	write	向文档输出
方法	open	打开文档
方法	close	关闭文档
方法	clear	清除打开文档的内容
	document.body.clientWidth	网页可见区域宽
	document.body.clientHeight	网页可见区域高
	document.body.offsetWidth	网页可见区域宽(包括边线的宽)
	document.body.offsetHeight	网页可见区域高(包括边线的高)
	document.body.scrollWidth	网页正文全文宽
	document.body.scrollHeight	网页正文全文高
	document.body.scrollTop	网页被卷去的高
	document.body.scrollLeft	网页被卷去的左

（3）history。

history 对象如表 5-4 所示。

表 5-4　history 对象属性及方法

类型	名称	说　明
属性	length	它表示历史对象中的链接的数目
方法	back	在浏览器中显示上一页
方法	forward	在浏览器中显示下一页
方法	go(int)	在浏览器中载入从当前页面算起的第 int 个页面

（4）location。

location 对象如表 5-5 所示。

表 5-5　location 对象属性及方法

类型	名称	说　明
属性	hash	设置或返回从“#”号（#）开始的 URL（锚）
属性	host	设置或返回主机名和当前 URL 的端口号
属性	hostname	设置或返回当前 URL 的主机名
属性	href	设置或返回完整的 URL
属性	pathname	设置或返回当前 URL 的路径部分

续表

类型	名称	说　明
属性	port	设置或返回当前 URL 的端口号。protocol 设置或返回当前 URL 的协议
属性	search	设置或返回从问号（?）开始的 URL（查询部分）
方法	assign	加载新的文档
方法	reload	重新加载当前文档
方法	replace	用新的文档替换当前文档

（5）Date。

Date 对象如表 5-6 所示。

表 5-6　Date 对象属性及方法

类型	名称	说　明
方法	getYear()	返回年数
方法	getMonth()	返回当月号数，介于 0～11 所以返回的值要加 1
方法	getDate()	返回当日号数
方法	getDay()	返回星期几
方法	getHours()	返回小时数
方法	getMinutes()	返回分钟数
方法	getSeconds()	返回秒数
方法	getTime()	返回毫秒数

（6）Array。

Array 对象如表 5-7 所示。

表 5-7　Array 对象属性及方法

类型	名称	说　明
方法	new Array(1，2，3);	创建
属性	length	长度
方法	join(separator)	返回字符串值，其中包含了连接到一起的数组的所有元素，元素由指定的分隔符分隔开来
方法	sort ()	排序
方法	reverse()	反向输出
方法	push(data)	将 data 加入数组
方法	pop()	从数组中弹出数据（依据下标）

（7）String。

String 对象如表 5-8 所示。

表 5-8　String 对象属性及方法

类型	名称	说　明
方法	new String(“h”)	创建
方法	concat(“ello”)	字符串的连接
方法	split(“,”)	将一个字符串分割为子字符串，然后将结果作为字符串数组返回
方法	indexOf(“ab”)	返回 String 对象内第一次出现子字符串的字符位置
方法	substring(start，end)	返回位于 String 对象中指定位置的子字符串
方法	search()	返回与正则表达式查找内容匹配的第一个子字符串的位置
方法	match(rgExp)	使用正则表达式模式对字符串执行查找，并将包含查找的结果作为数组返回

（8）Math。

Math 对象如表 5-9 所示。

表 5-9　Math 对象属性及方法

类型	名称	说　明
方法	abs(-3)	求绝对值
方法	floor(3.4)	返回小于等于其数值参数的最大整数
方法	round(3.4)	返回与给出的数值表达式最接近的整数
方法	ceil(3.4)	返回大于等于其数值参数的最小整数
方法	random()	返回介于 0 和 1 之间的一位随机数
方法	min(1，2，3，0)	返回给出的零个或多个数值表达式中最小的值
方法	max(1，2，3，0)	返回给出的零个或多个数值表达式中最大的值

9）示例

（1）oncontextmenu="window.event.returnValue=false" 将彻底屏蔽鼠标右键。

<table border oncontextmenu=return(false)> <td>no </table> 可用于 Table。

（2）<body onselectstart="return false"> 取消选取、防止复制。

（3）onpaste="return false" 不准粘贴。

（4）oncopy="return false;" oncut="return false;" 防止复制。

（5）<link rel="Shortcut Icon" href="favicon.ico"> IE 地址栏前换成自己的图标。

（6）<link rel="Bookmark" href="favicon.ico"> 可以在收藏夹中显示出你的图标。

（7）<input style="ime-mode:disabled"> 关闭输入法。

（8）永远都会带着框架。

```
<script language="JavaScript"> <!--
if (window == top)top.location.href = "frames.htm"; //frames.htm为框架网
```

```
//页
// --> </script>
```

（9）防止被人 frame。

```
<SCRIPT LANGUAGE=JavaScript> <!--
if (top.location != self.location)top.location=self.location;
// --> </SCRIPT>
```

（10）网页将不能被另存为。

```
<noscript> <*** src="/*.html>"; </***> </noscript>
```

5.3.4 CSS

1. CSS 概述

级联样式表（Cascading Style Sheet）简称“CSS”，通常又称为“风格样式表（Style Sheet）”，它是用来进行网页风格设计的。比如，如果想让链接字未被点击时是蓝色的，当鼠标移上去后字变成红色的且有下划线，这就是一种风格。通过设立样式表，可以统一地控制 HTML 中各标志的显示属性。级联样式表可以使人更能有效地控制网页外观。使用级联样式表，可以扩充精确指定网页元素位置、外观以及创建特殊效果的能力。

2. 添加方式

有三种方法可以在站点网页上使用样式表：

➢外部样式：将网页链接到外部样式表。

➢内页样式：在网页上创建嵌入的样式表。

➢行内样式：应用内嵌样式到各个网页元素。

每一种方法均有其优缺点：当要在站点上所有或部分的网页上一致地应用相同样式时，可使用外部样式表。在一个或多个外部样式表中定义样式，并将它们链接到所有网页，便能确保所有网页外观的一致性。如果人们决定更改样式，只需在外部样式表中修改一次，而该更改会反映到所有与该样式表相链接的网页上。通常外部样式表以.css 做为文件扩展名，例如 public.css。

当人们只是要定义当前网页的样式，可使用嵌入的样式表。嵌入的样式表是一种级联样式表，“嵌”在网页的<HEAD>标记符内。嵌入的样式表中的样式只能在同一网页上使用。

使用内嵌样式以应用级联样式表属性到网页元素上。如果网页链接到外部样式表，为网页所创建的内嵌的或嵌入式样式将扩充或覆盖外部样式表中的指定属性。

1）外部样式

在标签<head></head>中，导入外部样式文件：<link href="css/common.css" rel="stylesheet" type="text/css" />。样式文件 common.css 的内容如下：

```
.container{margin:0 auto; padding:5px 20px;}
.content{background:#fff; padding:7px; margin-top:10px; zoom:1;
height:100%;}
.mainarea{margin:0 0 0 0px; height:100%;}
```

在页面内容标签<body></body>中的标签中使用样式为：

```
<div class="container">
<div class="content">
```

```
<div class="mainarea">
    外部样式
</div>
</div>
</div>
```

2）页内样式

```
<div id="container">
<div id="content">
<div id="mainarea">
     页内样式
</div>
</div>
</div>
```

3）行内样式

```
<div style="margin:0 auto; padding:5px 20px;">
<div style=" background:#fff; padding:7px; margin-top:10px; zoom:1;
height:100%;">
<div style="margin:0 0 0 0px; height:100%;">
     行内样式
</div>
</div>
</div>
```

3. 常用样式

我们以表单的输入框为例，来说明如何编写样式，如图 5-4 所示。

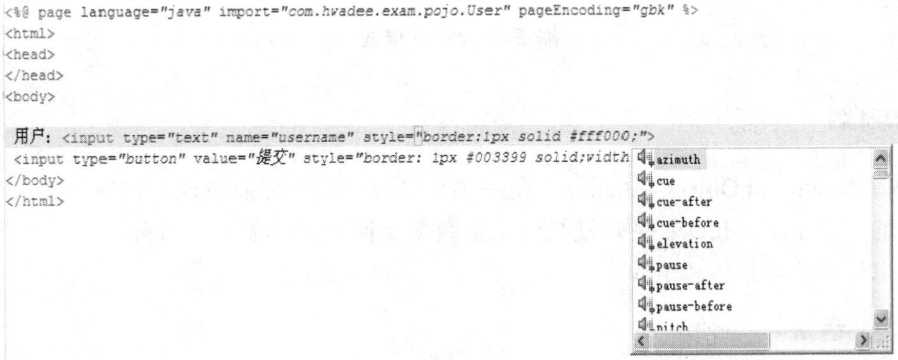

```
<%@ page language="java" import="com.hwadee.exam.pojo.User" pageEncoding="gbk" %>
<html>
<head>
</head>
<body>

 用户: <input type="text" name="username" style="border:1px solid #fff000;">
 <input type="button" value="提交" style="border: 1px #003399 solid;width
</body>
</html>
```

azimuth
cue
cue-after
cue-before
elevation
pause
pause-after
pause-before
pitch

图 5-4　常用样式

4. DIV 样式

```
<html>
<head>
</head>
<body>
  <div id="test" style="width: 200;height: 100px;background-color:
#abcdef;position:absolute;top: 150px;left:450px;">
     可以在这个容器中放内容了！！！
   </div>
</body>
</html>
```

显示结果如图 5-5 所示。

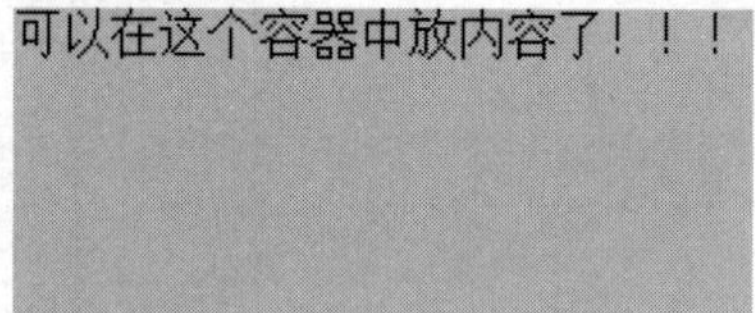

图 5-5　DIV 样式

5. table 样式

```
<table align="center" width="60%" style="border:1px solid #000000">
    <tr>
       <th>Id</th>
       <th>UserName</th>
       <th>Pwd</th>
    </tr>
    <tr align="center" >
       <td>1</td>
       <td>wang</td>
       <td>999</td>
    </tr>
</table>
```

显示结果如图 5-6 所示。

Id	UserName	Pwd
1	wang	999

图 5-6　table 样式

5.3.5　JSON

JSON（JavaScript Object Notation）是一种轻量级的数据交换格式。它基于 JavaScript 对象表示法的一个子集，JSON 是轻量级的文本数据交换格式并独立于语言。易于人阅读和编写，同时也易于机器解析和生成。

1. JSON 语法

1）JSON 语法规则

JSON 语法是 JavaScript 对象表示语法的子集。

➢数据在名称/值对中；

➢数据由逗号分隔；

➢花括号保存对象；

➢方括号保存数组。

2）JSON 名称/值对

JSON 数据的书写格式是：名称/值对。

名称/值对组合中的名称写在前面（在双引号中），值对写在后面(同样在双引号中)，中间用冒号隔开：

```
"firstName":"John"
```

这很容易理解，等价于这条 JavaScript 语句：

```
firstName="John"
```

3）JSON 值

JSON 值可以是：

➢数字（整数或浮点数）；
➢字符串（在双引号中）；
➢逻辑值（true 或 false）；
➢数组（在方括号中）；
➢对象（在花括号中）；
➢null。

2. 基础结构

JSON 的结构有两种：JSON 可以说就是 JavaScript 中的对象和数组，所以这两种结构就是对象和数组两种结构，通过这两种结构可以表示各种复杂的结构。

对象：对象在 JS 中表示为“{}”括起来的内容，数据结构为{key：value,key：value,...}的键值对的结构，在面向对象的语言中，key 为对象的属性，value 为对应的属性值，所以很容易理解，取值方法为对象 key 获取属性值，这个属性值的类型可以是数字、字符串、数组、对象几种。

数组：数组在 JS 中是中括号“[]”括起来的内容，数据结构为["java","javascript","css",...]，取值方式和所有语言中一样，使用索引获取，字段值的类型可以是数字、字符串、数组、对象几种。

3. 示例

1）名称/值对

按照最简单的形式，可以用下面这样的 JSON 表示"名称/值对"：

```
{"firstName":"Alex"}
```

但当将多个"名称/值对"串在一起时，JSON 就会体现出它的价值了。首先，可以创建包含多个"名称/值对"的记录，比如：

```
{"firstName":"Alex","lastName":"Hwadee","email":"hw@hwa.com"}
```

2）数组

当需要表示一组值时，JSON 不但能够提高可读性，而且可以减少复杂性。假设希望表示一个人名列表。使用 JSON，就只需将多个带花括号的记录分组在一起，示例如下。

```
{
"person":[
{"firstName":"Alex","lastName":"Gang"},
{"firstName":"Tom","lastName":"Wei"},
{"firstName":"Jeffy","lastName":"Xian"}
]
}
```

在这个示例中，只有一个名为 person 的变量，值是包含三个条目的数组，每个条目是一个人的记录，其中包含名、姓。上面示例演示如何用括号将记录组合成一个值。当然，可以使用相同的语法表示多个值（每个值包含多个记录），示例如下。

```
{"persons":[
{"firstName":"Alex","lastName":"Gang","email":"alex@hw.com"},
{"firstName":"Tom","lastName":"Wei","email":"tom@hw.com"},
{"firstName":"Jeffy","lastName":"Xian","email":"je@hw.com"}
],
"students":[
{"firstName":"Wang","lastName":"xiao","sex":"男"},
{"firstName":"Li","lastName":"Wei","sex":"女"},
{"firstName":"Sun","lastName":"Fang","sex":"男"}
],
"Teachers":[
{"firstName":"Sam","lastName":"Cheng","address":"chengdu"},
{"firstName":"Gree","lastName":"Wang","address":"shanghai"}
]}
```

这里最值得注意的是，能够表示多个值，每个值进而包含多个值。但是还应该注意，在不同的主条目（persons、students 和 Teachers）之间，记录中实际的名称/值对可以不一样。JSON 是完全动态的，允许在 JSON 结构的中间改变表示数据的方式。

5.3.6 AJAX 应用

1. AJAX 概述

AJAX 不是新的编程语言，而是一种使用现有标准的新方法，通过在后台与服务器进行少量数据交换，AJAX 可以使网页实现异步更新。这意味着可以在不重新加载整个网页的情况下，对网页的某部分进行更新。传统的网页(不使用 AJAX)如果需要更新内容，必需重载整个网页。

AJAX 的全称为 Asynchronous JavaScript And XML(异步 JavaScript 和 XML)，它是一个集成框架，用于通过跨平台的 JavaScript 提供增量页面更新。AJAX 包括含有 Microsoft AJAX Framework 的服务器侧代码，以及一个名为 Microsoft AJAX Script Library 的脚本组件。

2. 创建 XMLHttpRequest 对象

在使用 XMLHttpRequest 对象发送请求和处理响应之前，必须先用 JavaScript 创建一个 XMLHttpRequest 对象。由于 XMLHttpRequest 不是一个 W3C 标准，所以可以采用多种方法使用 JavaScript 来创建 XMLHttpRequest 的实例。XMLHttpRequest 得到了所有现代浏览器较好地支持。浏览器依赖性涉及 XMLHttpRequest 对象的创建。不同的浏览器使用不同的方法来创建 XMLHttpRequest 对象。Internet Explorer 使用 ActiveXObject。其他浏览器使用名为 XMLHttpRequest 的 JavaScript 内建对象。

要克服这个问题，可以使用这段简单的代码：

```
var XMLHttp=null;
if (window.XMLHttpRequest)
{
XMLHttp=new XMLHttpRequest()
```

```
}else if (window.ActiveXObject)
{
XMLHttp=new ActiveXObject("Microsoft.XMLHTTP")
}
```

代码解释：

首先创建一个作为 XMLHttpRequest 对象使用的 XMLHttp 变量。把它的值设置为 null。

然后测试 window.XMLHttpRequest 对象是否可用。在新版本的 Firefox，Mozilla，Opera 以及 Safari 浏览器中，该对象是可用的。如果可用，则用它创建一个新对象：XMLHttp=new XMLHttpRequest()。如果不可用，则检测 window.ActiveXObject 是否可用。在 Internet Explorer version 5.5 及更高的版本中，该对象是可用的。

如果可用，使用它来创建一个新对象：XMLHttp=new ActiveXObject()。可以看到创建 XMLHttpRequest 相当容易。如果 window.XMLHttpRequest 调用失败（返回 NULL），JavaScript 就是会调用 ELSE 分支，确定浏览器是否把 XMLHttpRequest 实现为一个本地 JavaScript 对象。由于 JavaScript 有动态类型特性，而且 XMLHttpRequest 在不同的浏览器上的实现是兼容的，所以可以用同样的方式访问 XMLHttpRequest 实例的属性和方法，而不论这个实例创建的方法是什么。这样就大大简化了开发过程，而且 JavaScript 中也不必编写特定于浏览器的逻辑。

XMLHttpRequest 的属性和方法见表 5-10。

表 5-10　XMLHttpRequest 属性和方法

方　法	描　述
Abort	停止当前请求
getallresposeHeaders	把 HTTP 请求的所有响应首部作为键值对返回
getresposeHeaders	返回指定首部的串值
Open（“method”，“url”）	建立服务器的调用。Method 参数可以是 Post、Get 或 Put。URL 参数可以是相对 URL 或绝对 URL
Send(content)	向服务器发送请求
SetresposeHeader(“header”，“value”)	把指定首部设置为所提供的值。在设置任何首部之前必须先调用 open()

下面来更详细地讨论这些方法。

void open(string method，string url，boolean asynch，string username，string password)：这个方法会建立对服务器的调用。这是初始化一个请求的纯脚本方法。它有两个必要的参数，还有 3 个可选参数。要提供调用的特定方法(GET、POST 或 PUT)，还要提供所调用资源的 URL。另外还可以传递一个 Boolean 值，指示这个调用是异步的还是同步的。默认值为 true，表示请求本质上是异步的。如果这个参数为 false，处理就会等待，直到从服务器返回响应为止。由于异步调用是使用 Ajax 的主要优势之一，所以倘若将这个参数设置为 false，从某种程度上讲与使用 XMLHttpRequest 对象的初衷不太相符。不过，前面已经说过，在某些情况下这个参数设置为 false 也是有用的，比如在持久存储页面之前可以先验证用户的输入。最后两个参数不说自明，允许你指定一个特定的用户名和密码。void send(content)：这个方法具体向服务器发出请求。如果请求声明为异步的，这个方法就会立即返回，否则它会等待直到接收到响应为止。可选参数可以是 DOM 对象的实例、输入流，或者串。传入这个方法的内容会作为请求体的一部分发送。

void setRequestHeader(string header， string value)：这个方法为 HTTP 请求中一个给定的首部设置值。它有两个参数，第一个串表示要设置的首部，第二个串表示要在首部中放置的值。需要说明，这个方法必须在调用 open()之后才能调用。

在所有这些方法中，最有可能用到的就是 open()和 send()。XMLHttpRequest 对象还有许多属性，在设计 Ajax 交互时这些属性非常有用。void abort()：顾名思义，这个方法就是要停止请求。

string getAllResponseHeaders()：这个方法的核心功能对 Web 应用开发人员应该很熟悉了，它返回一个串，其中包含 HTTP 请求的所有响应首部，首部包括 Content-Length、Date 和 URI。

string getResponseHeader(string header)：这个方法与 getAllResponseHeaders()是对应的，不过它有一个参数表示你希望得到的指定首部值，并且把这个值作为串返回。

除了这些标准方法，XMLHttpRequest 对象还提供了许多属性，处理请求时可以大量使用这些属性。如表 5-11 所示。

表 5-11　XMLHttpRequest 属性

属性	描　述
onreadystatechange	每个状态改变时都会触发这个事件处理器，通常调用一个 JavaScript 函数
readystate	请求的状态。有五个可取值；0=未初始化，1=正常加载，2=已加载，3=交互中，4=完成
responseText	服务器响应，表示一个串
responseXML	服务器响应，表示一个 XML 这个对象可以解析为一个 DOM 对象
state	服务器的 HTTP 状态码，（200 对应 OK，404 对应 NotFound 等等）
statusText	HTTP 状态码的相应文本（Ok 或 NotFound）

3. 向服务器发送请求

如果需要将请求发送到服务器，我们使用 XMLHttpRequest 对象的 open()和 send()方法。请求方式如表 5-12 中 open、send 方法描述：

```
xmlhttp.open("GET", "test1.txt", true);
xmlhttp.send()。
```

表 5-12　open、send 方法描述

方法	描　述
open(method，url，async)	规定请求的类型、URL 以及是否异步处理请求。 method：请求的类型 GET 或 POST； url：文件在服务器上的位置； async：true（异步）或 false（同步）
send(string)	将请求发送到服务器。 string：仅用于 POST 请求

与 POST 相比，GET 更简单也更快，并且在大部分情况下都能用。

然而，在以下情况中，请使用 POST 请求：

➢无法使用缓存文件（更新服务器上的文件或数据库）；

➢向服务器发送大量数据（POST 没有数据量限制）；

➢发送包含未知字符的用户输入时，POST 比 GET 更稳定也更可靠。

1）GET 请求

一个简单的 GET 请求：

```
xmlhttp.open("GET", "demo_get.jsp", true);
xmlhttp.send();
```

在上面的例子中，您可能得到的是缓存的结果。为了避免这种情况，请向 URL 添加一个唯一的 ID：

```
xmlhttp.open("GET", "demo_get.jsp?t=" + Math.random(), true);
xmlhttp.send();
```

如果您希望通过 GET 方法发送信息，请向 URL 添加信息：

```
xmlhttp.open("GET", "demo_get2.jsp?fname=Bill&lname=Gates", true);
xmlhttp.send();
```

2）POST 请求

一个简单 POST 请求：

```
xmlhttp.open("POST", "demo_post.jsp", true);
xmlhttp.send();
```

如果需要像 HTML 表单那样 POST 数据，请使用 setRequestHeader()来添加 HTTP 头，如表 5-13setRequestHeader 描述。然后在 send()方法中规定您希望发送的数据：

```
xmlhttp.open("POST", "ajax_test.jsp", true);
xmlhttp.setRequestHeader("Content-type", "application/x-www-form-
urlencoded");
xmlhttp.send("fname=Bill&lname=Gates");
```

表 5-13　setRequestHeader 描述

方法	描　述
setRequestHeader(head，value)	向请求添加 HTTP 头 header:规定头的名称； value:规定头的值

3）url–服务器上的文件

open()方法的 url 参数是服务器上文件的地址：xmlhttp.open("GET","ajax_test.jsp", true);

该文件可以是任何类型的文件，比如.txt 和.xml，或者服务器脚本文件，比如.jsp 和 php（在传回响应之前，能够在服务器上执行任务）。AJAX 指的是异步 JavaScript 和 XML（Asynchronous JavaScript and XML）。XMLHttpRequest 对象如果要用于 AJAX 的话，其 open()

方法的 async 参数必须设置为 true：

```
xmlhttp.open("GET", "ajax_test.jsp", true);
```

对于 Web 开发人员来说，发送异步请求是一个巨大的进步。很多在服务器执行的任务都相当费时。AJAX 出现之前，这可能会引起应用程序挂起或停止。通过 AJAX，JavaScript 无需等待服务器的响应，而是在等待服务器响应时执行其他脚本，当响应就绪后对响应进行处理。

```
Async = true
```

当使用 async=true 时，请规定在响应处于 onreadystatechange 事件中的就绪状态时执行的函数：

```
xmlhttp.onreadystatechange=function()
{
  if (xmlhttp.readyState==4 && xmlhttp.status==200) {
document.getElementById("myDiv").innerHTML=xmlhttp.responseText;
  }
}
xmlhttp.open("GET", "test1.txt", true);
xmlhttp.send();
Async = false
```

如需使用 async=false，请将 open()方法中的第三个参数改为 false：

```
xmlhttp.open("GET", "test1.txt", false);
```

我们不推荐使用 async=false，但是对于一些小型的请求，也是可以的。请记住，JavaScript 会等到服务器响应就绪才继续执行。如果服务器繁忙或缓慢，应用程序会挂起或停止。

注释：当您使用 async=false 时，请不要编写 onreadystatechange 函数，把代码放到 send()语句后面即可：

```
xmlhttp.open("GET", "test1.txt", false);
xmlhttp.send();
document.getElementById("myDiv").innerHTML=xmlhttp.responseText;
```

4）服务器响应

如需获得来自服务器的响应，请使用 XMLHttpRequest 对象的 responseText 或 responseXML 属性，如表 5-14 所示。

表 5-14　responseText 或 responseXML 描述

属性	描　述
responseText	获得字符串形式的响应数据
responseXML	获得 XML 形式的响应数据

（1）responseText 属性。

如果来自服务器的响应并非 XML，请使用 responseText 属性。responseText 属性返回字符串形式的响应，因此您可以这样使用：

```
document.getElementById("myDiv").innerHTML=xmlhttp.responseText;
```

（2）responseXML 属性。

如果来自服务器的响应是 XML，而且需要作为 XML 对象进行解析，请使用 responseXML 属性。

请求 books.xml 文件，并解析响应如下：

```
xmlDoc=xmlhttp.responseXML;
txt="";
x=xmlDoc.getElementsByTagName("ARTIST");
for (i=0;i<x.length;i++)
{
  txt=txt + x[i].childNodes[0].nodeValue + "<br />";
}
document.getElementById("myDiv").innerHTML=txt;
```

4. onreadystatechange 事件

当请求被发送到服务器时，我们需要执行一些基于响应的任务。每当 readyState 改变时，就会触发 onreadystatechange 事件。readyState 属性存有 XMLHttpRequest 的状态信息。下面是 XMLHttpRequest 对象的三个重要的属性如表 5-15 所示。

表 5-15　XMLHttpRequest 三个重要属性

属性	描　述
onreadystatechange	存储函数（或函数名），每当 readyState 属性改变时，就会调用该函数
readyState	存有 XMLHttpRequest 的状态。从 0 到 4 发生变化 0：请求未初始化 1：服务器连接已建立 2：请求已接收 3：请求处理中 4：请求已完成，且响应已就绪
status	200:"OK" 404:未找到页面

xmlhttp.onreadystatechange=function()在 onreadystatechange 事件中，我们规定当服务器响应已做好被处理的准备时所执行的任务。当 readyState 等于 4 且状态为 200 时，表示响应已就绪：

```
if(xmlhttp.readyState==4 && xmlhttp.status==200)
{
    document.getElementById("myDiv").innerHTML=xmlhttp.responseText;
 }
```

注释：onreadystatechange 事件被触发 4 次，对应着 readyState 的每个变化。callback 函数是一种以参数形式传递给另一个函数的函数。如果您的网站上存在多个 Ajax 任务，那么您应该为创建 XMLHttpRequest 对象编写一个标准的函数，并为每个 Ajax 任务调用该函数。该函数调用应该包含 URL 以及发生 onreadystatechange 事件时执行的任务（每次调用可能不尽相同）：

```
function myFunction()
{
```

```
  loadXMLDoc("ajax_info.txt", function()
  {
  if (xmlhttp.readyState==4 && xmlhttp.status==200) {
document.getElementById("myDiv").innerHTML=xmlhttp.responseText;
  }
  };
}
```

案例一：Ajax 实现仿百度搜索引擎效果

本案例实现仿百度搜索引擎——用户身份证号码搜索。当用户在文本框中输入信息后，会将与该词相近的身份证信息显示出来。效果如图 5-7，图 5-8 所示。

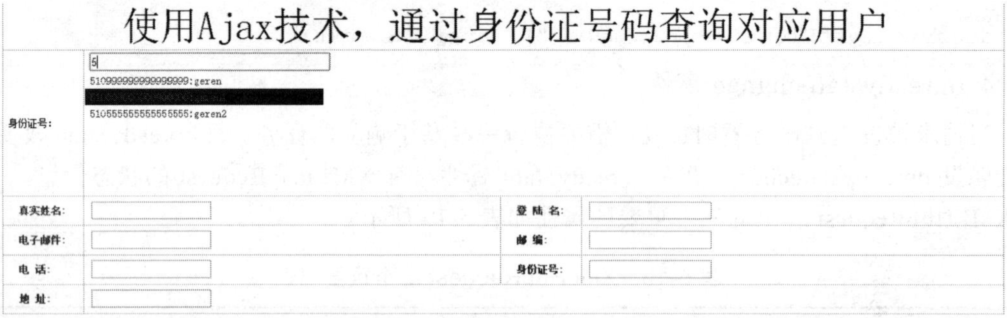

图 5-7 输入模糊查询列表信息

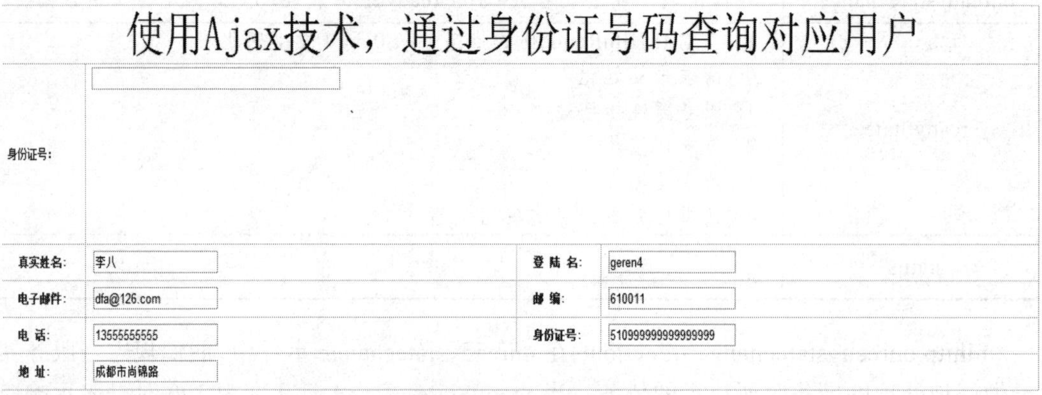

图 5-8 获取详细信息

实现的原理：表单中身份证对应的输入框中输入信息，通过 Ajax 的异步处理获取匹配输入信息相近的身份证号码列表，然后用户通过上、下选择键进行选择，读取相应身份证号码的用户信息。

技术知识点：Ajax 的控制同步和异步的设置，对于读取并处理数据的及时性；使用 Jquery 给界面上的属性赋值。

创建 index.jsp 文件，在标签<head>中加入 js 脚本和 css 样式文件。关键代码如下：

```
jquery-1.4.2.min.js
jquery-ui-1.7.2.custom.min.js
autoSearchText.css
AutoComplate.js
Jquery.autocomplete.min.js
main.css
```

在 index.jsp 文件，在该文件中添加一个用于输入身份证代码控件和展示用户信息的表单，关键代码如下：

```
<form id="form1">
<table width="700" border="0" align="center" cellpadding="0"
cellspacing="0" class="tableList">
<tr><td colspan="4" align="center"><font size="18px">使用 Ajax 技术，通过身
份证号码查询对应用户</font></td></tr>
    <tr>
      <th>身份证号：</th>
      <td colspan="3">
        <div>
        <input id="autoSearchText" type="text" value="请输入身份证号码"
enableviewstate="false" />
        <input id="Text1" type="text" style="display: none;" />
       </div>
     </td>
    </tr>
    <tr>
    <th>真实姓名:</th>
     <td>
      <input name="userTrueName" id="userTrueName"  type="text"
class="text" />
     </td>
     <th>登 录 名:</th>
      <td>
       <input name="userLogeName" id="userLogeName" type="text"
class="text" />
      </td>
    </tr>
    <tr>
       <th>电子邮件:</th>
       <td>
       <input name="userEmail" id="userEmail" type="text" class="text" />
       </td>
       <th>邮 编:</th>
       <td>
       <input name="userZip" id="userZip" type="text" class="text" />
        </td>
     </tr>
     <tr>
         <th>电 话:</th>
         <td>
         <input name="userTel" id="userTel" type="text" class="text" />
         </td>
         <th>身份证号:</th>
         <td>
     <input type="text" name="userIdNumber" id="userIdNumber" />
       </td>
     </tr>
     <tr>
     <th>地 址:</th>
      <td colspan="3">
      <input type="text" name="userAddress" id="userAddress" />
      </td>
```

```
    </tr>
  </table>
  </form>
```

编写 JavaScript 处理函数，在该函数中，首先执行 ready 对象，获取输入数据，进入处理函数 dealData()向服务器发送请求，获取相应匹配身份证列表，选择身份证，然后进入 getData()获取用户详细信息。具体代码如下：

```
  <script type="text/JavaScript">
   $(document).ready(function() {
           $('#autoSearchText').autoSearchText({ width: 300,  itemHeight: 150, minChar:1,  datafn: getData, fn:dealData});
        });

        /*加载数据*/
        function getData(val) {
             var arrData = new Array();
             if (val != "") {
               $.ajax({
                    type: "get",
                    async: false,  //控制同步
                    url: "<%=basePath%>/AjaxAction!FemaleYoungAddSerch.action?idCard="+val,
                    dataType:"json", //设置需要返回的数据类型
                    success:function(data){
            var d = eval("("+data+")");//将数据转换成json类型,
             if(d!="")
              {
                for (var i = 0; i < d.length; i++) {
                var str=d[i].userIdNumber+":"+d[i].userTrueName;
                        arrData.push(str);
                     }
              }else
                {
                     $("#userTrueName").val("");
                     $("#userLogeName").val("");
                     $("#userEmail").val("");
                     $("#userZip").val("");
                     $("#userTel").val("");
                     $("#userAddress").val("");
                     $("#userIdNumber").val("");
                }
              },
               error: function(err) {
                      alert(err);
                  }
                });
             }
             return arrData;
        }
     /***处理数据***/
         function dealData(value){
         var arr = value.split(":");
         $.ajax({
         type: "GET",
```

```
        url:
    "<%=basePath%>/AjaxAction!findPsersonInfoByIDCard.action?id=" + arr[0],
        dataType: 'json',
        success: function(data){
         var d = eval("("+data+")");//将数据转换成 json 类型,
         for (var i = 0; i < d.length; i++){
              $("#userTrueName").val(d[i].userTrueName);
              $("#userLogeName").val(d[i].userLogeName);
              $("#userEmail").val(d[i].userEmail);
              $("#userZip").val(d[i].userZip);
              $("#userTel").val(d[i].userTel);
              $("#userAddress").val(d[i].userAddress);
              $("#userIdNumber").val(d[i].userIdNumber);
            }
         }
    });
}
</script>
```

编写 Struts.xml 配置，在配置中需要注意颜色部分，type 是配置返回的数据类型，result 是返回页面需要的数据，并且需要具有 setter 和 getter 方法。

```
<package  name="ajaxManage"  extends="struts-default , json-default"
namespace="/">
<action name="AjaxAction" class="userAjaxAction">
          <!-- 返回 json 类型数据 -->
<result name="ajaxList" type="json">
                <!-- result 是 action 中设置的变量名，也是页面需要返回的数据，
                该变量必须有 setter 和 getter 方法 -->
              <param name="root">result</param>
           </result>
           <result name="ajaxUser" type="json">
              <param name="root">userResult</param>
           </result>
</action>
</package>
```

编写 UserInfo.java 实体类文件，用于封装用户对象信息，关键代码如下：

```
public class UserInfo implements java.io.Serializable {
private Integer userId;          //用户编码
private String userLogeName;     //用户登录名
private String userTrueName;     //用户真实姓名
private String userIdNumber;     //身份证号码
private String userTel;          //电话
private String userAddress;      //联系地址
private String userZip;          //邮编
private String userEmail;        //邮箱
public Integer getUserId() {
return userId;
}
public void setUserId(Integer userId) {
this.userId = userId;
}
public String getUserLogeName() {
```

```
return userLogeName;
}
public void setUserLogeName(String userLogeName) {
this.userLogeName = userLogeName;
}
...  //省略部分 Getter()与 Setter()
}
```

编写 UserAjaxAction.java 控制类，在类中具有 2 个处理数据的方法，关键代码如下：

```
public class UserAjaxAction extends ActionSupport{
//根据输入信息匹配相应信息列表
public String FemaleYoungAddSerch() throws IOException {
results = userAjaxManageService.findUserInfo(idCard);
JSONArray array = JSONArray.fromObject(results);
result=array.toString();
return "ajaxList";
}
//根据选择身份证号码读取相应用户信息
public String findPsersonInfoByIDCard() throws IOException {
indiUser = userAjaxManageService.findPsersonInfoByIDCard(id);
    JSONArray array = JSONArray.fromObject(indiUser);
    userResult=array.toString();
    return "ajaxUser";
   }
}
```

编写 IUserAjaxManageService.java 接口，在类中声明操作方法。关键代码如下：

```
public interface IUserAjaxManageService {
 //查询匹配身份证列表信息
 public List<UserInfo> findUserInfo(String idCard);
 //根据身份证号查询用户信息
 public UserInfo findPsersonInfoByIDCard(String id);
}
```

编写 IUserAjaxManageServiceService 接口的实现类 UserAjaxManageService 类，实现在 IUserAjaxManageServiceService 接口中声明的方法，关键代码如下：

```
public class UserAjaxManageServiceImpl implements UserAjaxManageService
{
//查询匹配身份证列表信息
public List<UserInfo> findUserInfo(String idCard) {
return userAjaxManageDao.findUserInfo(idCard);
}
// 根据身份证号查询用户信息
public UserInfo findPsersonInfoByIDCard(String id) {
return userAjaxManageDao.findPsersonInfoByIDCard(id);
}
}
```

编写 IUserAjaxManageDao.java 接口，在类中声明操作数据的方法。关键代码如下：

```
public interface IUserAjaxManageDao {
 //查询匹配身份证列表信息
   public List<UserInfo> findUserInfo(String idCard);
```

```
  //根据身份证号查询用户信息
    public UserInfo findPsersonInfoByIDCard(String id);
}
```

编写 IUserAjaxManageDao 接口的实现类 UserAjaxManageDaoImpl 类，实现在 IUserAjaxManageDao 接口中声明的方法，关键代码如下：

```
public class UserAjaxManageDaoImpl extends HibernateDaoSupport implements
UserAjaxManageDao {
//查询匹配身份证列表信息
public List<UserInfo> findUserInfo(String idCard) {
List<UserInfo> userList=new ArrayList();
UserInfo user=null;
Session session = getSession();
String hql = "from IndiUser i where i.userIdNumber like '" + idCard+ "%'";
List<IndiUser> list = session.createQuery(hql).list();
for (IndiUser indiUser:list) {
        user=new UserInfo();
        user.setUserAddress(indiUser.getUserAddress());
        user.setUserEmail(indiUser.getUserEmail());
        user.setUserId(indiUser.getUserId());
        user.setUserIdNumber(indiUser.getUserIdNumber());
        user.setUserLogeName(indiUser.getUserLogeName());
        user.setUserTel(indiUser.getUserTel());
        user.setUserTrueName(indiUser.getUserTrueName());
        user.setUserZip(indiUser.getUserZip());
        userList.add(user);
     }
     this.releaseSession(session);
     return userList;
}

 //根据身份证号查询用户信息
 public UserInfo findPsersonInfoByIDCard(String id){
 Session session = getSession();
String hql = "from IndiUser i where i.userIdNumber = '" + id+ "'";
List<IndiUser> list = this.getHibernateTemplate().find(hql);
   if(list!=null && list.size()==1){
        IndiUser indiUser= list.get(0);
        UserInfo user=new UserInfo();
        user.setUserAddress(indiUser.getUserAddress());
        user.setUserEmail(indiUser.getUserEmail());
        user.setUserId(indiUser.getUserId());
        user.setUserIdNumber(indiUser.getUserIdNumber());
        user.setUserLogeName(indiUser.getUserLogeName());
        user.setUserTel(indiUser.getUserTel());
        user.setUserTrueName(indiUser.getUserTrueName());
        user.setUserZip(indiUser.getUserZip());
        return user;
      }
      else{
        return null;
      }

}
```

5.4 设计 Web 页面工作任务

5.4.1 案例项目布局

公共信息服务平台系统整体分为公共信息门户和后台信息管理两大部分，整个系统的层叠样式文件为 common.css，请参照教材项目资料中附录 2 层叠样式文件。

1. 公共信息门户

公共信息门户整体分为为上中下三部分，采用 DIV 进行布局控制。

上面部分主要显示企业 Logo、用户注册和登录入口、以及当前日期和问候语。关键代码如下：

```
<div class="header">
<div class="header_i"></div>
<div class="nav">
   <div class="nav_w">
    <div class="li_btn">您好！请<a href="#" class="f_yell">注册</a>，或<a
href="#" class="f_yell">登录</a></div>
    <div class="line">今天是：112 年 2 月 3 日  星期五，祝您工作愉快！ </div>
     </div>
   </div>
</div>
```

中间部分又分为 5 部分，分别显示系统公告、服务项目、项目申报、投资担保、其他信息。关键代码如下：

```
<div class="main main_padd">
<div class="news">
   <div class="news_w">
      <img src="img/news.jpg" width="237" height="21" />
    </div>
       <ul>
       <li><a href="#">公共平台区域性网络孵化服务系统</a></li>
          <li><a href="#">公共平台区域性网络孵化服务系统</a></li>
          <li><a href="#">公共平台区域性网络孵化服务系统</a></li>
          <li><a href="#">公共平台区域性网络孵化服务系统</a></li>
          <li><a href="#">公共平台区域性网络孵化服务系统</a></li>
       </ul>
   </div>
<div class="serverce">
   <div class="serverce_l">
      <img src="img/servers.jpg" width="167" height="170" />
   </div>
       <div class="serverce_c">
       <ul>
         <li><a href="#">
            <img src="img/rzdb.jpg" width="65" height="17" />
         </a></li><li class="mar"><a href="#">
            <img src="img/hdjl.jpg" width="70" height="19" />
         </a></li><li><a href="#">
            <img src="img/tstz.jpg" width="67" height="19" />
          </a></li>
```

```
          </ul>
     <ul>
     <li><a href="#">
        <img src="img/xmsb.jpg" width="65" height="16" />
     </a></li><li class="mar"><a href="#">
        <img src="img/kjcgzh.jpg" width="98" height="17" />
     </a></li><li><a href="#">
        <img src="img/fhfw.jpg" width="65" height="17" />
      </a></li></ul>
     <ul><li><a href="#">
         <img src="img/dscy.jpg" width="83" height="19" />
     </a></li><li class="mar"><a href="#">
         <img src="img/xxgg.jpg" width="73" height="18" />
     </a></li></ul>
     </div>
     <div class="serverce_r">
     <img src="img/servers_r.jpg" width="6" height="170" />
   </div>
   </div>
   <div class="cl"></div>
<div class="tfxg_main">
   <div class="tfxg_bt">
      <img      src="img/tfxg_n.jpg"      width="112"      height="32"
style="float:left" /><div class="more">更多>></div></div>
      <div class="cl"></div>
      <ul class="tfxg_main_div">
      <li><a href="#">公共信息服务区域性网络孵化服务系统</a></li>
          <li><a href="#">公共平台区域性网络孵化服务系统</a></li>
          <li><a href="#">公共平台区域性网络孵化服务系统</a></li>
          <li><a href="#">公共平台区域性网络孵化服务系统</a></li>
          <li><a href="#">公共平台区域性网络孵化服务系统</a></li>
          <li class="noline">
              <a href="#">公共平台区域性网络孵化服务系统</a>
          </li>
      </ul>
   </div>
<div class="tfxg_main mainmarg">
   <div class="tfxg_bt">
  <img src="img/wjjsq.jpg" width="113" height="32" style="float:left"
/><div class="more">更多>></div></div>
      <div class="cl"></div>
<ul class="tfxg_main_div">
      <li><a href="#">公共平台区域性网络孵化服务系统</a></li>
          <li><a href="#">公共平台区域性网络孵化服务系统</a></li>
          <li><a href="#">公共平台区域性网络孵化服务系统</a></li>
          <li><a href="#">公共平台区域性网络孵化服务系统</a></li>
          <li><a href="#">公共平台区域性网络孵化服务系统</a></li>
          <li class="noline"><a href="#">公共平台区域性网络孵化服务系统
</a></li>
      </ul>
   </div>
   <div class="tfxg_main">
   <div class="tfxg_bt">
     <img src="img/xjjsq.jpg" width="114" height="32" style="float:left"
/><div class="more">更多>></div></div>
```

```
        <div class="cl"></div>
    <ul class="tfxg_main_div">
        <li><a href="#">公共平台区域性网络孵化服务系统</a></li>
        <li><a href="#">公共平台区域性网络孵化服务系统</a></li>
        <li><a href="#">公共平台区域性网络孵化服务系统</a></li>
        <li><a href="#">公共平台区域性网络孵化服务系统</a></li>
        <li><a href="#">公共平台区域性网络孵化服务系统</a></li>
    <li class="noline">
      <a href="#">公共平台区域性网络孵化服务系统</a>
    </li>
     </ul>
    </div>
    <div class="cl"></div>
    <div class="gg_main">
    <ul>
    <li>
       <img src="img/gg.jpg" width="734" height="76" />
   </li><li>
           <img src="img/gg1.jpg" width="734" height="76" />
     </li><li>
           <img src="img/gg2.jpg" width="734" height="76" />
     </li>
   </ul>
    </div>
    <div class="download">
    <div  class=""><img  src="img/download.jpg"  width="222"  height="66"
/></div>
    <ul>
            <li>公共平台区域性网络孵务系统</li>
            <li>公共平台区域性网络服务系统</li>
            <li>公共平台区域性孵化服务系统</li>
            <li>公共平台区域性孵化服务系统</li>
            <li>公共平台区域性孵化服务系统</li>
            <li class="noline">公共平台区域性孵化服务系统</li>
        </ul>
    </div>
</div>
```

下面部分主要显示公司名称、地址、版权、联系电话等信息，关键代码如下：

```
<div class="cl"></div>
<div class="footer">
<div class="footer_w">
        <p>四川华迪信息技术有限公司 地址:成都高新西区尚锦路 68 号桂祥大厦 14 楼 传真:
028-84628313 联系电话: 028-84628313</p>
        <p>四川华迪信息技术有限公司提供平台技术开发和运维支持</p>
    </div>
</div>
```

公共信息服务平台前台门户如图 5-9 所示。

图 5-9 公共信息服务平台前台门户

2. 后台信息管理系统

后台信息管理系统整体布局为上中下（Head、Main、Footer）三部分，分别采用三个 DIV 进行控制。

上面部分主要显示企业 Logo、一级导航菜单信息。关键代码如下：

```
<div class="header">
<div class="header_i"></div>
<div class="nav">
   <div class="nav_w">
      <div class="li_btn">您好！ XXX </div>
      <div class="line">
       <div class="nav_m">
          <div href="#"><a href="#">首页</a></div>
          <div href="#"><a href="#">科技成果</a></div>
          <div href="#"><a href="#">大学生创业</a></div>
          <div href="#"><a href="#">孵化服务</a></div>
          <div href="#"><a href="#">信息</a></div>
          <div href="#"><a href="#">公告交流互动</a>
      </div>
      </div>
    </div>
   </div>
</div>
```

中间部分又分为左右块，由于系统功能很多，所以我们在左边块显示功能二、三级菜单，每级菜单都构成树形结构，以方便使用者操作；当使用者对系统具体功能内容进行操作时，我们将把内容显示在中间部分的右边块中。以分配最大显示空间进行展示。关键代码如下：

```
<div class="main main_padd">
<div class="left_main">
   <img src="img/ggcd.jpg" width="202" height="43" />
```

```
    <ul class="left_main_b">
        <div class="left_main_tr">系统菜单</div>
            <ul>
                <li>系统菜单</li>
                <li>系统菜单</li>
                <li>系统菜单</li>
                <li>系统菜单</li>
                <li>系统菜单</li>
            </ul>
    </ul>
    </div>
<div class="right_main">
    <h1>专利申请</h1>
        <div class="jb">
         <div class="jb_sq">申请专利</div>
            <div class="cl"></div>
          <div class="gjl"><label>专利日期</label>
            <input name="" type="text" />
            <label>申请时间</label>
            <input name="" type="text" /> -
            <input name="" type="text" />提交
            <label for="select"></label>
            <select name="select" id="select">
              <option>全部</option>
            </select>
  <input   type="submit"   name="button"   id="button"   value=" 查 询 "
style="padding:3px;" />
          </div>
          <div class="table_div">
  <table   width="100%"   border="0"   cellpadding="0"   cellspacing="0"
class="tablestyle">
          <tr>
            <th></th>
            <th>专利日期</th>
            <th>申请日期</th>
            <th>提交状态</th>
          </tr>
          <tr>
            <td></td>
            <td>2015-4-20</td>
            <td>2015-4-15</td>
            <td>已审核</td>
          </tr>
        </table>
       <div class="botton"><div class="bt_left">
       <a href="#">新增</a><a href="#">修改</a>
       <a href="#">删除</a><a href="#">提交审核</a>
       </div><div   class="bt_right"> 共  2  页 ， 当 前 是 第 页 ，
<a><<</a><a><</a><a>></a><a>>></a>
      转到<select name="select" id="select">
              <option>全部</option>
            </select>页</div>
```

```
            </div>
          </div>
        </div>
    </div>
    <div class="cl"></div>
</div>
```

下面部分块主要显示公司名称、地址、版权、联系电话等信息，关键代码如下：

```
<div class="cl"></div>
<div class="footer">
    <div class="footer_w">
        <p>四川华迪信息技术有限公司 地址:成都高新西区尚锦路 68 号桂祥大厦 14 楼 传真:
028-84628313 联系电话: 028-84628313</p>
        <p>四川华迪信息技术有限公司提供平台技术开发和运维支持</p>
    </div>
</div>
```

公共信息服务平台后台管理页面如图 5-10 所示。

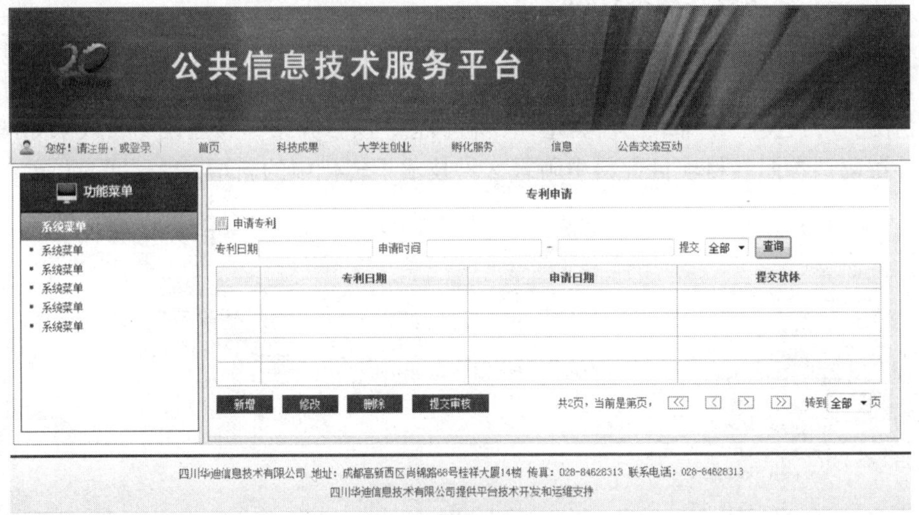

图 5-10　公共信息服务平台后台管理

5.4.2　设计核心业务 Web 页面

基于在第二章的公共信息服务平台系统中科技成果模块的科技成果转化功能概要设计，现在实现科技成果转化功能页面原型设计，包括添加科技成果转化、修改科技成果转化、查询科技成果转化、查看科技成果转化、删除科技成果转化、提交科技成果转化审核、审核科技成果转化。

在设计 Web 页面中，我们选择使用 Div+Table 进行页面内容结构布局，并使用层叠样式表进行页面内容渲染和美化网页。在下面的示例中，每个页面都需要在标签 Head 中引入样式文件 common.css，参照教材项目资料中附录 2-层叠样式表文件。

1. 案例一：查询科技成果转化

技术介绍：页面技术 JavaScript 和 CSS。其中 JavaScript 主要是读取页面标签和取标签值、页面跳转；CSS 主要实现 Div+table 列表样式的控制。

功能描述：允许企业用户或个人用户输入条件查询科技成果转化，以列表方式显示，显示数据项为：项目名称，行业类型，科技成果转化类型，填报日期，提交状态。效果如图 5-11 所示，设计源码请参照教材项目资料中附录 3 科技成果转化中的科技成果转化查询。

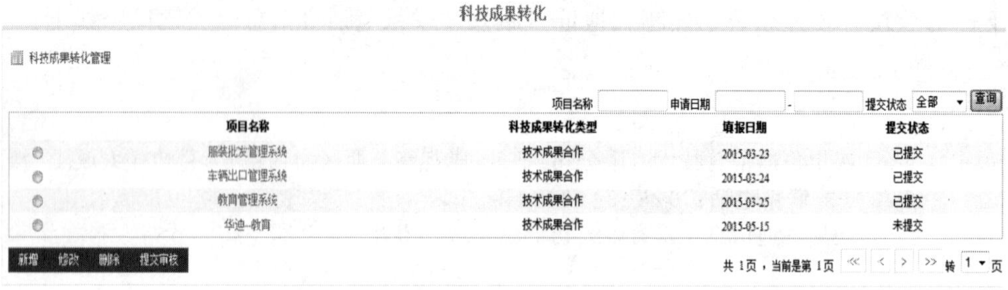

图 5-11 科技成果转化信息列表

2. 案例二：新增科技成果转化

允许企业用户或个人用户新增科技成果转化，科技成果转化申请信息：项目名称，产权证编号，行业类型，持有人，联系电话，挂牌价格，科技成果转化类型，项目技术情况，项目企业情况，产权类型，知识产权类型，专利状态，项目介绍，其他说明。效果如图 5-12 所示，设计源码请参照教材项目资料中附录 3 科技成果转化中的新增。

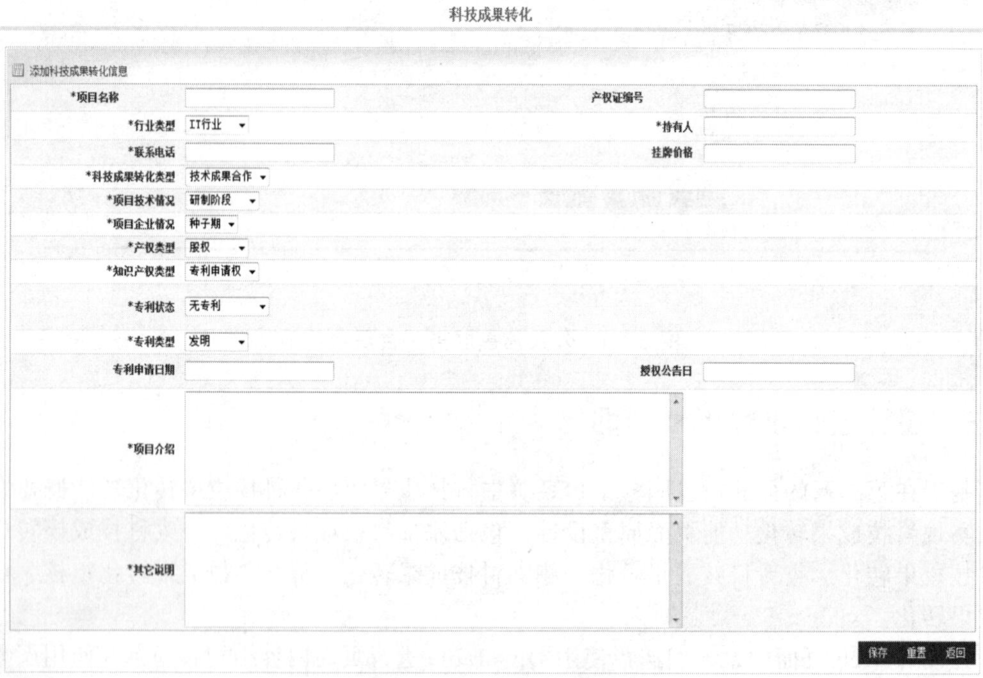

图 5-12 新增科技成果转化

3. 案例三：修改科技成果转化

允许企业用户或个人用户科技成果转化信息进行修改，在科技成果转化列表中选择一条科技成果转化信息，点击“修改”按钮，进入修改页面并显示所选的科技成果转化信息：项目名称，行业类型，科技成果转化类型，填报日期，提交状态。企业用户或个人用户可以对上述数据项的内容进行编辑，其中项目名称不可编辑，并具有数据有效性验证。效果如图 5-13 所示，设计源码请参照教材项目资料中附录 3 科技成果转化中的修改。

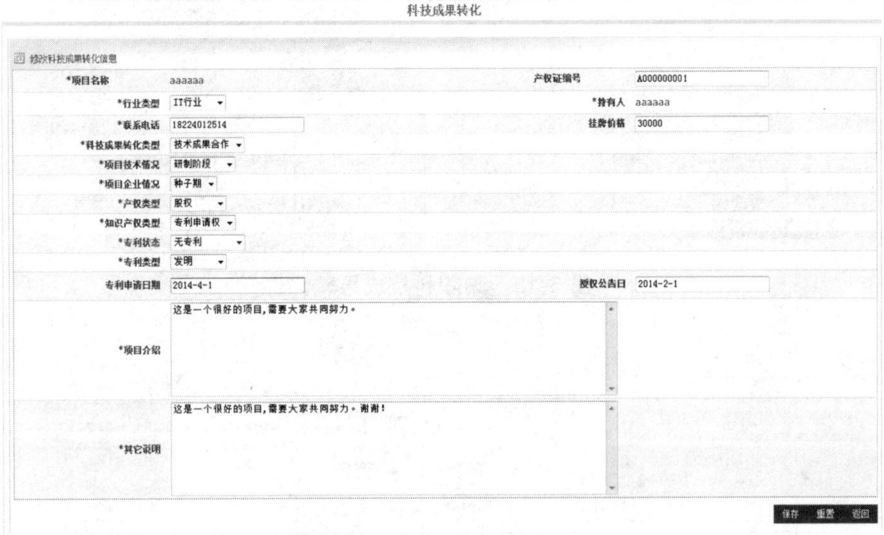

图 5-13　修改科技成果转化

4. 案例四：查看科技成果转化

允许企业用户或个人用户查看已有的一条科技成果转化详细信息，显示该条科技成果转化的全部相关内容，包括：项目名称，产权证编号，行业类型，持有人，联系电话，挂牌价格，科技成果转化类型，项目技术情况，项目企业情况，产权类型，知识产权类型，专利状态，项目介绍，其他说明。效果如图 5-14 所示，设计源码请参照教材项目资料中附录 3 科技成果转化中的查看。

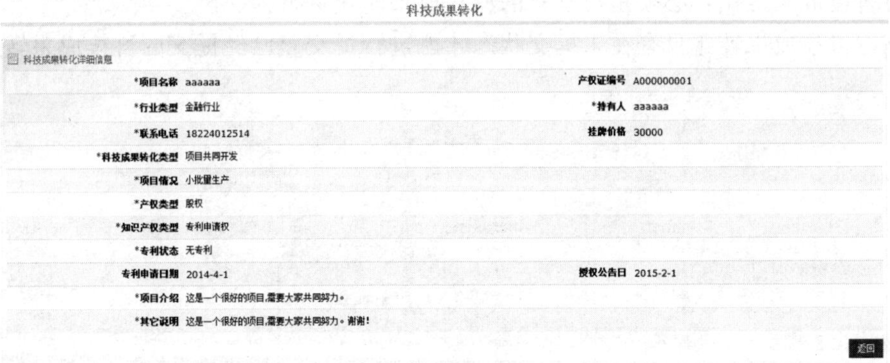

图 5-14　查看科技成果转化

5. 案例五：删除科技成果转化

允许企业用户或个人用户对已有的科技成果转化信息进行删除，在科技成果转化列表中选择一条科技成果转化信息；点击“删除”按钮；提示用户是否确认删除信息。如图 5-15，图 5-16 所示。

已有科技成果转化信息：必须是对已有的科技成果转化信息进行删除。

状态：科技成果转化只有在未提交状态才能进行删除，已经提交的科技成果转化不能删除。

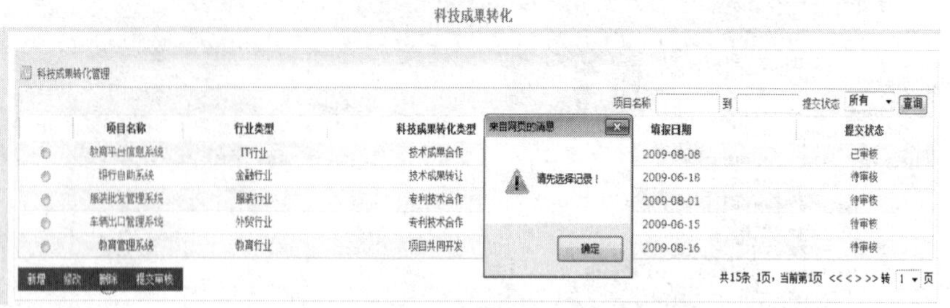

图 5-15 删除科技成果转化

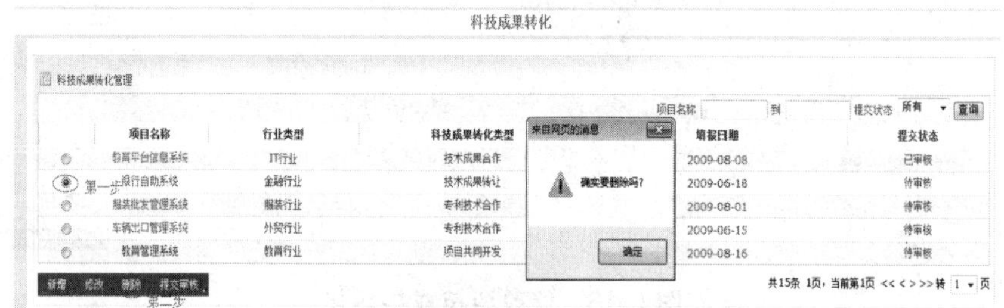

图 5-16 确认删除科技成果转化

6. 案例六：提交科技成果转化审核

允许企业用户或个人用户对已有的科技成果转化进行提交审核，以供管理员对科技成果转化进行审核。企业用户或个人用户在科技成果转化列表中选择一条科技成果转化；点击“提交审核”按钮；提示用户是否确认提交审核；选择“确定”将该条信息提交审核。如图 5-17 所示。

已有科技成果转化：必须是对已有的科技成果转化进行提交。

状态：科技成果转化只有在未提交状态才能进行提交，已经提交的科技成果转化不能再次提交。

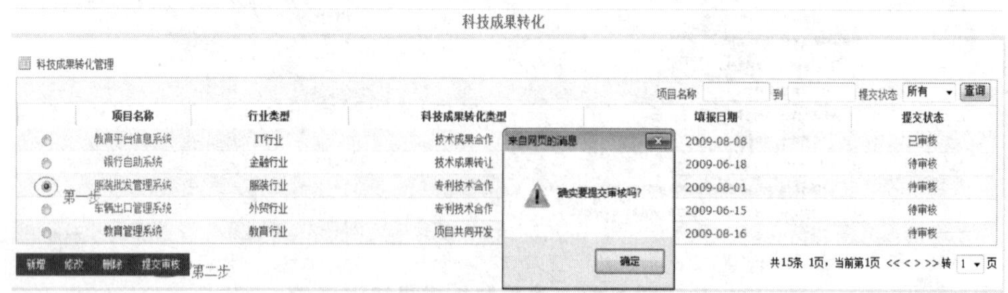

图 5-17 提交科技成果转化审核

7. 案例七：审核科技成果转化

允许管理方用户审核已提交的科技成果转化，管理方用户在科技成果转化列表中选择一条科技成果转化，如图 5-18 所示。

点击“审核通过”按钮；显示添加科技成果转化审核结果页面；管理方用户输入审核意见，项目名称不能编辑，如图 5-19 所示。

点击“审核不通过”按钮，显示添加科技成果转化审核结果页面，管理方用户输入审核意见，项目名称和 Email 抄送不能编辑，管理方点击“保存”按钮，将审核意见保存，并向科技成果转化的企业用户或个人用户发送邮件告知审核意见，如图 5-20 所示。设计源码请参照教材项目资料中附录 3 科技成果转化中的审核。

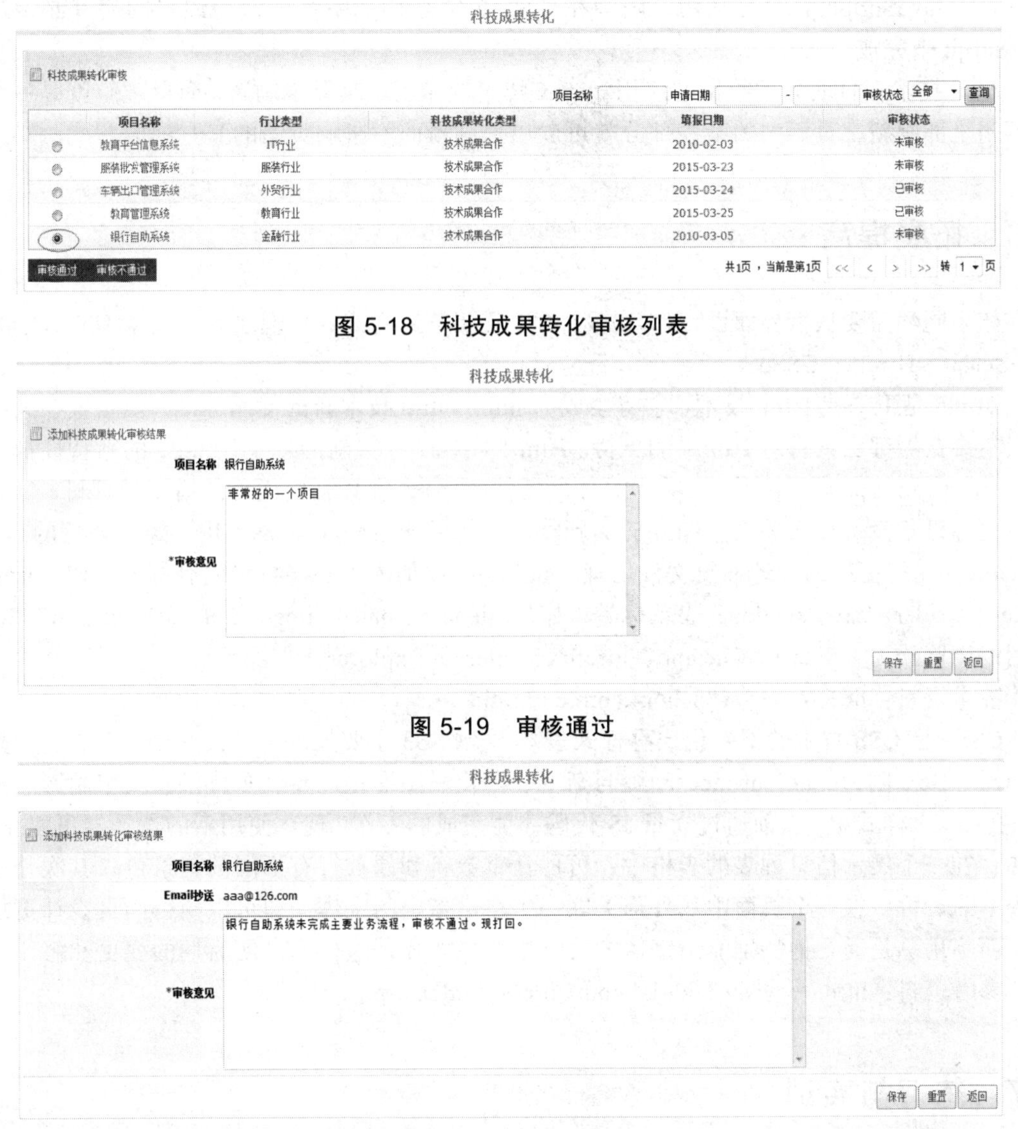

图 5-18　科技成果转化审核列表

图 5-19　审核通过

图 5-20　审核不通过

5.5　归纳总结

原型法是迭代式开发中设计阶段常用的手段，原型设计应该贯穿需求、概要设计和详细设计这三个阶段。开发原型的目的是把设计转为用户可以看懂的"界面语言"，同时也对开发人员起到一定的指导作用（也可以作为开发的一部分）。界面原型更明显的价值体现就是，它可以帮助软件设计人员提早发现设计各个阶段的缺陷，在开发前解决这些潜在的问题，大幅降低软件开发的风险和成本。

讲解了 HTML 用法，对于 HTML 语言来讲比较简单，多练习，熟能生巧；CSS 的应用可以使页面更美观，增强页面感染力，但同时还需要考虑性能和浏览器的兼容性。作为 Java 程序员，JavaScript 必须要掌握，因为在开发 B/S 架构的系统中，与用户的交互必须通过 JavaScript 来完成。

Ajax 技术在页面处理数据的应用。Ajax 技术的作用就是异步刷新，简单理解就是一个页面不用全部刷新，页面中的某些部分就可以单独刷新而不影响页面的其它地方。

5.6 拓展提高

如果同学需要从事界面设计（UI）设计师，需要精通主流的表现层开发技术 HTML、CSS、JavaScript、Html5、CSS3。

Html5 是下一代 Html 技术，它将会成为 html/xhtml 技术新的使用标准，但是现在大部份高版本浏览器都已具备对 Html5 的支持。Html5 实现了一些新的规定，html5 的新特性都应基于 html/css/dom/javascript 技术；减少对外部插件的要求；应具有更优秀的错误处理机制；html5 的应用与设备没有什么关系。Html5 的新特性包括用于绘画 canvas、用于媒体处理的 video 和 audio、支持更好的本地离线文件处理。在 html5 中加入了一些特殊内容标签，如：article、footer、header、nav、section；表单标签，如：calendar、date、time/email、url、search。Html5 适用的浏览器为：Safari、Chrome、Firefox、Internet Explorer 9。

参考资料：http://www.w3school.com.cn/html5。

CSS3 是 CSS 技术的下一代层叠样式表技术。CSS3 主要加入了下面几个新的技术：高级选择器、Box 阴影、@font-face 动画与渐变、圆角、图形化边界、多背景、文字阴影、渐变色。在 CSS3 样式中，以前通过大量 JS 代码才能完成的工作，现在使用新的选择器可以完成。例如：在一个展示信息列表的表格中，可以让奇数行和偶数行有不同的背景色；其次是使用 @font-face 可以在一个页面中从外部关联一个自己指定的字体，即可以使得网页设计更加方便，而不用总是需要把特别显示字体的文字给做成图片，这样不方便后期的变更和修改。

参考资料：http://www.w3school.com.cn/css3/index.asp。

5.7 练习与实训

1. 根据政务大厅行政处罚系统立案信息管理模块详细设计完成功能界面设计，在功能界面原型中应用 HTML、层叠样式式 CSS 和脚本 JavaScript。

2. Ajax 的原理？

3. 应用 Ajax 完成实现自动获取立案信息。

第 6 章　开发数据组件

【学习目标】

➢掌握 ORM；
➢了解开发步骤；
➢了解对象状态；
➢了解数据缓存；
➢掌握实体关系；
➢掌握标准查询；
➢掌握 HQL 查询；
➢了解事务管理；
➢掌握单元测试；
➢掌握 Javadoc 生成文档。

6.1　概　述

Hibernate 是 Java 应用程序和关系数据库之间的桥梁，它负责 Java 对象和关系数据之间的双向映射。Hibernate 是基于 ORM 模式实现的中间件，在它的内部封装了通过 JDBC 访问数据库的操作，同时向上层应用程序提供了面向对象的数据访问接口。

在这一章节中，我们重点理解 ORM 模式，掌握对象/关系映射的配置，Hibernate 的事务管理与缓存，以及数据组件的开发流程。

6.2　数据组件开发任务分析

➢熟练配置 Hibernate 的对象/关系映射。

➢掌握 Hibernate 的事务管理、缓存和性能优化。

➢掌握基于 Junit 的单元测试。

➢利用 Javadoc 工具生成文档。

➢熟练掌握数据组件的开发流程，实现公共信息服务平台中科技成果转化模块数据组件的开发。

时间：8 课时。

6.3　开发数据组件相关知识

6.3.1　Hibernate 概述

在现在的应用系统设计中，MVC(Model-View-Control)作为主流系统架构模式之一贯穿了整个设计流程。MVC 中的 M，也就是所谓的 Model，可以说是与业务逻辑和数据逻辑关系最为紧密的部分，持久层作为 Model 层面中的主要组成部分，其设计的优劣势必对系统的整体表现产生重要的影响。所谓持久层即我们常说的数据访问层，就是在系统逻辑层面上，专注于实现数据持久化的一个相对独立领域（Domain），之所以要独立一个“持久层”的概念，而不是“持久模块”或“持久单元”，也就意味着，我们的系统架构中应该有一个相对独立的逻辑层面，专注于数据持久化的逻辑实现。相对于系统其他部分而言，这个层面应该有一个较为清晰和严格的逻辑边界，如图 6-1 所示。

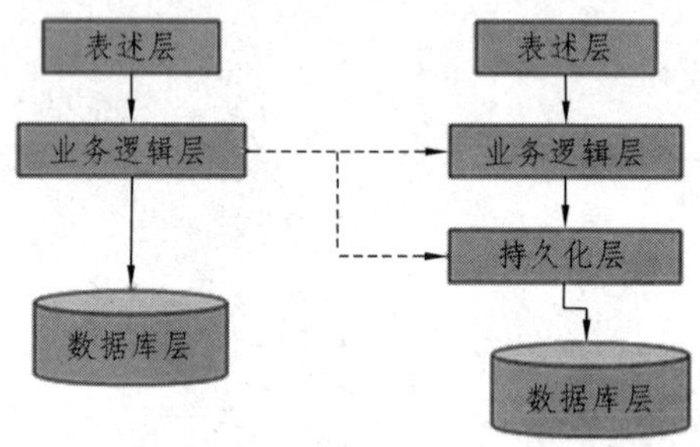

图 6-1　Java 应用的持久层

在 Java 发展的早期阶段，直接调用 JDBC 几乎是数据库访问的唯一手段。随着近年来设计思想和 Java 技术本身的演化，出现了许多 JDBC 的封装技术，这些技术为我们的数据库访问层实现提供了更多的选择。目前主流的几种 JDBC 封装框架包括：Hibernate、Apache OJB、MyBatis 以及在 JavaEE 中的 CMP 等，这些框架以优良的设计大大提高了数据库访问层的开发效率，并且通过对数据访问中各种资源和数据的缓存，实现了更佳的性能。

ORM 可以说是当前比较热点的话题，所谓 ORM（Object/Relational Mapper），从字面上来讲，就是“对象—关系型数据库组件”，Hibernate 是一个 ORM 组件实现，是开源社区比较有代表性的开源组件。

2001 年末，Hibernate 第一个版本正式发布，在 2003 年被 JBoss 组织收纳，成为从属于 JBoss 组织的子项目之一。Hibernate 提供了强大、高性能的对象到关系数据库有持久化服务。Hiberante 提供的 HQL（Hibernate Query Language）是面向对象的查询语言，它在对象和关系数据库之间构建了一条快速、高效、便捷的沟通渠道。

6.3.2　Hibernate 配置

从官方网站 www.hibernate.org 下载得到 Hibernate 的最新版本并解压到本地目录中，在我们项目的构建路径中导入支持 Hibernate 框架所必须的 jar 文件，这些 jar 文件的目录路径位于 hibernate-release-4.3.5.Final\hibernate-release-4.3.5.Final\lib\required，在 required 文件夹中所有的 jar 文件都是必须的。

接下来我们配置 Hibernate，它的基本配置文件有两种格式：xml 和 properties 配置，我们主要介绍默认的 Hibernate 配置文件（hibernate.cfg.xml），以及对象和关系的映射文件（.hbm.xml），这两种文件中包含了 Hibernate 的所有运行期参数。在加载 Hibernate 框架时，Configuration 首先加载 Hibernate 配置文件（hibernate.cfg.xml），然后创建一个 SessionFactory

实例，在 SessionFactory 实例中加载和映射文件（.hbm.xml）。

Hibernate 配置文件（hibernate.cfg.xml）格式如下：

```
<!--标准的 XML 文件的起始行，version='1.0'表明 XML 的版本，encoding='utf-8'表明
   XML 文件的编码方式-->
<?xml version='1.0' encoding='utf-8'?>
<!--表明解析本 XML 文件的 DTD 文档位置，DTD 是 Document Type Definition 的缩写，
   即文档类型的定义，XML 解析器使用 DTD 文档来检查 XML 文件的合法性-->
<!DOCTYPE hibernate-configuration PUBLIC
    "-//Hibernate/Hibernate Configuration DTD 3.0//EN"
    "http://www.hibernate.org/dtd/hibernate-configuration-3.0.dtd">
<!--声明 Hibernate 配置文件的开始-->
<hibernate-configuration>
  <!--表明以下的配置是针对 session-factory 配置的，SessionFactory 接口负责
     初始化 Hibernate。它充当数据存储源的代理，并负责创建 Session 对象-->
  <session-factory>
    <!--数据库的连接驱动,Hibernate 在连接数据库时,需要用到数据库的驱动程序-->
    <property name="hibernate.connection.driver_class">
      net.sourceforge.jtds.jdbc.Driver
    </property>
    <!--设置数据库的连接 url，这里是连接本机（localhost）且默认端口为 1433，
      ttpip 表示数据库名称-->
    <property name="connection.url">
      jdbc:jtds:sqlserver://localhost:1433;DatabaseName=ttpip
    </property>
    <!--连接数据库用户名-->
    <property name="connection.username">sa</property>
    <!--连接数据库密码-->
    <property name="connection.password">1234</property>
    <!--数据库连接池的大小-->
    <property name="hibernate.connection.pool.size">20 </property>
    <!--是否在后台显示 Hibernate 用到的 SQL 语句，开发时设置为 true，便于查错，
      程序运行时可以在 Eclipse 的控制台显示 Hibernate 的执行 Sql 语句。
      项目部署后可以设置为 false，提高运行效率-->
    <property name="hibernate.show_sql">true</property>
    <!–jdbc.fetch_size 是指 Hibernate 每次从数据库中取出并放到 JDBC
      的 Statement 中的记录条数。Fetch Size 设的越大，读数据库的次数越少，
      速度越快，Fetch Size 设的越小，读数据库的次数越多，速度越慢-->
    <property name="jdbc.fetch_size">50</property>
    <!–jdbc.batch_size 是指 Hibernate 批量插入,删除和更新时每次操作的记录数。
      Batch Size 越大，批量操作的向数据库发送 Sql 的次数越少，速度就越快，
      同样耗用内存就越大-->
    <property name="jdbc.batch_size">23</property>
    <!–jdbc.use_scrollable_resultset 是否允许 Hibernate 用 JDBC 的可滚动的
      结果集。对分页的结果集。对分页时的设置非常有帮助-->
    <property name="jdbc.use_scrollable_resultset"≥false</property>
    <property name="hbm2ddl.auto">create</property>
    <!–指定数据库方言-->
    <property name="dialect">
      org.hibernate.dialect.SQLServerDialect
    </property>
```

```
    <!--指定映像文件为-->
    <mapping
        resource="com/hwadee/ssh/domain/TechTranProjects.hbm.xml"/>
  </session-factory>
</hibernate-configuration>
```

在上面的配置文件中，<mapping resource="com/hwadee/ssh/domain/TechTranProjects.hbm.xml" />用于指定映射文件，映射文件将在下节中讲解。

我们可以在 Hibernate 配置文件中设置 hbm2ddl.auto 属性，该属性可以帮助我们实现正向工程，即由 Java 代码生成数据库脚本，进而生成及维护具体的表结构，它包含四个属性值：

➢create：根据映射文件来生成表，但是每次运行都会删除上一次的表，重新生成表，哪怕第 2 次没有任何改变；

➢create-drop：根据映射文件生成表，但是 sessionFactory 一旦关闭，表就自动被删除；

➢update：最常用的属性，也是根据映射文件生成表，即使表结构改变了，表中的行仍然存在，不会删除以前的行；

➢validate：只会和数据库中的表进行比较，不会创建新表，但是会插入新值。

在这我们为了测试的方便，设置 hbm2ddl.auto 属性为 create，但是在实际的生产环境中不可以使用该值，否则将造成灾难性的后果，设置后的属性如下：

<property name="hbm2ddl.auto">create</property>

其余属性的设置详见配置文件注释。

6.3.3 Hibernate 接口

Hibernate 对 JDBC 做了轻量级的封装，所谓轻量级的封装是指 Hibernate 并没有完全封装 JDBC，Java 应用既可以通过 Hibernate API 来访问数据库，还可直接通过 JDBC API 访问数据库。

现在对 Hibernate 提供的核心接口做一个初步的介绍：

1. Configuration 接口

封装了 Hibernate 配置文件，通过配置对象可建立会话工厂 SessionFactory。通过以下代码创建 Configuration 对象实例：

```
Configuration cfg = new Configuration().configure();
```

这里我们要明白的是，Configuration 默认加载类路径根目录下的 Hibernate 配置文件。

2. SessionFactory 接口

通过 Configuration 创建 SessionFactory 对象，它保存了当前的数据库配置信息和所有映射关系，以及预定义的 SQL 语句。SessionFactory 负责创建 Session 对象，同时还负责维护 Hibernate 的二级缓存。SessionFactory 对象的创建会有较大的开销，由于 SessionFactory 对象采取了线程安全的设计方式，在实际项目中 SessionFactory 对象尽量地共享使用，在大多数情况下，一个应用中针对一个数据库只会创建一个 Session Factory 实例。

在 Hibernate4 以上版本可通过如下代码来获得 SessionFactory。

```
public class HibernateHelper {
    private static final SessionFactory sessionFactory;
    static{
        try {
            Configuration cfg = new Configuration().configure();
            sessionFactory = cfg.buildSessionFactory(
                    new StandardServiceRegistryBuilder()
                        .applySettings(cfg.getProperties()).build());
        }catch (Throwable ex) {
            System.err.println("Initial SessionFactory failed." + ex);
            throw new ExceptionInInitializerError(ex);
        }
    }
    public static SessionFactory getSessionFactory() {
        return sessionFactory;
    }
}
```

3. Session 接口

Session 也称为会话对象，它实现和数据库的一次会话。在应用程序中，无论是立即加载对象或延迟加载对象都是必须连接数据库的，在 Java 中使用 java.sql.Connection 连接数据库，Session 就是对 Connection 的一层高级封装。Session 也被称为持久化管理器，提供了增、删、改、查等持久化操作。Session 本身不是线程安全的，因此一个 Session 对象通常由一个线程使用，避免在多个线程间共享。Session 是一个轻量级的对象，它的创建和销毁都不需要消耗太多资源。Session 中有一个内部缓存，称为一级缓存，用于存放当前工作单元中加载的对象。

一旦建立了和数据库的会话，接下来就可以通过会话对象操作数据对象了。

```
//通过 SessionFactory 得到 Session 对象
Session session = sessionFactory.openSession();
```

了解常用 Session API 中的几个方法：

（1）save：　将持久对象保存到数据库中。

（2）update：将持久对象更新到数据库中。

（3）delete：　从数据库中删除对象对应的数据。

（4）get：　根据对象的主标识查找对象，如果找不到则返回 null。

（5）load：　根据对象的主标识查找对象，它始终会返回一个代理对象。

Get 方法和 load 方法的区别：

➢load 方法返回实体的代理类，get 方法返回真实的实体类。

➢load 方法可以充分利用 Hibernate 的内部缓存和二级缓存中的现有数据，而 get 方法仅仅在内部缓存中进行数据查找，如果没有发现数据则将越过二级缓存，直接查询数据库。

➢假设别人把数据库中的数据修改了，如果 load 在二级缓存中找到了数据，则不会再访问数据库获得最新数据，而 get 则会查询数据库返回最新数据。

（6）merge：如果数据还未保存到数据库则新增数据，如果数据已存在则修改数据库中的当前数据。

4. Transaction：Hibernate 数据库事务接口

数据库事务接口将应用代码从底层的事务管理中抽象出来，这可能是一个 JDBC 事务、一个 JTA 用户事务，它允许应用通过一致的 API 控制事务边界。

使用 Hibernate 进行操作时（增、删、改）必须显示的调用 Transaction，因为在 Hibernate 中数据库连接默认设置为手工提交，即 autoCommit=false。

```
try{
    //开启事务
    session.beginTransaction();
    //执行具体的更新操作
    //callback.execute(session);
    //提交事务
    session.getTransaction().commit();
}catch(Exception e) {
    e.printStackTrace();
    // 遇到异常则事务回滚
    session.getTransaction().rollback();
} finally {
    //关闭 session
    if (session != null)
        session.close();
}
```

5. Query 和 Criteria 接口

Query 和 Criteria 都是查询对象接口。Query 接口通过 HQL 查询语句实现，HQL 的语法是面向对象的，它使用类名及类的属性名，而不是表名和字段名。Criteria 接口完全封装了基于字符串形式的查询语句，比 Query 接口更面向对象，它擅长执行动态查询。

后面小节中会详细介绍两种接口的使用。

6. 可供扩展的接口

Hibernate 提供的多数功能是可配置的，允许用户选择适当的内置策略。例如，可以配置如下的数据库方言。

```
hibernate.dialect=org.hibernate.dialect.MySQLDialect
hibernate.dialect=org.hibernate.dialect.OracleDialect
hibernate.dialect=org.hibernate.dialect.SybaseDialect
```

6.3.4 Hibernate ORM 基础

概念模型是对真实世界中问题域内的事物的描述，描述了每个实体的概念和属性及实体间关系，不描述实体的行为。实体间的关系有一对一、一对多、多对一和多对多。

数据模型是对数据特征的抽象，所描述的内容包括三个部分：数据结构、数据操作、数据约束。数据模型在概念模型的基础上建立起来的，用于描述这些关系数据的静态结构。

数据模型和域模型总是存在阻抗不匹配的现象。例如，关系型数据通过表、行、主键、外键等定义约束关系，而对象之间的关系则通过关联、依赖、聚合、泛化等实现。对象关系映射（ORM）使用元数据对对象与数据库间的映射进行了描述，本质上，ORM 的工作就是将数据从一种表示（双向）转换为另一种表示。Hibernate 的 ORM 组件为我们提供了一个很好的解决方案，它提供了面向对象的域模型与关系模型之间的映射转换。

接下来我们抽取出科技成果转化域模型 TechTranProjects，代码如下：

```
import java.util.Date;
import java.util.HashSet;
import java.util.Set;
public class TechTranProjects {
    //id
    private Integer tranId;
    //项目名称
    private String tranName;
    //产权证编号
    private String tranOwnRighNum;
    //行业类型
    private String tranTrade;
    //持有人
    private String tranOwner;
    //联系电话
    private String tranOwnTel;
    //挂牌价格
    private Double tranTagPrice;
    //项目技术情况
    private String tranTech;
    //项目企业情况
    private String tranFirm;
    //产权类型
    private String tranOwnRighType;
    //知识产权类型
    private String tranRighType;
    //专利状态
    private String tranPateStatus;
    //专利类型
    private String tranPateType;
    //专利申请日期
    private Date tranPateDate;
    //授权公告日
    private Date tranAuthDate;
    //项目介绍
    private String tranIntro;
    //其他说明
    private String tranOtheIntro;
    //科技成果转化类型
    private String tranType;
    //审核信息，一对多
    private Set<DeclStatInfo> declStatInfos = new HashSet<DeclStatInfo>();
    //setter/getter 方法省略
}
```

完成我们的科技成果转化的 ORM 文件 TechTranProjects.hbm.xml。

```
<?xml version="1.0" encoding="utf-8"?>
<!DOCTYPE hibernate-mapping PUBLIC
```

```
    "-//Hibernate/Hibernate Mapping DTD 3.0//EN"
    "http://hibernate.sourceforge.net/hibernate-mapping-3.0.dtd">
<hibernate-mapping package=" com.lenovo.domain" >
    <class name="TechTranProjects" table="tech_tran_project" >
        <id name="tranId" type="java.lang.Integer">
            <column name="tranId" />
            <generator class="native" />
        </id>
        <property name="tranName" type="java.lang.String">
            <column name="tranName" length="120" />
        </property>
        <property name="tranOwnRighNum" type="java.lang.String">
            <column name="tranOwnRighNum" length="60" />
        </property>
        <property name="tranTrade" type="java.lang.String">
            <column name="tranTrade" length="60" />
        </property>
        <property name="tranOwner" type="java.lang.String">
            <column name="tranOwner" length="60" />
        </property>
        <property name="tranOwnTel" type="java.lang.String">
            <column name="tranOwnTel" length="60" />
        </property>
        <property name="tranTagPrice" type="java.lang.Double">
            <column name="tranTagPrice" scale="4" />
        </property>
        <property name="tranTech" type="java.lang.String">
            <column name="tranTech" length="1" />
        </property>
        <property name="tranFirm" type="java.lang.String">
            <column name="tranFirm" length="1" />
        </property>
        <property name="tranOwnRighType" type="java.lang.String">
            <column name="tranOwnRighType" length="1" />
        </property>
        <property name="tranRighType" type="java.lang.String">
            <column name="tranRighType" length="1" />
        </property>
        <property name="tranPateStatus" type="java.lang.String">
            <column name="tranPateStatus" length="1" />
        </property>
        <property name="tranPateType" type="java.lang.String">
            <column name="tranPateType" length="1" />
        </property>
        <property name="tranPateDate" type="java.sql.Timestamp">
            <column name="tranPateDate" length="23" />
        </property>
        <property name="tranAuthDate" type="java.sql.Timestamp">
            <column name="tranAuthDate" length="23" />
        </property>
        <property name="tranIntro" type="java.lang.String">
            <column name="tranIntro" />
        </property>
        <property name="tranOtheIntro" type="java.lang.String">
            <column name="tranOtheIntro" />
        </property>
        <property name="tranAttachments" type="java.lang.String">
            <column name="tranAttachments" length="60" />
        </property>
```

```
        <property name="tranType" type="java.lang.String">
           <column name="tranType" length="1" />
        </property>
        <set name="declStatInfos" inverse="true">
           <key>
              <column name="tranId" />
           </key>
           <one-to-many class="DeclStatInfo" />
        </set>
     </class>
  </hibernate-mapping>
```

在上面的映射文件中，如果在一个映射文件中包含多个类，并且这些类位于同一个包中，可以设置<hibernate-mapping>元素的 package 属性，避免为每个类提供完整的类名。class 表示我们具体映射的对象，table 属性对应数据库表名，如果没有指定数据库表名则默认为类的简单名称。

一个 class 必须包含 id 元素，它是用来区别对象的标识符。在此对对象标识符做一个简单介绍，Java 按内存地址区分同一个类的不同对象，关系数据库用主键区分同一个表的不同记录，Hibernate 使用对象标识符（OID）来建立内存中的对象和数据库中记录的对应关系，对象的 OID 和数据库表的主键对应。使用<generator>子元素设定标识符生成器，Hibernate 的 org.hibernate.id.IdentifierGeneratorl 中提供了多种内置的标识符生成器实现（见表 6-1）：

表 6-1　标识符生成器

标识符生成器	简　介
increment	适用于代理主键。由 Hibernate 以自增的方式生成，每次增量为 1
identity	适用于代理主键。由底层数据库生成，前提是底层数据库支持自增字段类型
sequence	适用于代理主键。Hibernate 根据底层数据库的序列生成，前提条件是底层数据库支持序列
hilo	适用于代理主键。Hibernate 根据 high/low 算法生成，Hibernate 把特定表的字段作为“heigh”值，在默认的情况下选用 hibernate_unique_key 表的 next_hi 字段
native	适用于代理主键。根据底层数据库对自动生成标识符的支持能力，选择 identity、sequence、hilo
uuid.hex	适用于代理主键。Hibernate 采用 128 位的 UUID（Universal Unique Identitication）算法生成，UUID 算法能够在网络环境生成唯一的字符串标识符，不推荐使用，因为字符串型要比整型占用更多的数据库空间
assigned	适用于自然主键。由 Java 应用程序负责生成，此时不能把 setId()方法声明为 private 类型，不推荐使用

1. 内置标识符的用法

（1）Increment。

使用 Increment 方式时，Hibernate 将按照递增的方式设定主键，具体的方式是，先获取当前记录主键的最大值，然后再将该值加 1 作为主键。

适用范围：

➢由于不依赖与底层数据库，适合所有的数据库系统。

➢适用于在单个进程中访问同一个数据库的场合，集群环境下不推荐使用。

➢OID 必须为 long、int 或 short 类型，如果把 OID 定义为 byte 类型，运行时将抛出异常。

（2）Identity。

Identity 方式表示主键生成方式采用数据库的主键生成机制，例如 SQL Server Express 或 MySQL 的自动主键生成机制。由于底层数据库生成标识符，因此需要把字段定义成自增型。MySQL 中为 auto_increment，SQL Server Express 中为 identity。

（3）Sequence。

这种方式针对由序列方式产生主键的数据库，例如 Oracle。在<generator>的子元素<param name="sequence">指定用于产生主键的序列名称。

```
<id name="id" type="long" column="ID">
    <generator class="sequence">
        <param name="sequence">tester_id_seq</param>
    </generator>
</id>
```

适用范围：

➢底层数据库要支持序列，如 Oracle 等。

➢OID 必须为 long、int 或 shot 类型，如果把 OID 定义为 byte 类型，运行时将抛出异常。

（4）Hilo。

Hilo 方式由 Hibernate 按照一种 high/low 算法来生成标识符，它从数据库的特定表的字段中获取 high 值。

```
<id name="id" type="long" column="ID">
    <generator name="hilo">
        <param name="table">hi_value</param>
        <param name="column">next_value</param>
        <param name="max_lo">100</param>
    </generator>
</id>
```

使用范围：

➢该机制不依赖于底层数据库，因此适用于所有的数据库系统。

➢OID 必须为 long、int、short 类型，如果为 byte 类型的话，会抛出异常。

（5）Native。

Native 方式意味着将主键的生成机制交由 Hibernate 决定，Hibernate 会根据配置文件中的方言（Dialect）定义，采用数据库特定的主键生成方式。

适用范围：

➢该方式能根据底层数据库系统自动选择合适的标识符生成器，因此很适合于跨数据库的平台，即在同一个应用中需要连接多种数据库系统的场合。

➢OID 必须为 long、int、short 类型，如果为 byte 类型的话，运行时将会抛出异常。

（6）Hibernate 增强的标识符生成器（org.hibernate.id.enhanced.TableGenerator）。

这个生成器定义了一个可以利用多个不同的键值记录实现了存储大量不同增量值的表。

table_name（可选，默认是 hibernate_sequences）：所用的表的名称。

value_column_name（可选，默认为 next_val）：用于存储这些值的表的字段的名字。

segment_column_name（可选，默认为 sequence_name）：用于保存“segment key”的字段的名称。

segment_value（可选，默认为 default）：我们为这个生成器获取增量值的 segment 的“segment key”。

initial_value（可选，默认是 1）：从表里获取的初始值。

increment_size（可选，默认是 1）：对表随后的调用应该区分的值。

2. property 元素

映射文件中 property 元素用来描述对象中属性到数据表中列的映射，没有指定数据库列名则默认为属性名称。

在 property 元素中可以设置些派生属性，如表 6-2 所示。

表 6-2　控制 insert、update 语句

映射属性	作　用
<property> insert 属性	若为 false，在 insert 语句中不包含该字段，该字段永远不能被插入。默认值为 true。
<property> update 属性	若为 false，update 语句不包含该字段，该字段永远不能被更新。默认值为 true。
<class> mutable 属性	若为 false，等价于所有的<property>元素的 update 属性为 false，整个实例不能被更新。默认值为 true。
<class> dynamic-insert 属性	若为 true，等价于所有的<property>元素的 dynamic-insert 为 true，保存一个对象时，动态生成 insert 语句，语句中仅包含取值不为 null 的字段。默认值 false。
<class> dynamic-update 属性	若为 true，等价于所有的<property>元素的 dynamic-update 为 true，更新一个对象时，动态生成 update 语句，语句中仅包含取值不为 null 的字段。默认值 false。

在对象关系映射文件中，Hibernate 采用映射类型作为 Java 类型和 SQL 类型的桥梁。Hibenate 的内置映射类型通常使用和 Java 类型相同的名字，它能够把 Java 基本类型、Java 时间和日期类型、Java 对象类型及 JDK 中常用 Java 类型映射到相应的标准 SQL 类型，Hibenate 的映射类型对比如表 6-3 所示。

表 6-3　Hibenate 的映射类型对比

Java 数据类型	Hibernate 数据类型	标准 SQL 数据类型（对于不同的 DB 可能有所差异）
byte、java.lang.Byte	byte	TINYINT
short、java.lang.Short	short	SMALLINT
int、java.lang.Integer	integer	INGEGER
long、java.lang.Long	long	BIGINT
float、java.lang.Float	float	FLOAT

续表

Java 数据类型	Hibernate 数据类型	标准 SQL 数据类型 （对于不同的 DB 可能有所差异）
double、java.lang.Double	double	DOUBLE
java.math.BigDecimal	big/decimal	NUMERIC
char、java.lang.Character	character	CHAR(1)
boolean、java.lang.Boolean	boolean	BIT
java.lang.String	string	VARCHAR
boolean、java.lang.Boolean	yes/no	CHAR(1)('Y'或'N')
boolean、java.lang.Boolean	true/false	CHAR(1)('Y'或'N')
java.util.Date、java.sql.Date	date	DATE
java.util.Date、java.sql.Time	time	TIME
java.util.Date、java.sql.Timestamp	timestamp	TIMESTAMP
java.util.Calendar	calendar	TIMESTAMP
java.util.Calendar	calendar_date	DATE
byte[]	binary	VARBINARY、BLOB
java.lang.String	text	CLOB
java.io.Serializable	serializable	VARBINARY、BLOB
java.sql.Clob	clob	CLOB
java.sql.Blob	blob	BLOB
java.lang.Class	class	VARCHAR
java.util.Locale	locale	VARCHAR
java.util.TimeZone	timezone	VARCHAR
java.util.Currency	currency	VARCHAR

3. 持久化对象之间的关系及映射方法

1）one-to-one

一对一关联表示两个表之间的记录是一一对应的关系。它有两种实现方式：外键关联和主键关联。比如一家公司(Company)和它所在的地址(Address)，在业务逻辑中要求一家公司只有唯一的地址，一个地址也只有一家公司。如图 6-2 所示为外键关联关系。

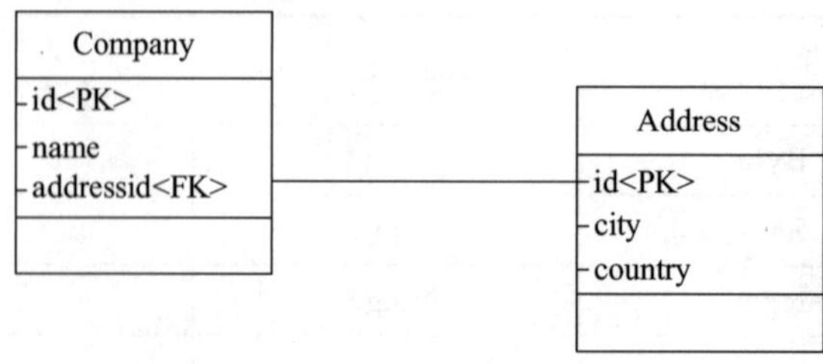

图 6-2 外键关联关系

（1）Company 类。

```
public class Company  implements java.io.Serializable {
    private Long id;
    private String name;
    private Address address;
    //setter 和 getter 方法
}
```

（2）Address 类。

```
public class Address implements java.io.Serializable {
    // Fields
    private Long id;
    private String city;
    private String country;
    private Company company;
    //setter 和 getter 方法
}
```

（3）一对一中的外键关联。

```
<hibernate-mapping package="com.lenovo.domain">
    <class name="Company" table="COMPANY" schema="SCOTT">
        <id name="id" type="java.lang.Long">
            <column name="ID" precision="22" scale="0" />
            <generator class="native" />
        </id>
        <!-- unique="true" 表示限制一个 Company 对象有一独有的 Address 对象，
            Company 对象和 Address 对象之间是一对一关系 -->
        <many-to-one name="address" class="Address"
                cascade="all" unique="true">
            <column name="ADDRESSID" precision="22" scale="0" />
        </many-to-one>
    </class>
    <class name="Address" table="ADDRESS" schema="SCOTT">
        <id name="id" type="java.lang.Long">
            <column name="ID" precision="22" scale="0" />
            <generator class="native"/>
        </id>
        <!-- 在<one-to-one>的设定中 property-ref="address"表明建立了
            从 address 对象到 company 对象的关联  -->
        <one-to-one name="company" class="Company"
                property-ref="address" cascade="all"/>
    </class>
</hibernate-mapping>
```

（4）测试代码。

```
Company company1 = new Company();
company1.setName("OriStand");
Address address1 = new Address();
address1.setCity("BeiJing");
address1.setCountry("China");
company1.setAddress(address1);
Company company2 = new Company();
company2.setName("IBM");
Address address2 = new Address();
```

```
address2.setCity("New York");
address2.setCountry("American");
company2.setAddress(address2);
Session session = HibernateHelper.getSessionFactory().openSession();
Transaction tx = session.beginTransaction();
session.save(company1);
session.save(company2);
tx.commit();
session.close();
```

一对一关系的另一种解决方式就是主键关联，在这种关联关系中，要求两个对象的主键必须保持一致，通过两个表的主键建立关联关系，如图 6-3 所示为主键关联关系。

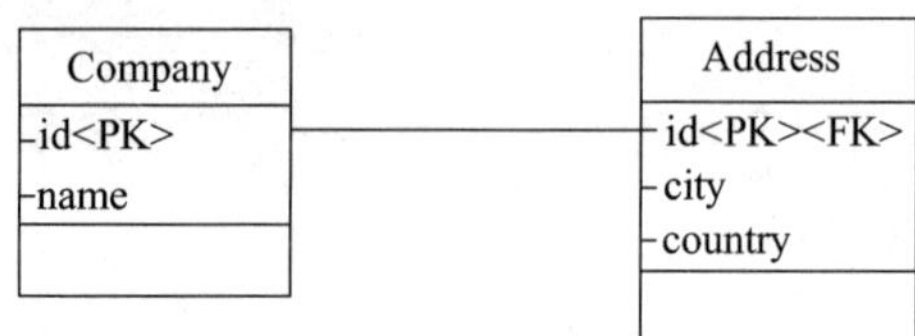

图 6-3 主键关联

```
<hibernate-mapping package="com.lenovo.domain">
    <class name="Company" table="COMPANY" schema="SCOTT">
        <id name="id" type="java.lang.Long">
            <column name="ID" precision="22" scale="0" />
            <generator class="native"/>
        </id>
        </property>
        <!—用 one-to-one 来映射 Company 的 addresss 属性-->
        <one-to-one name="address" class="Address" cascade="all" />
    </class>
    <class name="Address" table="ADDRESS" schema="SCOTT">
        <id name="id" type="java.lang.Long">
            <column name="ID" precision="22" scale="0" />
            <!—必须为 OID 使用 foreign 标识符生成策略，这样 Hibernate 就会保证
               Address 对象与关联的 Company 对象共享同一个 OID-->
            <generator class="foreign">
                <param name="property">company</param>
            </generator>
        </id>
        <!-- one-to-one 元素的 constraint 属性为 true，表明 Address 表的 ID 主键
            同时作为外键参照 Company 表-->
        <one-to-one name="company" class="Company" constrained="true"/>
    </class>
</hibernate-mapping>
```

（5）测试代码。

```
Company company1 = new Company();
company1.setName("OriStand");
Address address1 = new Address();
address1.setCity("BeiJing");
address1.setCountry("China");
company1.setAddress(address1);//company->address
address1.setCompany(company1);//address->company
Company company2 = new Company();
company2.setName("IBM");
```

```
Address address2 = new Address();
address2.setCity("New York");
address2.setCountry("American");
company2.setAddress(address2);
address2.setCompany(company2);
Session session = HibernateHelper.getSessionFactory().openSession();
Transaction tx = session.beginTransaction();
session.save(company1);
session.save(company2);
tx.commit();
session.close();
```

2）one-to-many

数据库中一对多关系的实现是在数据表中使用外键关联，也就是使用一张表的主键作为另一个表的外键来建立一对多关系，在 Hibernate 的 POJO 类中实现一对多关系的方法是在主控类中设置一个集合属性来包含对方类的若干对象，而在另一个类中，只包含主控类的一个对象，从而实现一对多关系的建立。例如公共信息服务平台中消息和回复就是一对多的典型例子。

（1）Message 类。

```
public class Message{
    private Integer messId;
    private String messTitle;
    private String messContent;
    private String messIsSecretSend;
    private Date messPublTime;
    private Set<Reply> replies = new HashSet<Reply>();
}
```

（2）Reply 类。

```
public class Reply{
    private Integer replId;
    private Message message;
    private String replContent;
    private Date replTime;
    //setter and geter
}
```

（3）Message.hbm.xml 文件。

```
<?xml version="1.0"?>
<!DOCTYPE hibernate-mapping PUBLIC
    "-//Hibernate/Hibernate Mapping DTD 3.0//EN"
    "http://hibernate.sourceforge.net/hibernate-mapping-3.0.dtd">
<hibernate-mapping package="com.hwadee.ssh.pojo">
    <class name="Message" table="Message" >
        <id name="messId" type="java.lang.Integer">
            <column name="messId" />
            <generator class="native" />
        </id>
        <property name="messTitle" type="java.lang.String">
            <column name="messTitle" length="60" not-null="true"/>
        </property>
        <property name="messContent" type="java.lang.String">
            <column name="messContent" not-null="true"/>
        </property>
```

```
        <property name="messIsSecretSend" type="java.lang.String">
            <column name="messIsSecretSend" length="1" not-null="true"/>
        </property>
        <property name="messPublTime" type="java.util.Date">
            <column name="messPublTime" length="23" not-null="true"/>
        </property>
        <set name="replies" inverse="true"
                order-by="replTime asc" cascade="save-update">
            <key>
                <column name="messId" not-null="true" />
            </key>
            <one-to-many class="com.ttpip.model.Reply" />
        </set>
    </class>
</hibernate-mapping>
```

Set 表示待映射持久化类属性类型为 java.util.Set。

name 设定待映射持久化类的属性名。

cascade 设定级联操作的类型。

key 子属性设定与所关联的持久化类对应的外键。此例表明 Reply 表通过外键 messId 参照 Message 表。

one-to-many 子属性设定所关联的持久化类。此例表明 replies 集合中存放的是一组 Reply 对象。

inverse 属性决定是否把对 Set 的改动反映到数据库中去，即是否放弃对关系的维护。inverse=false 表示不放弃；inverse=true 表示放弃。在一对多关系中，为了性能的提高，一般由多的一方来维护关联关系。

3）many-to-one

上例中如果站在 Reply 回复消息的角度来讲，和消息 Message 就是多对一的关系。

```
<?xml version="1.0" encoding="utf-8"?>
<!DOCTYPE hibernate-mapping PUBLIC
    "-//Hibernate/Hibernate Mapping DTD 3.0//EN"
    "http://hibernate.sourceforge.net/hibernate-mapping-3.0.dtd">
<hibernate-mapping package="com.hwadee.ssh.pojo">
    <class name="Reply" table="Reply" >
        <id name="replId" type="java.lang.Integer">
            <column name="replId" />
            <generator class="native" />
        </id>
        <many-to-one name="message" class="Message" fetch="select">
            <column name="messId" not-null="true" />
        </many-to-one>
        <property name="replContent" type="java.lang.String">
            <column name="replContent" not-null="true" />
        </property>
        <property name="replTime" type="java.util.Date">
            <column name="replTime" length="23" not-null="true" />
        </property>
    </class>
</hibernate-mapping>
```

many-to-one 属性表示多对一关系

name 设定待映射的持久化类的属性名。

column 设定和持久化类的属性对应的表的外键。

class 设定持久化类的属性的类型。

not-null 属性是否允许为空。默认值是 false 表示可以为空。

4）many-to-many

多对多关系在进行数据库设计时往往会转换为两个一对多的设计，就是设计一个中间表分别引用两个主表，所以多对多最终也转换为一对多的关系了，处理方式和上面的一对多的处理是一致的。在公共信息服务平台中权限和角色就是一个典型的多对多的关系。

6.3.1 Hibernate 操作持久化对象

1. 对象状态

对象状态如图 6-4 所示，对象分为三种状态。

➢transient（自由状态）；

➢persistent（持久态）；

➢detached（游离态）。

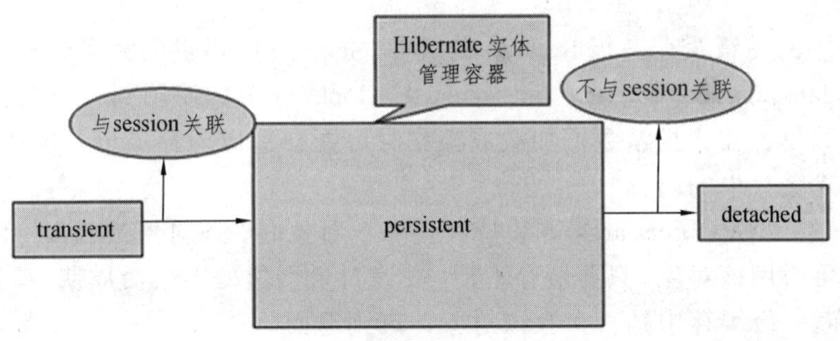

图 6-4　实体状态

1）transient：瞬时状态

使用 new 关键字创建的对象，没有与 Hibernate 框架交互的，也无法保证与数据库中某条记录对应的对象状态被称为瞬时状态，也就是生命周期非常短的意思，因为没有任何组件管理的对象非常容易被 Java 虚拟机回收。

例如：Customer cus = new Customer()；//瞬时状态对象

2）persistent：持久化状态

将瞬时状态的对象通过 Hibernate 保存到数据库后，现在受 Hibernate 管理的对象被称为持久化状态。Hibernate 会保证持久化对象与底层数据库的同步，Hibernate 会为所有的持久化对象设置一个唯一的标识符保证其在缓存中的唯一性，这个标识符可能是 hashCode、带主键查询的 sql 语句或者其他保证唯一的字符。

下面方法可以将一个瞬时状态转变为持久化对象。

（1）save(new object)，persistent (new object)：保存对象状态到数据库中。

（2）update(new object)：更新对象状态到数据库中。

（3）saveOrUpdate(new object)：如果对象状态未保存到数据库则新增到数据库，如果对象状态已保存到数据库则更新到数据库。

3）detached：*游离托管状态*

当关闭与持久状态对象关联的 Session 后，虽然对象仍然存在，对象也和数据表中的记录有对应，但是由于失去了 Hibernate 的控制，因此该对象被称为游离托管状态。

注意：处于游离托管状态的对象是因为执行 Session.delete()、Session.close()、Session.clear()、Session.evict()方法而失去标识符的对象。托管对象只有通过 lock()、update()、save()、update()被重新关联到 Session 才能变成变成持久化对象和保持与数据库的同步。

2. 数据缓存

缓存是透明的、存储以后需要快速使用数据的应用组件。在企业应用中，通常 Web 应用服务器与数据库服务器都是独立的，在两个服务器间大量频繁的传送数据会消耗很多资源。如果数据存储在缓存中，数据请求可以通过读取缓存快速的被处理，否则数据将不得不被重新计算或从原来存储介质中提取，相比较从缓存中读取而言处理速度较慢。因此，如果缓存可以处理越多的数据请求的话，系统性能就会越好。

Hibernate 提供了两级缓存，即一级缓存和二级缓存。

1）*一级缓存*

Hibernate 中的一级缓存是指 Session 的缓存。Session 中提供的大多数方法（比如 load、get、save、update、save、update、list、iterate、lock 等）均使用到一级缓存；一级缓存不能控制缓存数量，在大批量数据加载或操作时可能会造成内存溢出；使用 evict、clear 等方法可以清除缓存中的内容。

当 Session 的 save(Object args)方法持久化一个对象时，该对象被载入一级缓存，以后即使程序中不再引用该对象，只要缓存不清空，该对象仍然处于生命周期中。当试图 load()对象时，会判断一级缓存中是否存在该对象，有则返回。

（1）一级缓存的作用。

➢减少访问数据库的频率。

➢保证缓存中的对象与数据库中的相关记录保持同步。

➢当缓存中的持久化对象之间存在循环关联关系时，Session 会保证不出现访问对象时的死循环，以及由死循环引起的 JVM 堆栈溢出异常。

（2）Session 在清理缓存时，按照以下顺序执行 sql 语句。

➢按照应用程序调用 save()方法的先后顺序，执行所有的对实体进行插入的 insert 语句。

➢执行所有对实体进行更新的 update 语句。

➢执行所有对实体进行删除的 delete 语句。

➢执行所有对集合元素进行删除、更新或插入的 sql 语句。

➢执行所有对集合进行插入的 insert 语句。

➢按照应用程序调用 delete()方法的先后执行，执行所有对实体进行删除的 delete 语句。

（3）默认情况下，Session 会在下面的时间点清理缓存。

➢当应用程序 tx.commit()方法的时候，先清理缓存，然后再向数据库提交事务。

➢显式调用 session.flush()。

Commit()和 flush()方法的区别：

Flush 进行清理缓存的操作，执行一系列 sql 语句，但不提交事务；commit 方法先调用 flush 方法，然后提交事务。提交事务意味着对数据库操作永久保存下来。

2）二级缓存

Hibernate 中的二级缓存是一个可插拔的缓存插件，它由 SessionFactory 负责管理。由于 SessionFactory 对象的生命周期和应用程序的整个进程对应，因此二级缓存是进程范围或群集范围的缓存。二级缓存有可能出现并发问题，因此需要采用适当的并发访问策略，该策略为被缓存的数据提供了事务隔离级别。

第二级缓存是可选的，可以在每个类或每个集合的粒度上配置第二级缓存。

Hibernate 二级缓存使用步骤：

（1）打开二级缓存

在 hibernate.cfg.xml 配置文件中加入 <property name="cache.use_second_level_cache">true</property>，表示打开二级缓存。

（2）配置缓存提供者

<property name="cache.provider_class">org.hibernate.cache.EhCacheProvider</property>

表示使用 Ehcache 实现二级缓存。Ehcache 是一个开源、基于标准、用来提高性能、降低数据库压力并简化可伸缩性的缓存库。它可以支持千兆级别的缓存，从处理中的单个或多个节点扩充到处理中/非处理中混合配置。当应用系统需要连贯的分布式缓存时，Ehcache 使用开源的 Terracotta 服务阵列。Ehcache 特性有快速和轻量级、可伸缩、灵活、基于标准、可扩展、应用持久化、分布式缓存、开源。

3. cache 属性配置

在 src 目录下建立 ehcache.xml，文件内容如下：

```
<?xml version="1.0" encoding="UTF-8" ?>
<ehcache>
    <diskStore path="java.io.tmpdir" />
    <defaultCache maxElementsInMemory="10000"
        eternal="false"
        timeToIdleSeconds="120"
        timeToLiveSeconds="120"
        overflowToDisk="true"
        diskPersistent="false"
        diskExpiryThreadIntervalSeconds="120"
        memoryStoreEvictionPolicy="LRU" />
    <cache name="org.hibernate.cache.StandardQueryCache"
        maxElementsInMemory="10000"
        eternal="false"
        timeToIdleSeconds="1800"
        timeToLiveSeconds="0"
        overflowToDisk="true" />
    <cache name="org.hibernate.cache.UpdateTimestampsCache"
        maxElementsInMemory="5000"
        eternal="true"
        timeToIdleSeconds="1800"
        timeToLiveSeconds="0"
        overflowToDisk="true" />
</ehcache>
```

为需要二级缓存管理的对象设置标识列(*.hbm.xml)，在映射文件中加入下列代码：

```
<!--表示 Customer 需要受到缓存管理，usage 采用的策略-->
<cache usage="read-write"/>
```

1）缓存策略

read only：如果只需读取一个持久化类的实例，而无需对其修改，那么就可以对其进行只读缓存。这是最简单，也是实用性最好的方法。

Read-write：如果应用程序需要更新数据，那么使用读/写缓存比较合适。不能用在“序列化事务”的隔离级别。

Nonstrict-read-write：偶尔需要更新数据（也就是说，两个事务同时更新同一记录的情况很不常见），也不需要十分严格的事务隔离，那么比较适合使用非严格读/写缓存策略，比如论坛中的访问次数。

transactional：Hibernate 的事务缓存策略提供了全事务的缓存支持。

2）使用统计信息

打开统计信息，在 Hibernate 配置文件中加入下列属性表示打开统计信息

<generate-statistics>true</generate-statistics>

```
SessionFactory sessionFactory;
Statistics sts=sessionFactory.getStatistics();
System.out.println(sts.getSecondLevelCacheHitCount());//命中数
System.out.println(sts.getSecondLevelCachePutCount());//存入数
System.out.println(sts.getSecondLevelCacheMissCount());//未找到数
```

以下情况适合使用二级缓存：

➢很少被修改的数据。

➢不是很重要的数据，允许出现偶尔并发的数据 。

➢不会被并发访问的数据。

➢参考数据。通常是指应用程序中的常量数据，它的实例数量有限，并且会被许多其他类的实例引用，这个实例本身极少或者从来不会被修改。

6.3.6 Hibernate 事务管理

事务（Transaction）是数据库工作中的基本逻辑单位，可以用于确保数据库能够被正确修改，避免数据只修改了一部分而导致数据不完整，或者在修改时受到用户干扰。作为一名软件设计师，必须了解事务并合理利用，以确保数据库保存正确、完整的数据。数据库向用户提供保存当前程序状态的方法叫事务提交（commit）；当事务执行过程中，使数据库忽略当前的状态并回到之前保存状态的方法叫事务回滚（rollback）。

1. 事务的特性

事务具备原子性（Atomicity）、一致性（Consistency）、隔离性（Isolation）和持久性（Durability）4 个属性，简称 ACID。下面对这 4 个特性分别进行说明。

➢原子性：将事务中所做的操作捆绑成一个原子单元，即对事务所进行的数据修改等操

作，要么全部执行，要么全部不执行。

➢一致性：事务在完成时，必须使所有的数据都保持一致状态，而且在相关数据中，所有规则都必须应用于事务的修改，以保持所有数据的完整性。事务结束时，所有的内部数据结构都应该是正确的。

➢隔离性：由并发事务所做的修改必须与任何其他事务所做的修改相隔离。事务查看数据时数据所处的状态，要么是被另一并发事务修改之前的状态，要么是被另一并发事务修改之后的状态，即事务不会查看由另一个并发事务正在修改的数据。这种隔离方式也叫可串行性。

➢持久性：事务完成之后，它对系统的影响是永久的，即使出现系统故障也是如此。

2. 事务隔离

事务隔离意味着对于某一个正在运行的事务来说，好像系统中只有这一个事务，其他并发的事务都不存在一样。在大部分情况下，很少使用完全隔离的事务，但不完全隔离的事务会带来一些问题。

1）事务隔离问题

➢更新丢失（Lost Update）：两个事务都企图去更新一行数据，导致事务抛出异常退出，两个事务的更新都白费了。

➢脏数据（Dirty Read）：如果第二个应用程序使用了第一个应用程序修改过的数据，而这个数据处于未提交状态，这时就会发生脏读。第一个应用程序随后可能会请求回滚被修改的数据，从而导致第二个应用程序使用的数据被损坏，即所谓的“变脏”。

➢不可重读（Unrepeatable Read）：一个事务两次读同一行数据，可是这两次读到的数据不一样，就叫不可重读。如果一个事务在提交数据之前，另一个事务可以修改和删除这些数据，就会发生不可重读。

➢幻读（Phantom Read）：一个事务执行了两次查询，发现第二次查询结果比第一次查询结果多出了一行，这可能是因为另一个事务在这两次查询之间插入了新行。针对由事务的不完全隔离所引起的上述问题，提出了一些隔离级别，用来防范这些问题。

2）事务隔离级别

➢读操作未提交（Read Uncommitted）：一个事务在提交前，其变化对于其他事务来说是可见的。这样脏读、不可重读和幻读都是允许的。当一个事务已经写入一行数据但未提交，其他事务都不能再写入此行数据；但是，任何事务都可以读任何数据。这个隔离级别使用排写锁实现。

➢读操作已提交（Read Committed）：读取未提交的数据是不允许的，它使用临时的共读锁和排写锁实现。这种隔离级别不允许脏读，但不可重读和幻读是允许的。

➢可重读（Repeatable Read）：说明事务保证能够再次读取相同的数据而不会失败。此隔离级别不允许脏读和不可重读，但幻读是允许的。

➢可串行化（Serializable）：提供最严格的事务隔离。这个隔离级别不允许事务并行执行，只允许串行执行。这样，脏读、不可重读或幻读都可发生。

事务隔离与隔离级别如表 6-4 所示。

表 6-4 事务隔离与隔离级别的关系

隔离级别	脏读（Dirty Read）	不可重读（Unrepeatable read）	幻读（Phantom Read）
读操作未提交（Read Uncommitted）	可能	可能	可能
读操作已提交（Read Committed）	不可能	可能	可能
可重读（Repeatable Read）	不可能	不可能	可能
可串行化（Serializable）	不可能	不可能	不可能

在一个实际应用中，开发者经常不能确定使用什么样的隔离级别。太严厉的级别将降低并发事务的性能，但是不足够的隔离级别又会产生一些小的 Bug，而这些 Bug 只会在系统重负荷（也就是并发严重时）的情况下才会出现。

一般来说，读操作未提交（Read Uncommitted）是很危险的。一个事务的回滚或失败都会影响到另一个并行的事务，或者说在内存中留下和数据库中不一致的数据。这些数据可能会被另一个事务读取并提交到数据库中。这是完全不允许的。

另外，大部分程序并不需要可串行化隔离（Serializable Isolation）。虽然，它不允许幻读，但一般来说，幻读并不是一个大问题。可串行化隔离需要很大的系统开支，很少有人在实际开发中使用这种事务隔离模式。

现在留下来的可选的隔离级别是读操作已提交（Read Committed）和可重读（Repeatable Read）。Hibernate 可以很好地支持可重读（Repeatable Read）隔离级别。

（1）在 Hibernate 配置文件中设置隔离级别。

JDBC 连接数据库使用的是默认隔离级别，即读操作已提交（Read Committed）和可重读（Repeatable Read）。在 Hibernate 的配置文件 hibernate.properties 中，可以修改隔离级别：

```
#hibernate.connection.isolation 4
```

在上一行代码中，Hibernate 事务的隔离级别是 4，这是什么意思呢？级别的数字意义如下。

1：读操作未提交（Read Uncommitted）；

2：读操作已提交（Read Committed）；

4：可重读（Repeatable Read）；

8：可串行化（Serializable）；

因此，数字 4 表示“可重读”隔离级别。如果要使以上语句有效，应把此语句行前的注释符“#”去掉：

```
hibernate.connection.isolation 4
```

也可以在配置文件 hibernate.cfg.xml 中加入以下代码：

```
<session-factory>
    //把隔离级别设置为 4
    <property name=" hibernate.connection.isolation">4</property>
    ……
</session-factory>
```

在开始一个事务之前，Hibernate 从配置文件中获得隔离级别的值。

（2）在 Hibernate 中使用 JDBC 事务。

Hibernate 对 JDBC 进行了轻量级的封装，它本身在设计时并不具备事务处理功能。Hibernate将底层的 JDBC Transaction 或 JTAT ransaction 进行了封装，再在外面套上 Transaction 和 Session 的外壳，其实是通过委托底层的 JDBC 或 JTA 来实现事务的处理功能。

要在 Hibernate 中使用事务，可以在它的配置文件中指定使用 JDBC Transaction 或者 JTA Transaction。在 hibernate.properties 中，查找“transaction.factory_class”关键字，得到以下配置：

```
#hibernate.transaction.factory_class
org.hibernate.transaction.JTATransactionFactory
#hibernate.transaction.factory_class
org.hibernate.transaction.JDBCTransactionFactory
```

Hibernate 的事务工厂类可以设置成 JDBCTransactionFactory 或者 JTATransactionFactory。如果不进行配置，Hibernate 就会认为系统使用的事务是 JDBC 事务。

在 JDBC 的提交模式（commit mode）中，如果数据库连接是自动提交模式（auto commit mode），那么在每一条 SQL 语句执行后事务都将被提交，提交后如果还有任务，那么一个新的事务又开始了。

Hibernate 在 Session 控制下，在取得数据库连接后，就立刻取消自动提交模式，即 Hibernate 在一个执行 Session 的 beginTransaction()方法后，就自动调用 JDBC 层的 setAutoCommit(false)。如果想自己提供数据库连接并使用自已的 SQL 语句，为了实现事务，那么一开始就要把自动提交关掉 setAutoCommit(false)，并在事务结束时提交事务。

使用 JDBC 事务是进行事务管理最简单的实现方式，Hibernate 对于 JDBC 事务的封装也很简单。下面是一个在 Hibernate 中使用 JDBC 事务的例子：

```
//通过 SessionFactory 得到 Session 对象
Session session = HibernateHelper.getSessionFactory().openSession();
try {
    //开启事务
    session.beginTransaction();
    //执行具体的更新操作
    callback.execute(session);
    //提交事务
    session.getTransaction().commit();
} catch (Exception e) {
    e.printStackTrace();
    //遇到异常则事务回滚
    session.getTransaction().rollback();
} finally {
    //关闭 session
    if (session != null)
        session.close();
}
```

6.4 数据组件开发工作任务

公共信息服务平台科技成果转化模块主要包括以下功能。

➢添加科技成果转化：用于添加科技成果转化信息。

➢修改科技成果转化：用于修改科技成果转化信息。

➢查看科技成果转化列表：用于查看科技成果转化列表信息。

➢删除科技成果转化：删除科技成果转化信息。

➢查看科技成果转化：用于查看科技成果转化详细信息。

➢审核科技成果转化：用于对已申请科技成果转化进行审核管理。

6.4.1 Jsp+Hibernate 来实现

根据前面的页面设计章节，添加科技成果转化信息的具体页面效果可以参考前面界面设计章节。

在前面我们已经完成相关的域模型及 ORM 映射文件，我们现在对科技成果转化信息抽取出数据组件，包括：

```
import com.lenovo.domain.QueryResult;
import com.lenovo.domain.TechTranProjects;
import java.io.Serializable;
import java.util.LinkedHashMap;
public interface PateTechManageDao {
    /**
     * 保存科技成果转化信息
     * @param p 要保存的科技成果信息
     */
    void saveTechTranProjects(TechTranProjects p);
    /**
     * 修改科技成果转化信息
     * @param p 修改后的科技成果信息
     */
    void updateTechTranProjects(TechTranProjects p);
    /**
     * 根据 id 查询到相应的科技成果转化信息
     * @param id 科技成果转化信息 id，查询 OID
     * @return 查询到的科技成果转化信息
     */
    TechTranProjects getTechTranProjectsById(Serializable id);
    /**
     * 根据 id 删除相应的科技成果转化信息
     * @param id 要删除的 TechTranProjectsBy id
     */
    void removeTechTranProjectsById(Serializable id);
    /**
     * 分页查询 TechTranProjects 信息
     * @param firstindex 开始索引
```

```
     * @param maxresult 每页显示条数
     * @param condition 查询条件，key 为属性，value 为属性值，即条件值。
     * @return 分页结果对象
     */
    QueryResult<TechTranProjects> getScrollData(int firstindex,
            int maxresult, LinkedHashMap<String, Object> condition);
}
```

编写数据 DAO 实现类 PateTechManageDaoImpl：

```
import java.io.Serializable;
import java.util.LinkedHashMap;
import org.hibernate.Query;
import org.hibernate.Session;
import com.lenovo.dao.PateTechManageDao;
import com.lenovo.domain.QueryResult;
import com.lenovo.domain.TechTranProjects;
import com.lenovo.util.HibernateHelper;

public class PateTechManageDaoImpl implements PateTechManageDao {
   @Override
   public void saveTechTranProjects(final TechTranProjects p) {
      this.executeUpdate(new Callback() {
         @Override
         public void execute(Session session) {
            session.save(p);
         }
      });
   }

   @Override
   public void updateTechTranProjects(final TechTranProjects p) {
      this.executeUpdate(new Callback() {
         @Override
         public void execute(Session session) {
            session.save(p);
         }
      });
   }

   @Override
   public TechTranProjects getTechTranProjectsById(final id) {
      final TechTranProjects[] projects = new TechTranProjects[] { null };
      this.executeQuery(new Callback() {
         @Override
         public void execute(Session session) {
            projects[0] = (TechTranProjects)
                              session.get(TechTranProjects.class, id);
         }
      });
      return projects[0];
   }

   @Override
   public void removeTechTranProjectsById(final id) {
      this.executeUpdate(new Callback() {
         @Override
```

```
            public void execute(Session session) {
                session.delete(session.get(TechTranProjects.class, id));
            }
        });
    }

    @Override
    public QueryResult<TechTranProjects> getScrollData(int firstindex,
            int maxresult, LinkedHashMap<String, Object> condition) {
        final QueryResult<TechTranProjects> queryResult =
                                new QueryResult<TechTranProjects>();
        this.executeQuery(new Callback() {
            @Override
            public void execute(Session session) {
                StringBuilder hql =
                    new StringBuilder("from TechTranProjects project");
                StringBuilder countHql = new StringBuilder(
                    "select count(1) from TechTranProjects project");
                if (condition != null) {
                    hql.append(" where ");
                    countHql.append(" where ");
                    for (String key : condition.keySet()) {
                        hql.append("project.").append(key).append('=')
                            .append(":").append(key)
                            .append(" and ");countHql.append("project.")
                            .append(key).append('=').append(":")
                            .append(key).append(" and ");
                    }
                    hql.delete(hql.lastIndexOf(" and "), hql.length());
                    countHql.delete(countHql.lastIndexOf(" and "),
                            countHql.length());
                }
                Query query = session.createQuery(hql.toString());
                Query countQuery =
                        session.createQuery(countHql.toString());
                if (condition != null) {
                    for (String key : condition.keySet()) {
                        query.setParameter(key, condition.get(key));
                        countQuery.setParameter(key, condition.get(key));
                    }
                }
                query.setFirstResult(firstindex)
                        .setMaxResults(maxresult);
                queryResult.setCount((Long) countQuery.uniqueResult());
            }
        });
        return queryResult;
    }

    /**
     * 定义一个回调方法接口，用于定义执行所需操作
     *
     */
    private interface Callback {
        /**
         * 具体的操作
         */
```

```
        void execute(Session session);
    }

    /**
     * 由于查询操作步骤都一致，做一个初步的封装，只需完成回调方法中的具体业务即可
     */
    private void executeQuery(Callback callback) {
        // 通过 SessionFactory 得到 Session 对象
        Session session =
            HibernateHelper.getSessionFactory().openSession();
        // 执行具体的业务方法
        callback.execute(session);
        // 关闭 session
        session.close();
    }

    /**
     * 由于更新操作步骤都一致，做一个初步的封装，只需完成回调方法中的具体业务
     */
    private void executeUpdate(Callback callback) {
        // 1.通过 SessionFactory 得到 Session 对象
        Session session =
                HibernateHelper.getSessionFactory().openSession();
        try {
            // 2.开启事务
            session.beginTransaction();
            // 3.执行具体的更新操作
            callback.execute(session);
            // 4.提交事务
            session.getTransaction().commit();
        } catch (Exception e) {
            e.printStackTrace();
            // 遇到异常则事务回滚
            session.getTransaction().rollback();
        } finally {
            // 5.关闭 session
            if (session != null)
                session.close();
            }
        }
    }
}
```

接下来完成科技成果转化审核相关操作，包括提交审核，查看审核结果，修改审核状态，我们抽取出我们的审核状态信息域模型 DeclStateInfo。

```
public class DeclStatInfo implements java.io.Serializable {
    //状态信息编号
    private Integer statusId;
    //科技成果转化信息，多对一
    private TechTranProjects techTranProjects;
    //企业信息
    private Enterprises enterprises;
    //申报类型
    private String declType;
    //申报状态
```

```
    private String declSubmStatus;   //未提交/已提交
    //申报时间
    private Timestamp declSubmTime;
    //审核状态
    private String declAudiStatus;   //未审核/已审核
    //审核时间
    private Timestamp declAudiTime;
    //审核意见
    private String declAudiSuggest;
    //审核意见修改时间
    private Timestamp declSuggModiTime;
    //审核结果
    private String declAudiResult;
    //资料填写时间
    private Timestamp declDataSubmTime;
    //资料修改时间
    private Timestamp declDataModTime;
    //setter/getter 方法省略
}
```

DeclStateInfo.hbm.xml 参照 ORM 章节对应属性，其中审核状态信息与科技成果转化信息为多对一的关系：

```
<many-to-one name="techTranProjects" class="TechTranProjects" fetch="select"
        cascade="all" unique="true" lazy="false">
```

审核状态信息与企业信息也为多对一的关系：

```
<many-to-one name="enterprises" class="Enterprises" fetch="select">
```

其中，fetch= “select”是在查询的时候先查询出一端的实体，然后再根据一端的查询出多端的实体，会产生(1+n)条 SQL 语句。

审核状态信息 DAO 组件接口。

```
public interface DeclStatInfoDao {
    /**保存 DeclStatInfo
     * @param declStatInfo
     */
    public void save(DeclStatInfo declStatInfo);

    /**删除 DeclStatInfo
     * @param statusId
     */
    public void delete(Integer statusId);

    /**更新 DeclStatInfo
     * @param declStatInfo
     */
    public void update(DeclStatInfo declStatInfo);

    /**通过 ID 查找 DeclStatInfo
     * @param statusId
     * @return
     */
    public DeclStatInfo findById(Integer statusId);
    /**通过条件查找 DeclStatInfo，如果查询条件为 null，则查找所有
     * @param properties_values 存储着查询条件的 Map
     * @return
```

```
    */
    public List<DeclStatInfo> findByProperties(Map<String, Object>
        properties_values);

    /**通过条件查找 DeclStatInfo
     * @param properties_values 存储着查询条件的 Map
     * @param start
     * @param length
     * @return
     */
    public List<DeclStatInfo> findByProperties(Map<String, Object>
        properties_values, Integer start, Integer length);

    //根据申报表查找申报状态信息表
    public DeclStatInfo findByFundDeclare(FundDeclare fundDeclare);

    /**根据 queryProjName、queryUserName 模糊查询 VentProjects
     * @param queryProjName
     * @param queryUserName
     * @param userId
     * @param start
     * @param length
     * @return
     */
    public List<DeclStatInfo> findLike4AppAudit(String queryProjName,
        Integer queryDeclSubmStatus, String startTime, String endTime,
        Integer start, Integer length);
}
```

编写数据 DAO 实现参考教材项目资料中附录审核状态 Dao 实现。

QueryResult 类用于封装分页结果对象、分页查询结果及总记录条数。

```
import java.util.List;
/**
 * 分页结果对象
 * @author hwadee
 *
 * @param <T> 支持任意对象
 */
public class QueryResult<T> {
    //总记录条数
    private long count;
    //分页结果集
    private List<T> results;
    public long getCount() {
        return count;
    }
    public void setCount(long count) {
        this.count = count;
    }
    public List<T> getResults() {
        return results;
    }
    public void setResults(List<T> results) {
        this.results = results;
    }
}
```

6.4.2 使用 Junit 进行单元测试

在完成了针对科技成果转化信息相关操作的数据组件后，接下来我们就要验证程序功能是否正确，每编写完一个方法之后，都应该对这个方法进行测试，这样的测试称为单元测试，现在介绍一下在应用中使用 JUnit4 进行单元测试的方法。

在工程下面创建一个名为 test 的 Source Folder，这个源程序文件夹和 src 文件夹的阶级是相等的。这样发布应用的时候可以不用打包发布我们的测试文件。首先我们应该导入 JUnit 测试框架 jar 文件，也可以利用 Eclipse 生成 JUnit 测试框架，如图 6-5，图 6-6，图 6-7 所示。

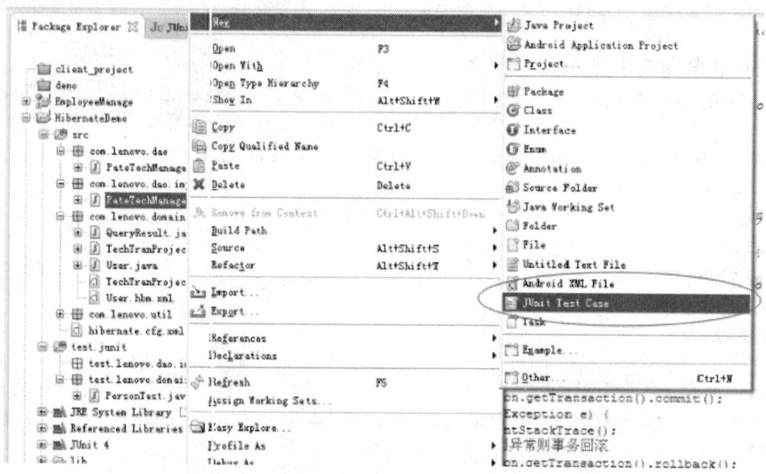

图 6-5 创建 JUnit

图 6-6 JUnit 设置

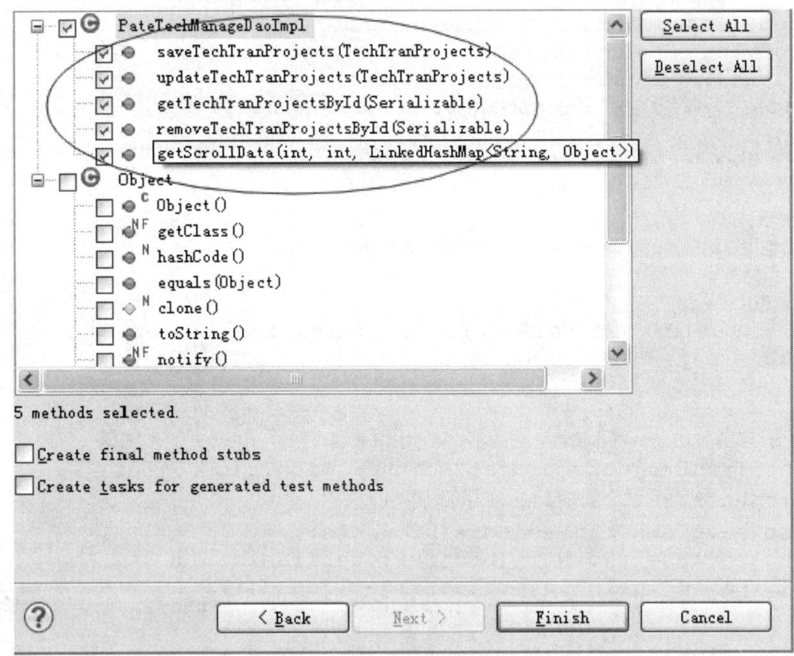

图 6-7　选择需要测试的类

在 JUnit 4 中测试类无须继承于 TestCase 类，测试方法的名字也无须以 test 开头，主要以注解的方式来定义，只要在测试方法加上@Test 就可以进行测试，方法修饰符必须设为 public，返回类型必须为 void，方法体没有参数。

各个注解作用：

➢@Test：定义一个测试方法的标志。

➢@Test(timeout=1000)：设置超时时间，如果测试时间超过了你定义的 timeout，测试失败。

➢@Test(expected)：声明出会发生的异常，比如@Test(expected=Exception.class)。

➢@Before：跟 junit3.8 上的 setUp()方法同样的效果，方法名最好和 setUp()一样，但不强求，在每一个测试方法之前被执行。

➢@After：跟 JUnit3.8 上的 tearDown()方法同样的效果，方法名最好和 tearDown()一样，但不强求，在每一个测试方法之后被执行。

➢@BeforeClass：被该注解声明的方法，功能是在所有的测试方法之前执行，只执行一次。

➢@AfterClass:被该注解声明的方法，功能是在所有的测试方法之后执行，只执行一次。

➢@Ignore:让测试方法或测试类不被执行，让其失去测试的功能。

接下来我们编写我们的测试类：

```
import java.util.LinkedHashMap;
import org.junit.After;
import org.junit.Assert;
import org.junit.Before;
import org.junit.BeforeClass;
import org.junit.Test;
import com.lenovo.dao.PateTechManageDao;
```

```
import com.lenovo.domain.QueryResult;
import com.lenovo.domain.TechTranProjects;
public class PateTechManageDaoImplTest {
    private static PateTechManageDao dao = null;
    @Before
    public void setUp() throws Exception {
    }
    @After
    public void tearDown() throws Exception {
    }
    @BeforeClass
    public static void setBeforeClass() throws Exception {
        dao = new PateTechManageDaoImpl();
    }
    @Test
    public void saveTechTranProjects() {
        TechTranProjects projects = new TechTranProjects();
        projects.setTranName("乐商店");
        dao.saveTechTranProjects(projects);
        Assert.assertNotNull(projects.getTranId());
        System.out.println(projects.getTranId());
    }
    @Test
    public void updateTechTranProjects() {
        TechTranProjects projects = dao.getTechTranProjectsById(1);
        projects.setTranIntro("lenovo 乐商店");
        dao.updateTechTranProjects(projects);
        Assert.assertEquals("lenovo 乐商店",
            dao.getTechTranProjectsById(1).getTranIntro());
    }
    @Test
    public void testGetTechTranProjectsById() {
        TechTranProjects projects = dao.getTechTranProjectsById(1);
        Assert.assertNotNull(projects);
        Assert.assertEquals("lenovo 乐商店", projects.getTranIntro());
    }
    @Test
    public void testRemoveTechTranProjectsById() {
        dao.removeTechTranProjectsById(1);
        Assert.assertNull(dao.getTechTranProjectsById(1));
    }
    @Test
    public void testGetScrollData() {
        LinkedHashMap<String, Object> condition = new
        LinkedHashMap<String, Object>();
        condition.put("tranName", "乐商店");
        QueryResult<TechTranProjects> result =
                dao.getScrollData(0, 10, condition);
        System.out.println(result.getCount());
        for(TechTranProjects projects : result.getResults())
            System.out.println(projects.getTranName());
        }
    }
}
```

首选运行 saveTechTranProjects 方法，表示测试通过，测试结果如图 6-8 所示。

Runs: 1/1 Errors: 0 Failures: 0

图 6-8　测试结果

控制台打印：

```
Hibernate: insert into TechTranProjects (tranName , tranOwnRighNum ,
tranTrade , tranOwner , tranOwnTel , tranTagPrice , tranTech , tranFirm ,
tranOwnRighType,tranRighType,tranPateStatus,tranPateType, tranPateDate,
tranAuthDate,tranIntro, tranOtheIntro, tranAttachments,tranType) values
(?, ?, ?, ?, ?, ?, ?, ?, ?, ?, ?, ?, ?, ?, ?, ?, ?, ?)
1
```

控制台中输出的 1 是自动生成的 OID，表示数据已经成功插入到数据库中。Assert.assertNotNull(projects.getTranId())表示一些测试条件，Assert 类提供一系列断言方法，这里表示科技成果转化信息的 id 不为空，因为 OID 由数据库自动生成，我们并不能给其赋值，如果没有插入到数据库，此处断言将不会通过。在这里我们也看到，当数据插件到数据库之后，session 直接从一级缓存中得到了该 project，并没有再次从数据库中查询。

6.4.3 Hibernate 的查询和检索策略

1. Hibernate 查询机制

数据查询与检索是 Hibernate 中的一个亮点。相对其他 ORM 实现而言，Hibernate 提供了灵活多样的查询机制。

1）HQL

HQL 是完全面向对象的查询语句，它引用类名及类的属性名，而不是表名和字段名，查询功能非常强大，具备继承、多态和关联等特性。Hibernate 官方推荐使用 HQL 进行查询。通过 HQL 检索一个类的实例时，如果查询语句的其他地方需要引用它，应该为这个类指定一个别名。如 from TechTranProjects as project 中 project 表示别名，as 可以省略，TechTranProjects 表示类名而不是表名。

```
Query query = session.createQuery("from TechTranProjects  c " +
                    " where c.tranName = :name");
query.setString("name", "乐商店");
List list = query.list();
```

2）标准化对象查询

标准化对象查询（Criteria Query）以对象的方式进行查询，将查询语句封装为对象操作。优点：可读性好，符合 Java 程序员的编码习惯。缺点：不够成熟，不支持投影（projection）或统计函数（aggregation）。主要由 Criteria、Criterion 接口和 Expression 类组成，它支持在运行时动态生成查询语句，设定查询条件如表 6-5 所示。

```
//创建一个 Criteria 对象
Criteria criteria = session.createCriteria(TechTranProjects.class);
//设定查询条件，每个 Criterion 实例代表一个查询条件
Criterion c1 = Expression.like("tranName", "乐%");
```

```
Criterion c2 = Expression.eq("tranTrade", "IT");
criteria.add(c1);
criteria.add(c2);
List list = criteria.list();
```

表 6-5　设定查询条件

短　语	含　义
Expression.eq	等于=
Expression.allEq	使用 Map，使用 key/value 进行多个等于的判断
Expression.gt	大于>
Expression.ge	大于等于>=
Expression.lt	小于<
Expression.le	小于等于<=
Expression.between	对应 SQL 的 between 子句
Expression.like	对应 SQL 的 like 子句
Expression.in	对应 SQL 的 in 子句
Expression.and	and 关系
Expression.or	or 关系
Expression.sqlRestriction	SQL 限定查询
Expression.asc()	根据传入的字段进行升序排序
Expression.desc()	根据传入的字段进行降序排序

2）原生 SQL 查询

Native SQL Queries（原生 SQL 查询）直接使用数据库提供的 SQL 方言进行查询。

```
SQLQuery sqlquery = session.createSQLQuery("select {c.*} from " +
  "TechTranProjects c where c.tranName like :name and c.tranTrade=:trade");
// 动态绑定参数
sqlquery.setString("name", "乐%");
sqlquery.setString("trade", "IT");
// c 是数据表的别名，例如代码中{c.*}表示使用 c 来作为 TechTranProjects 表的别名。
// 下面代码是把 SQL 查询返回的关系数据映射为对象
sqlquery.addEntity("c", TechTranProjects.class);
// 执行 sql select 语句，返回查询结果。
List list = sqlquery.list();
```

2. 对查询结果排序

1）HQL

```
Query query = session
      .createQuery("from TechTranProjects  c order by c.tranName);
```

2）标准化对象查询

```
Criteria criteria = session.createCriteria(TechTranProjects.class);
criteria.addOrder(org.hibernate.criterion.Order.asc("tranName"));
```

3. Hibernate 检索应用

1）分页查询

分页是一项很常用的技术，用户在页面查看信息（如 TechTranProjects 表）时，为了美观和查询性能起见，不适合在一个页面中把所有的数据都显示完毕。如果有 95 个 Tech Tran Projects，每页显示 10 个，则一共需要 10 页，第 10 页只显示 5 个 Tech Tran Projects 的数据，然后提供页码的导航作为超链接，用户可以方便地跳到任一页浏览数据。

在 Query 接口中提供了分页查询的方法。

➢setFirstResult(int first Index)：在结果集中从第几条记录开始取数据。firstIndex 的起始位置为 0，默认情况下，HQL 是从第 0 条记录开始取数据。

➢setMaxResults(int num):表示最大取多少条记录，即一页中最多容纳多少条记录。以下代码从 index 为 3 的记录（实际上是第 4 条记录）开始取数据，每页最多容纳 10 条记录。并以 List 集合的方式返回。

（1）HQL 方式：

```
Query query = session
       .createQuery("from TechTranProjects c order by c.tranName");
query.setFirstResult(2);
query.setMaxResults(3);
List list = query.list();
```

（2）QBC 方式：

```
Criteria criteria = session.createCriteria(TechTranProjects.class);
criteria.addOrder(org.hibernate.criterion.Order.asc("tranName"));
criteria.setFirstResult(2);
criteria.setMaxResults(3);
List list = criteria.list();
```

2）检索单个对象 uniqueResult()

（1）HQL 查询：

```
Query query = session
       .createQuery("from TechTranProjects c order by c.tranName");
query.setMaxResults(1);
query.uniqueResult();
```

（2）QBC 查询：

```
Criteria criteria = session.createCriteria(TechTranProjects.class);
criteria.addOrder(org.hibernate.criterion.Order.asc("tranName"));
criteria.setMaxResults(1);
criteria.uniqueResult();
```

3）绑定参数的形式检索

（1）HQL 查询：

①按参数名字绑定。

```
Query query = session
       .createQuery("from TechTranProjects  c where c.tranName = :name");
//第一个参数代表名字，第二个参数代表值，即 name 代表参数名，"乐商店"表示值
query.setString("name",  "乐商店");
List list = query.list();
```

② 按参数位置绑定。

```
Query query = session
```

```
        .createQuery("from TechTranProjects  c where c.tranName = ?");
//第一个参数代表名字，第二个参数代表值，即 name 代表参数名，"乐商店"表示值
query.setString(1,  "乐商店");
List list = query.list();
```

③ 绑定特殊类型的参数。

```
setEntity()：把参数与一个持久化类的实例绑定
setProperties()：用于把命名参数与一个对象的属性值绑定
```

4）引用查询

代码中随处使用 HQL 的话，会造成系统的可维护性降低，为了解决这个问题，Hibernate 中可以把 HQL 在 xml 文件中配置，在</class>节点之后，加入：

```
<query name="queryByName">
   <![CDATA[
      from TechTranProjects  c where c.tranName = :name
   ]]>
</query>
```

调用者通过如下代码进行调试。

```
Query query = session.getNamedQuery("queryByName");
query.setParameter("name",  "乐商店");
Query.list();
```

5）连接查询

连接查询如表 6-6 所示。

表 6-6　连接查询语法

程序中指定的连接查询类型	HQL 语法	QBC 语法	适用范围
内连接	inner join | join	Criteria.createAlias()	适用于有关联关系的持久化类，并且在映射中对这种关联关系作了映射
迫切内连接	inner join fetch | join fetch	不支持	
隐式内连接		不支持	
左外连接	left outer join | left join	不支持	
迫切左外连接	left outer join fetch left join fetch	FetchMode.EAGER	
右外连接	right outer join | right join	不支持	
交叉连接	ClassA，ClassB	不支持	适用于不存在关联关系的持久化类

6）分组查询

```
Query query = session.createQuery("select c.tranName, count(c) "
                + " from TechTranProjects  c group by c.tranName");
List list=query.list();
```

6.4.4 javadoc 生成开发文档

JDK 包含一个很有用的工具叫做 javadoc，可以由源文件生成 HTML 文档，如果在源文件添加/**…*/注释，那么可以很容易地生成一个专业的参考文档，这种方式可以将代码和注

释保存在一个地方，在修改源代码的同时维护 javadoc，就可以轻而易举地保持两者的一致性。

javadoc 应用程序从 Java 源代码中的包、公有类、接口、公有的和受保护的方法、公有的和受保护的域中抽取 javadoc 注释。类注释必须放在 import 语句之后，类定义之前。方法注释必须放在所描述的方法之前。

每个/**…*/文档注释在自由格式文本内容之后紧跟着自由格式文本，标记以@开始，如@author 等。在自由格式文本中，可以使用 HTML 修饰符，如用于强调的<em>…</em>，用于设置等宽打字机的<code>…</code>，用于着重强调的<strong>…</strong>以及包含图像的<img…>等。但是，不要用<h1>或<hr>，因为他们与文档的格式产生冲突。

如果文档中有到其他文件的链接，如图像文件，则应该把这些文件放到子目录 doc-files 中，javadoc 将从源目录拷贝这些目录及其中的文件到文档目录中。

1. 常用标记

（1）@param variable description。

向当前方法的“param”部分添加一个条目，可以占据多行，并可以使用 HTML 标记，一个方法的所有@param 标记必须放在一起。

（2）@return description。

向当前方法添加“return”部分。可以占据多行，并可以使用 HTML 标记。

（3）@throws class description。

表示方法可以抛出异常。

方法注释如下：

```
/**
 * 分页查询 TechTranProjects 信息
 * @param firstindex 开始索引
 * @param maxresult 每页显示条数
 * @param condition 查询条件，key 为属性，value 为属性值，即条件值。
 * @return 分页结果对象
 */
QueryResult<TechTranProjects> getScrollData(int firstindex,
        int maxresult, LinkedHashMap<String, Object> condition);
```

域注释：只需要对公有域建立文档（通常指静态常量）。如：

```
/**
 * The "Hearts" card suit
 */
public static final int HEARTS=1;
```

2. 通用注释

1）用在类文档的注释

（1）@author name。

产生一个“author”条目，可以使用多个@author 标记，每个@author 标记对应一名作者。

（2）@version text。

产生一个“version”条目，这里的 text 可以是对当前版本的任意描述。

2）用于所有文档的注释

（1）@since text:text。

可以是引入特性的版本描述，如@since version 1.7.1。

（2）@deprecated text。

对类、方法或变量增加一个不再使用的注释，text 给出了取代的建议。如: @deprecated Use<code>setVisible(true)</code> instead。

通过使用@see 和@link 标记，可以使用超级链接，链接到 javadoc 文档的相关部分或外部文档。

（3）@see reference。

将在 see also 部分添加一个超级链接，可以用于类、方法中。

（4）@link 与@see 同理。

3. 包与概述注释

要想产生包注释，就需要在每一个包目录中添加一个 package.html 的文件。在标记<BODY>...</BODY>之间的所有文本都会被抽取出来。还可以为所有的源文件提供一个概述性的注释，这个注释被放置在一个名为 overview.html 的文件中，该文件为于所有包含源文件的父目录中。

（1）注释的抽取。

假设 html 文件将被存放在目录 docDirectory 下，执行以下步骤：

在源文件目录，执行下列命令：

Javadoc –d docDirectory nameOfPackage，nameOfPackage，…

如果在默认包中，就应该执行：

Javadoc –d docDirectory *.java

如果省略-d docDirecotry，则 html 文件提取到当前目录。

（2）Eclipse 文档注释生成方法。

项目→右键菜单“Export”→“Java”下“Javadoc”→“next”：如图 6-9，图 6-10 所示。

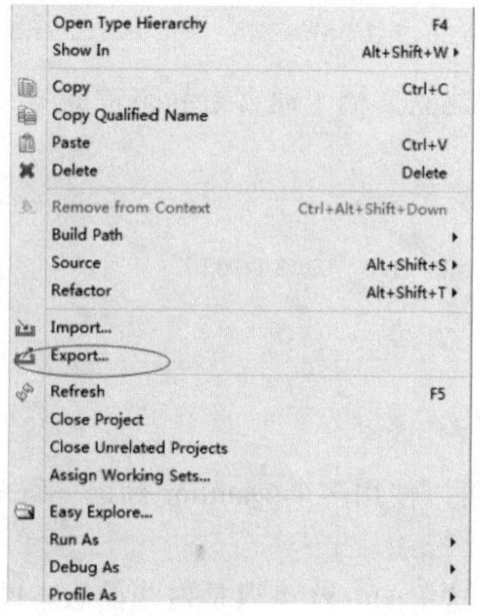

图 6-9 Export 操作界面

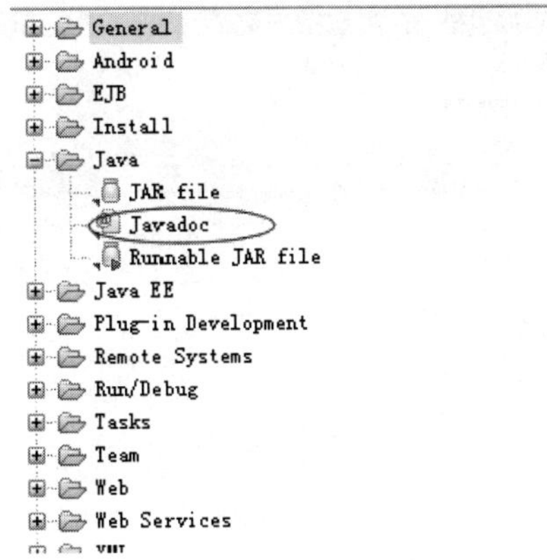

图 6-10　创建 Javadoc 文档

Javadoc command：指定被调用的 javadoc.exe 的位置。

use standard doclet：指定保存生成文件的目录，通常自定义一个文件夹作为存放目录，如图 6-11 所示，否则在当前目录下保存生成文件。

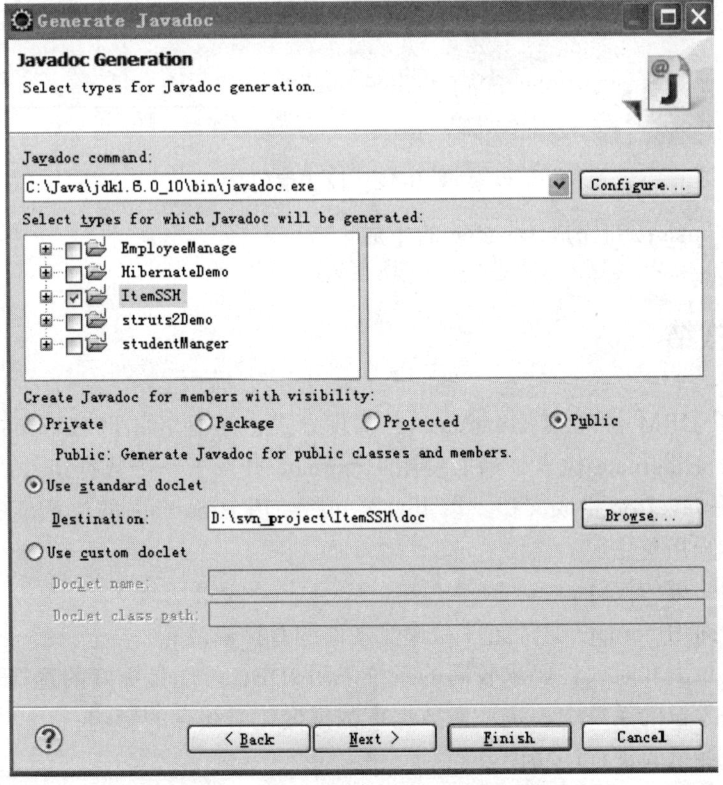

图 6-11　存放目录

使用默认值即可，点击“next”。

如果项目采用的是 UTF-8 编码，如图 6-12 所示，Extra Javadoc options 下需要输入设定参数：-encoding utf-8 -charset utf-8，否则生成的网页中文注释都是乱码。

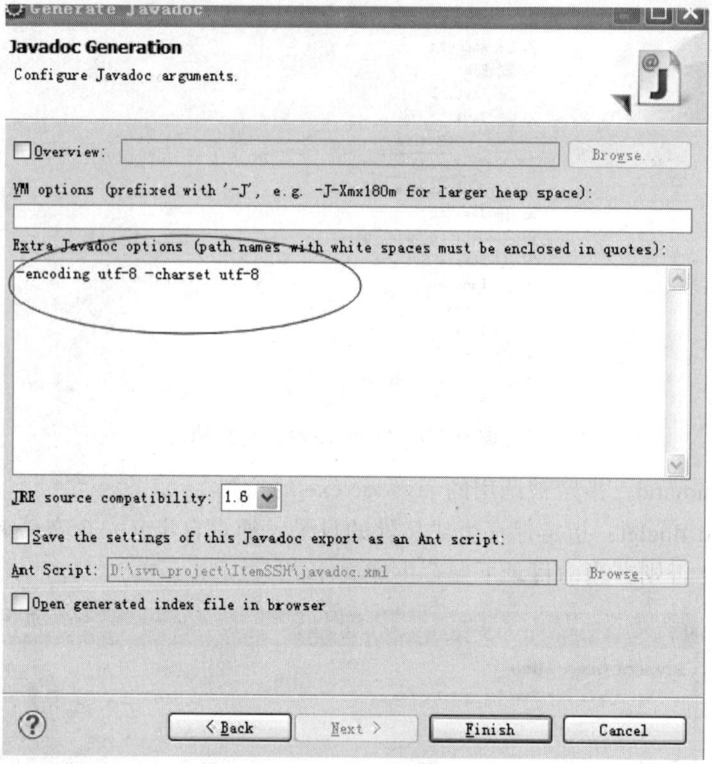

图 6-12 设置编码

最后点击 Finish 按钮完成 Javadoc 的生成。

6.5 归纳总结

本章讲解了 ORM 原理和 Hibernate 的实现方式，详细介绍了 Hibernate 的常用对象、Hibernate 缓存、Hibernate 检索，最后使用 Hibernate 开发了一个数据组件，使用 JUnit 实现单元测试，使用 JavaDoc 生成文档。以下总结一些使用 Hibernate 的注意事项：

- 表的设计采用单主键；
- 避免联合主键的设计；
- 尽量减少对 Hibernate 配置文件和映像文件的直接修改；
- 对于数据量大和时效性要求较高的系统采用 JDBC 可能是更好的选择；
- 在多数据入口的系统中一定注意数据库数据变化对缓存的影响；
- 使用单元测试验证程序功能。

6.6 拓展提高

有了对 Hibernate 的基本认识后，还需要不断深入学习研究 ORM 映射技术、检索策略和方式、数据库事务、并发、缓存与性能优化等知识。

学习并掌握 Open Session In View 模式。

6.7　练习与实训

1. 练习

（1）ORM 全称是什么？

（2）Hibernate 有哪些特点？

（3）实体对象有哪些状态，有何区别？

（4）实体间有哪些关系？

（5）Hibernate 有哪些事务类型？

（6）描述 Session 内部结构。

（7）save、update、save、saveOrUpdate 方法有何区别？

（8）get 和 load 有何区别？

（9）merge 和 update 有何区别？

（10）iterator 和 list 有何区别？

（11）Hibernate 有几种数据加载方式，有何区别？

2. 实训

完成网上政务大厅行政处罚系统中立案信息管理模块的数据组件开发。

第 7 章　开发业务组件

【学习目标】

➢理解 Spring 框架结构；

➢掌握 Spring IoC 容器；

➢掌握 Spring AOP 开发；

➢掌握 Spring 事务管理。

7.1 概　述

Spring 是一个轻量级的框架，它并不意味着它的类数量很少，或者发行包大小很小，实际上，它指的是 Spring 哲学原理的总称——那就是对应用系统最少的侵入性。Spring 是一个开源框架，是为了解决企业应用程序开发复杂性而创建的。它的主要优势之一就是其分层架构，分层架构允许您选择使用哪一个组件，同时为 JavaEE 应用程序开发提供集成的框架。

在这一章节中，我们需要重点理解 IOC 原则和 AOP 原理，掌握 Spring 框架的配置与开发，以及基于 Spring 的业务组件的开发流程。

7.2 任务分析

➢熟练配置 Spring Bean 及依赖关系。

➢掌握面向方面编程。

➢掌握 Spring 实现的事务管理。

➢熟练掌握业务组件的开发技术，实现公共信息服务平台中科技成果转化模块业务组件的开发。

学时：8 课时。

7.3 相关知识

Spring 中包含的关键特性：

➢采用控制反转（IoC）原则实现的对象关系管理，使得应用程序的构建更加快捷简易。

➢一个可用于从 applet 到 JavaEE 等不同运行环境的核心 Bean 工厂。

➢提供面向方面编程框架。

➢为数据库事务提供宣告式事务管理，简化应用程序的事务管理。

➢内建的针对 JTA 和单个 JDBC 数据源的一般化策略，使 Spring 的事务支持不再要求 JavaEE 环境，这与一般的 JTA 或者 EJB CMT 相反。

➢JDBC 抽象层提供了有针对性的异常等级（不再从 SQL 异常中提取原始代码），简化了错误处理，大大减少了程序员的编码量。

7.4　开发业务组件工作任务

7.4.1　依赖注入

实现对象关系的反转控制（IoC），就是由容器控制对象之间的关系，而非传统实现中，由程序代码直接创建对象。反转控制（IoC）通过依赖注入技术实现，即组件之间的依赖关系由容器在运行期决定，通俗来说，即由容器动态的将某种依赖关系注入到组件之中。

Spring 首先是一种轻量级的框架，能够管理 Bean 对象，支持声明式事务。Bean 所依赖的其它 Bean 实例在程序运行的时候动态注入，简化了编程模型，实现了面向接口编程，保持了组件之间松散耦合，便于实现单元测试。Spring 的容器基于 IoC 原则实现。

以常见的电子设备为例来阐述 IoC 原理，IoC 如图 7-1 所示。

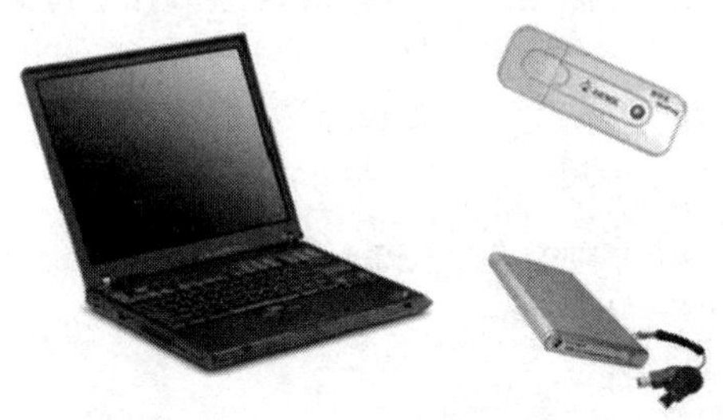

图 7-1　IoC（依赖注入）

图 7-1 中三个设备都有一个共同点，都支持 USB 接口。当我们需要将数据复制到外围存储设备时，可以根据情况，选择是保存在 U 盘还是 USB 硬盘，而这也正是所谓依赖注入的一个典型案例。

笔记本电脑与外围存储设备通过预先指定的一个接口（USB）相连，对于笔记本而言，只是将用户指定的数据发送到 USB 接口，而这些数据何去何从，则由当前接入的 USB 设备决定。在 USB 设备加载之前，笔记本不可能预料用户将在 USB 接口上接入何种设备，只有 USB 设备接入之后，这种设备之间的依赖关系才开始形成。

对应上面关于依赖注入机制的描述，在运行时（系统开机，USB 设备加载）由容器（运行在笔记本中的 Windows 操作系统）将依赖关系（笔记本依赖 USB 设备进行数据存取）注入到组件中（Windows 文件访问组件）。

IoC 有下面的优点：

➢Bean 所依赖的其他 bean 实例在程序运行的时候注入，简化编程。

➢面向接口编程，组件之间松散耦合。

➢轻量级的 JavaEE 解决方案，便于 JUnit 测试。

➢借助于配置文件能够完成对 Bean 的管理。

➢轻量级的 BeanFactory，在命令下都能启动（或实例化）一个容器。

1. 两种依赖注入方式

1）基于 Setter 注入

在实际开发中运用最广泛方法就是基于 Setter 方法为属性赋值。例如：

```
public class User{
    private String name;
    public String getName(){
        return name;
    }
    public void setName(String name){
        This.name = name;
    }
}
```

在上述代码中定义了一个字段属性 name，并且有 Getter()和 Setter()方法，其中 Setter()方法可以为字段属性赋值。

2）基于构造器注入

基于构造方法为属性赋值。容器通过调用类的构造方法，将其所有的依赖关系注入其中。例如：

```
public class User{
    private String name;
    public User(String name){         //构造器
        this.name = name;             //为属性赋值
    }
}
```

在上述代码中使用构造方法为属性赋值，它的好处就是在实例化类对象的同时就完成了属性的初始化。

7.4.2 XML 配置

Spring 利用 IoC 将对象所需要的属性自动注入，不需要编写程序代码来初始化对象的属性，使程序代码更加简洁、规范化，最主要的是它降低了对象之间的耦合度，Spring 开发的项目中的类不需要修改任何代码就可以应用到其他程序中。在 Spring 中可以在配置文件 applicationContext.xml 中使用<ref>元素引用其他的实例对象。例如：

```
public class PateTechCoopManageAction extends DefaultPageAction{
    //注入 PateTechCoopManageService 对象
    private  PateTechCoopManageService pateTechCoopManageService;
    public PateTechCoopManageService getPateTechCoopManageService() {
        return pateTechCoopManageService;
    }
    public void setPateTechCoopManageService(
            PateTechCoopManageService pateTechCoopManageService){
```

```
        this.pateTechCoopManageService = pateTechCoopManageService;
    }
}
```

在 Spring 的配置文件 applicationContext.xml 中设置对象的注入，关键代码如下：

```
<bean id="pateTechCoopManageBean" class=
"com.ttpip.action.technologyTransformation.PateTechCoopManageAction"
    scope="prototype">
   <property name="pateTechCoopManageService">
      <ref bean="pateTechCoopManageService"></ref>
   </property>
</bean>
```

在 web.xml 文件中配置自动加载 applicationContext.xml 文件，在容器启动时，Spring 的配置信息都将自动加载到程序中，所以在调用对象时不再需要实例化 BeanFactory 对象。关键代码如下：

```
<listener>
   <listener-class>
      org.springframework.web.context.ContextLoaderListener
   </listener-class>
</listener>
或者
<servlet>
   <servlet-name>context<servlet-name>
   <servlet-class>
      org.springframework.web.context.ContextLoaderServlet
   </servlet-class>
</servlet>
<context-param>
   <param-name>contextConfigLocation</param-name>
   <param-value>/WEB-INF/applicationContext.xml<param-value>
</context-param>
```

7.4.3　面向切面

AOP 是 Aspect Oriented Programming 的缩写，即面向切面编程（也叫面向方面编程），是一种可以通过预编译方式和运行期动态代理实现，在不修改源代码的情况下给程序动态、统一添加功能的技术。AOP 通常用于实现日志记录、性能统计、安全控制、事务处理、异常处理等等，它将日志记录、性能统计、安全控制、事务处理、异常处理等代码从业务逻辑代码中划分出来。

面向切面编程是目前软件开发中的一个热点，也是 Spring 框架中的一个重要内容。利用 AOP 可以对业务逻辑的各个部分进行隔离，从而使得业务逻辑各部分之间的耦合度降低，提高程序的可重用性，同时提高了开发的效率。

在 Spring 中提供了面向切面编程的丰富支持，允许通过分离应用的业务逻辑与系统级服务，例如审计（auditing）和事务（transaction）管理，进行内聚性的开发。应用对象只实现它们应该做的业务逻辑而已，它们并不负责其它的系统级关注点，例如日志或事务支持。

面向切面编程原理如图 7-2 所示。

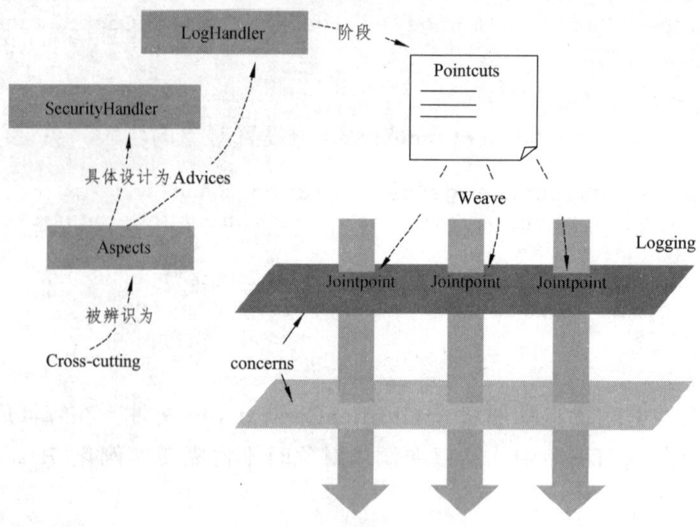

图 7-2　面向切面编程

JoinPoint：链接点，程序执行的某一个点，例如函数调用前、函数执行时、函数返回前、函数抛出异常时。

PointCut：切入点，也就是 JoinPoint 的集合，可以使用正则表达式静态匹配。

Advice：通知，通知定义了要在切入点上执行的代码片断。

Aspect：切面（或方面），切面则是这些基础元素的组合。

```
<?xml version="1.0" encoding="UTF-8"?>
<beans
   xmlns="http://www.springframework.org/schema/beans"
   xmlns:xsi="http://www.w3.org/2001/XMLSchema-instance"
   xmlns:aop="http://www.springframework.org/schema/aop"
   xsi:schemaLocation="http://www.springframework.org/schema/beans
     http://www.springframework.org/schema/beans/spring-beans-2.5.xsd
     http://www.springframework.org/schema/aop
     http://www.springframework.org/schema/aop/spring-aop-2.5.xsd">
   <aop:config>
      <aop:aspect id="myAop" ref="check">
         <aop:pointcut id="target" expression=
                  "execution(* com.spring.aop.Common.execute(..))"/>
         <aop:before method="checkValidity" pointcut-ref="target"/>
         <aop:after method="addLog" pointcut-ref="target"/>
      </aop:aspect>
   </aop:config>
</beans>
```

execution 表达式格式如下：

```
execution(modifiers-pattern? ret-type-pattern declaring-type-pattern?
            name-pattern(param-pattern) throws-pattern?)
```

modifiers-pattern：方法的操作权限；

ret-type-pattern：返回值；

declaring-type-pattern：方法所在的包；

name-pattern：方法名；

parm-pattern：参数名；

throws-pattern：异常。

其中，除 ret-type-pattern 和 name-pattern 之外，其他都是可选的。在上面的例子中，execution (*com.spring.service. *.* (··))表示在 com.spring.service 包下，返回值为任意类型，任意方法名，参数不作限制的所有方法。

下面通过一个简单的例子来说明，利用 Spring AOP 使日志输出与方法分离，让系统在调用目标方法之前执行日志输出。

对方法做日志输出是系统中常见的基本功能。传统的做法是把输出语句写在方法体的内部，在调用该方法时，用输出语句输出信息来记录方法的执行。现在将利用 Spring AOP 使日志输出与业务方法分离，让系统在调用目标方法之前执行日志输出。

首先创建一个类 Target，它是被代理的目标对象，其中有 execute()方法。现在使用 Spring AOP 技术实现在执行 execute()方法前输出日志。目标对象的代码如下：

```
public class Target{
    public void execute(String name){
        System.out.println("程序开始执行：" + name);
    }
}
```

通过拦截目标对象的 execute()方法，并且执行日志输出。创建通知的代码如下：

```
public class LoggerExe implements MethodInterceptor{
    public Object invoke(MethodInvocation invocation)
                    throws Throwable{
        beforeExe();     //执行前置通知
        invocation.proceed();
        return null;
    }
    private void beforeExe(){
        System.out.println("程序执行！");
    }
}
```

这里 invocation 为 MethodInvocation 类型，invocation.proceed()方法是执行目标对象的 execute()方法，beforeExe()方法将在 proceed()之前执行，用于输出提示信息。

若想使用 AOP 的功能必须创建代理。可以用如下代码创建代理：

```
public class Test{
    public static void main(String[] args){
        //创建目标对象
        Target target = new Target();
        //创建代理
        ProxyFactory pf = new ProxyFactory();
        pf.addAdvice(new LoggerExecute());
        pf.setTarget(target);
        Target pro = (Target)pf.getProxy();
        //代理执行 execute()方法
        pro.execute("AOP 的简单实现");
    }
}
```

7.4.4 数据操作

Spring 提供了两种使用 JDBC API 的最佳实践，一种是以 JdbcTemplate 为核心的基于 Template 的 JDBC 的使用方式，另一种则是在 JdbcTemplate 基础之上构建的基于 JDBC 操作对象的使用方式，代码如下：

```
DataSource ds = (DataSource) ctx.getBean("dataSource");
final JdbcTemplate jt=new JdbcTemplate(ds);
jt.update("insert into tuser values(1, ?, ?)",
        newPreparedStatementSetter() {
    public void setValues(PreparedStatement ps) throws SQLException {
        ps.setString(1, "lp");
        ps.setString(2, "lp");
    }
});
//查询功能:
final List users=new ArrayList();
jt.query("select * from tuser", new RowCallbackHandler() {
    public void processRow(ResultSet rs) throws SQLException {
        Tuser user=new Tuser();
        rs.getString("id");
        rs.getString("username");
        rs.getString("password");
        users.add(user);
    }
});
//事务功能:
PlatformTransactionManager tm =
                (PlatformTransactionManager)ctx.getBean("tm");
TransactionTemplate tt=new TransactionTemplate(tm);
tt.execute(new TransactionCallback() {
    public Object doInTransaction(TransactionStatus arg0) {
        jt.execute("insert into tuser values(3, '1234567890', '1')");
        jt.execute("insert into tuser values(4, '12345678902', '1')");
        return null;
    }
});
```

在 Spring 中配置数据源的方式有三种。

➢第一种：

```
<bean id="dmd"
   class="org.springframework.jdbc.datasource.DriverManagerDataSource">
    <property name="driverClassName">
        <value>oracle.jdbc.driver.OracleDriver</value>
    </property>
    <property name="url">
        <value>jdbc:oracle:thin:@202.117.21.131:1521:school</value>
    </property>
    <property name="username">
        <value>voater</value>
    </property>
    <property name="password">
        <value>voater</value>
    </property>
```

```
</bean>
```

➢第二种：

```
<bean id="dbcp" class="org.apache.commons.dbcp.BasicDataSource">
   <property name="driverClassName">
      <value>oracle.jdbc.driver.OracleDriver</value>
   </property>
   <property name="url">
      <value>jdbc:oracle:thin:@localhost:1521:hd</value>
   </property>
   <property name="username">
      <value>admin</value>
   </property>
   <property name="password">
      <value>admin</value>
   </property>
</bean>
```

➢第三种：

```
<bean id="jndi" class="org.springframework.jndi.JndiObjectFactoryBean">
   <property name="jndiName">
      <value>jdbc/oracle</value>
   </property>
</bean>
```

JDBC 示例程序：

```
package com.jdbc;
import java.sql.PreparedStatement;
import java.sql.ResultSet;
import java.sql.SQLException;
import java.util.ArrayList;
import org.springframework.jdbc.core.JdbcTemplate;
import org.springframework.jdbc.core.PreparedStatementSetter;
import org.springframework.jdbc.core.RowCallbackHandler;
import org.springframework.jdbc.core.RowMapper;
public class UserService {
   private JdbcTemplate template;
   public void setTemplate(JdbcTemplate template) {
      this.template = template;
   }
   public void save(Tuser user){//预处理
      template.update("insert into tuser values(1, ?, ?)",
               new PreparedStatementSetter() {
         public void setValues(PreparedStatement ps)
                     throws SQLException {
            ps.setString(1, "zhao");
            ps.setString(2, "123");
         }
      });
   }
   public void update(Tuser user) {
   }
   public void delete(Tuser user) {
   }
   public Tuser findById(int id){
```

```
        final Tuser user=new Tuser();
        template.query("select * from tuser where tuser_id=1",
                new RowCallbackHandler(){
                    public void processRow(ResultSet rs) throws SQLException {
                    user.setTuserId(rs.getLong("tuser_id"));
                    user.setUsername(rs.getString("username"));
                    user.setPwd(rs.getString("pwd"));
                }
        });
        return user;
    }
    public ArrayList findAll(){
        final ArrayList<Tuser> users=new ArrayList();
        template.query("select * from tuser where tuser_id=1",
                    new RowCallbackHandler(){
            public void processRow(ResultSet rs) throws SQLException {
                Tuser user = new Tuser();
                user.setTuserId(rs.getLong("tuser_id"));
                user.setUsername(rs.getString("username"));
                user.setPwd(rs.getString("pwd"));
                users.add(user);
            }
        });
        return users;
    }
}
```

7.4.5 事务管理

使用 Spring 容器管理事务的好处包括可配置、跨类方法调用的事务控制，它是基于 AOP 原理实现事务管理。

（1）事务管理中可以配置的值：

➢PROPAGATION_REQUIRED；

➢PROPAGATION_REQUIRED，readOnly。

（2）事务的管理有三种方式：

➢第一种：

```
<bean id = "hibernate"
class="org.springframework.orm.hibernate3.HibernateTransactionManager">
    <property name="sessionFactory">
        <ref local="sessionFactory"/>
    </property>
</bean>
```

➢第二种：

```
<bean id = "dbcp" class=
    "org.springframework.jdbc.datasource.DataSourceTransactionManager">
    <property name="dataSource">
        <ref local="dataSource"/>
    </property>
</bean>
```

➢第三种：

```
<bean id = "jndi"
   class="org.springframework.transaction.jta.JtaTransactionManager"/>
```

（3）支持事务管理的方法可以使用正则表达式进行匹配：

```
<bean id = "txTemplate"
class="org.springframework.transaction.interceptor.TransactionProxyFac
toryBean" abstract="true">
   <property name="transactionManager">
      <ref local="transactionManager"/>
   </property>
   <property name="transactionAttributes">
      <props>
         <prop key="execute*">PROPAGATION_REQUIRED</prop>
         <prop key="save*">PROPAGATION_REQUIRED</prop>
      </props>
   </property>
</bean>
```

下面的 Bean 对象支持完整的事务控制：

```
<bean id="userService" parent="txTemplate">
   <property name="target">
      <bean class="com.aop.UserService">
         <constructor-arg>
            <ref local="userDAO"/>
         </constructor-arg>
      </bean>
   </property>
</bean>
```

（4）在 Spring 中定义切面来管理事务：

```
<?xml version="1.0" encoding="UTF-8"?>
<beans xmlns="http://www.springframework.org/schema/beans"
  xmlns:xsi="http://www.w3.org/2001/XMLSchema-instance"
  xmlns:aop="http://www.springframework.org/schema/aop"
  xmlns:tx="http://www.springframework.org/schema/tx"
  xmlns:context="http://www.springframework.org/schema/context"
  xsi:schemaLocation="
   http://www.springframework.org/schema/beans
   http://www.springframework.org/schema/beans/spring-beans.xsd
   http://www.springframework.org/schema/tx
   http://www.springframework.org/schema/tx/spring-tx.xsd
   http://www.springframework.org/schema/aop
   http://www.springframework.org/schema/aop/spring-aop.xsd
   http://www.springframework.org/schema/context
   http://www.springframework.org/schema/context/spring-context.xsd">
    <bean id="txManager"
class="org.springframework.orm.hibernate3.HibernateTransactionManager">
       <property name="sessionFactory" ref="sessionFactory" />
    </bean>
    <tx:advice id="txAdvice" transaction-manager="txManager">
       <tx:attributes>
          <tx:method name="find*" read-only="true"/>
          <tx:method name="query*" read-only="true"/>
          <tx:method name="load*" read-only="true"/>
          <tx:method name="count*" read-only="true"/>
          <tx:method name="save*" propagation="REQUIRED"
               rollback-for="Exception" />
```

```
            <tx:method name="addUserNode" propagation="REQUIRED"/>
            <tx:method name="save*" propagation="REQUIRED"/>
            <tx:method name="update*" propagation="REQUIRED"
                 rollback-for="Exception" />
            <tx:method name="del*" propagation="REQUIRED"/>
            <tx:method name="modify*" propagation="REQUIRED"/>
            <tx:method name="list*" propagation="REQUIRED"/>
            <tx:method name="get*" propagation="REQUIRED"/>
            <tx:method name="copy*" propagation="REQUIRED"/>
            <tx:method name="*" propagation="SUPPORTS" read-only="false" />
        </tx:attributes>
    </tx:advice>
    <aop:config>
        <aop:pointcut id="servicepoint" expression=
            "execution(public * com.hwadee.javaweb.service..*.*(..))"/>
        <aop:advisor pointcut-ref="servicepoint" advice-ref="txAdvice"/>
    </aop:config>
</beans>
```

在 Spring 中建议采用定义切面来管理事务。

7.5 业务组件开发工作流程

公共信息服务平台中科技成果转化模块主要包括以下功能：

➢添加科技成果转化：用于添加科技成果转化信息。

➢修改科技成果转化：用于修改科技成果转化信息。

➢查询科技成果转化列表：用于展示科技成果转化列表信息。

➢删除科技成果转化：删除科技成果转化信息。

➢查看科技成果转化：用于查看科技成果转化详细信息。

7.5.1 Spring 实现

根据对科技成果转化模块功能的介绍，本小节使用 Spring 实现业务组件。

首先，根据 Spring 的依赖注入原理，我们为展现层、业务层、数据层分别建立一个 Spring 的配置文件，这样使用不同的配置文件来管理不同层中的 Bean 对象。如图 7-3 所示。

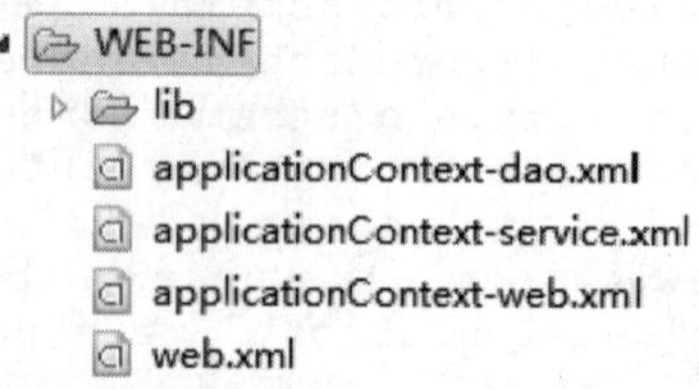

图 7-3 注入 web 层、service 层、dao 层的 bean

在 applicationContext-web.xml 中配置：

```
<bean id="pateTechCoopManageBean"
class="com.ttpip.action.technologyTransformation.PateTechCoopManageAction'
scope="prototype">
    <property name="pateTechCoopManageService">
```

```
        <ref bean="pateTechCoopManageService"/>
    </property>
</bean>
```

通过 applicationContext-web.xml 中需要注入 pateTechCoopManageService，所以在 applicationContext-service.xml 中做如下配置：

```
<bean id="pateTechCoopManageService"
        class="com.ttpip.service.impl.PateTechCoopManageServiceImpl">
    <property name="pateTechCoopManageDao">
        <ref bean="pateTechCoopManageDao"/>
    </property>
</bean>
```

在 applicationContext-service.xml 中又注入了 pateTechCoopManageDao，所以在 applicationContext-dao.xml 中做如下配置：

```
<bean id="pateTechCoopManageDao"
           class="com.ttpip.dao.impl.PateTechCoopManageDaoImpl">
    <property name="sessionFactory">
        <ref bean="sessionFactory"/>
    </property>
</bean>
```

同时在各层代码中对应上面配置文件用 setter 方式注入。

在 PateTechCoopManageAction 中定义的 Setter 方法：

```
public class PateTechCoopManageAction extends DefaultPageAction {
    private  PateTechCoopManageService pateTechCoopManageService;
    public PateTechCoopManageService getPateTechCoopManageService(){
        return pateTechCoopManageService;
    }
    public void setPateTechCoopManageService(
        PateTechCoopManageService pateTechCoopManageService) {
        this.pateTechCoopManageService = pateTechCoopManageService;
    }
```

在 PateTechCoopManageService 接口中定义了科技成果转化模块所有功能：

```
package com.ttpip.service;

import java.util.List;
import com.ttpip.model.DeclStatInfo;
import com.ttpip.model.IndiUser;
import com.ttpip.model.TechTranProjects;

public interface PateTechCoopManageService extends DefaultService {
    //保存科技成果项目表
    public void saveTechTranProjects(TechTranProjects p);
    //修改科技成果项目表
    public void updateTechTranProjects(TechTranProjects p);
    //通过用户 id 和申报类型查找专利申报
    public List<DeclStatInfo> findDeclStatInfos(Integer userId,
         String declType, int start,  int length);
    //保存申请状态表
    public void saveDeclStatInfo(DeclStatInfo info);
    //获得申请状态表
```

```
    public DeclStatInfo getDeclStatInfo(Integer id);
    //删除申请状态表
    public void deleteDeclStatInfo(DeclStatInfo d);
    public void updateDeclStatInfo(DeclStatInfo d);

    public IndiUser getIndiUser(Integer userId);
    public int getCountAll(Integer userId, String type);
    public int  getCountDeclStatInfo(Integer userId,  String declType,
         String tranName, String startTime, String  endTime,
         String declSubmStatus);

    public List<DeclStatInfo> findAuditInfos(Integer userId,
         String declType, String tranName, String startTime,
         String  endTime, String declSubmStatus, int start, int length);
}
```

在 PateTechCoopManageServiceImpl 中实现接口定义的功能方法，具体实现代码如下：

```
import com.ttpip.dao.PateApplManageDao;
import com.ttpip.dao.PateTechCoopManageDao;
import com.ttpip.model.DeclStatInfo;
import com.ttpip.model.IndiUser;
import com.ttpip.model.TechTranProjects;
import com.ttpip.service.PateTechCoopManageService;

public class PateTechCoopManageServiceImpl
         implements PateTechCoopManageService {
    private PateApplManageDao pateApplManageDao;
    private PateTechCoopManageDao pateTechCoopManageDao;

    public int  getCountDeclStatInfo(Integer userId,  String declType,
          String tranName, String startTime, String  endTime,
          String declSubmStatus) {
       return this.pateTechCoopManageDao
              .getCountDeclStatInfo(userId, declType, tranName,
                          startTime, endTime,  declSubmStatus);
    }

    public List<DeclStatInfo> findAuditInfos(Integer userId,
          String declType, String tranName, String startTime,
          String endTime, String declSubmStatus, int start, int length){
       return this.pateTechCoopManageDao.findAuditInfos(userId,
                      declType, tranName, startTime, endTime,
                      declSubmStatus, start, length);
    }

    public void updateDeclStatInfo(DeclStatInfo d) {
       this.pateApplManageDao.updateDeclStatInfo(d);
    }
    public void deleteDeclStatInfo(DeclStatInfo d) {
       this.pateApplManageDao.deleteDeclStatInfo(d);
    }

    public List<DeclStatInfo> findDeclStatInfos(Integer userId,
```

```
            String declType, int start,  int length) {
        return this.pateApplManageDao
                .findDeclStatInfos(userId, declType,  start,  length);
    }

    public int getCountAll(Integer userId,  String type) {
        return this.pateApplManageDao.getCountAll(userId,  type);
    }

    public DeclStatInfo getDeclStatInfo(Integer id) {
        return this.pateApplManageDao.getDeclStatInfo(id);
    }

    public IndiUser getIndiUser(Integer userId) {
        return this.pateApplManageDao.getIndiUser(userId);
    }

    public void saveDeclStatInfo(DeclStatInfo info) {
        this.pateApplManageDao.saveDeclStatInfo(info);
    }

    public void saveTechTranProjects(TechTranProjects p) {
        this.pateTechCoopManageDao.saveTechTranProjects(p);
    }

    public void updateTechTranProjects(TechTranProjects p) {
        this.pateTechCoopManageDao.updateTechTranProjects(p);
    }

    public List get(int start,  int length) {
        return null;
    }

    public int getCount() {
        return 0;
    }

    public PateApplManageDao getPateApplManageDao() {
        return pateApplManageDao;
    }

    public void setPateApplManageDao(PateApplManageDao dao) {
        this.pateApplManageDao = dao;
    }

    public PateTechCoopManageDao getPateTechCoopManageDao() {
        return pateTechCoopManageDao;
    }

    public void setPateTechCoopManageDao(PateTechCoopManageDao dao) {
        this.pateTechCoopManageDao = pateTechCoopManageDao;
    }
}
```

DAO 层的具体实现，请参考 Hibernate 数据组件的开发。

7.6 拓展提高

- 学习并理解 DIP 设计原则；
- 学习并掌握面向方面编程的实现原理；
- 在 Spring 网站上学习更多的 Spring 组件，如 Spring JPA Data 等。

7.7 练习与实训

1. 练习

（1）描述 Spring 体系架构？

（2）什么是依赖注入？

（3）什么是 AOP？

2. 实训

（1）完成案例中其他模块的例子。

（2）完成网上政务大厅行政处罚系统中立案信息管理模块服务层代码开发。

第 8 章　开发控制器

【学习目录】

➢理解 Web 原理；
➢理解 MVC 设计模式；
➢掌握 Struts2 OGNL 表达式；
➢掌握 Struts2 标签库；
➢掌握 Struts2 异常处理；
➢掌握 Struts2 验证框架；
➢掌握 Struts2 国际化；
➢掌握控制器的开发流程。

8.1　概　述

MVC 设计模式是基于 JavaEE 的 WEB 应用开发的首选模式，当前许多流行的框架也都是基于 MVC 设计模式的。

Struts 2 是 Apache 基金会 Jakarta 项目组的一个 Open Source 项目，它由一组相互协作的类和 JSP 标记等组成一个可重用的系统设计。Struts 2 能够很好地帮助 Java 开发者利用 JavaEE 开发 WEB 应用，它将设计模式中“分离显示逻辑与业务逻辑”的能力发挥的淋漓尽致。因此，越来越多的大型的 WEB 应用项目的开发都纷纷采用 Struts 2 框架，或者借鉴 Struts 2 架构设计，进行基于 MVC 模式的应用系统的开发。

在这一章节中，我们需要重点理解 MVC 模式，掌握 Struts2 框架的配置与开发，以及基于 Struts2 的 Web 应用的开发流程。

8.2　任务分析

➢熟练配置 Struts2 框架的环境。
➢熟练掌握 Struts2 标签库、OGNL 语言、异常处理和国际化等。
➢熟练掌握控制器组件的开发技术，实现公共信息服务平台中科技成果转化模块控制器组件的开发。
时间：8 课时。

8.3　相关知识

MVC 全名是 Model View Controller，是模型(model)、视图(view)、控制器(controller)的

缩写，是一种软件设计典范，是一种业务逻辑和数据显示分离的解决方案。MVC 模式将交互式应用分成模型（Model）、视图（View）和控制器（Controller）三部分。模型是指从现实世界中挖掘出来的对象模型，是应用逻辑的反映；模型封装了数据和对数据的操作，是实际进行数据处理的计算的地方。视图是应用和用户之间的接口，它负责将应用显现给用户和显示模型的状态。控制器负责视图和模型之间的交互，控制对用户输入的响应响应方式和流程，它主要负责两方面的动作：把用户的请求分发到相应的模型；将模型的改变及时反应到视图上。MVC 构架如图 8-1 所示。

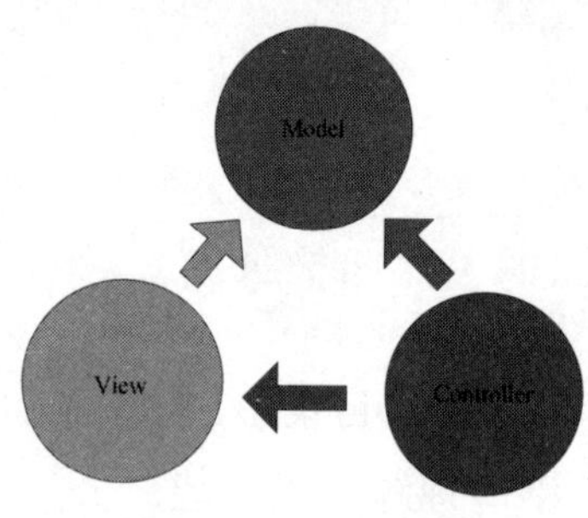

图 8-1 MVC 框架

Struts 2 是 Struts 的下一代产品，是在 Struts 1 和 WebWork 的技术基础上开发的全新的框架，它的体系结构与 Struts 1 的体系结构差别巨大。Struts 2 以 WebWork 为核心，采用拦截器的机制来处理用户的请求，这样的设计也使得业务逻辑控制器能够与 Servlet API 完全脱离开，所以 Struts 2 可以理解为 WebWork 的更新产品。虽然从 Struts 1 到 Struts 2 有着太大的变化，但是相对于 WebWork，Struts 2 的变化很小。

8.4 开发控制器工作任务

8.4.1 Struts2 工作原理

Struts2 工作原理如图 8-2 所示。

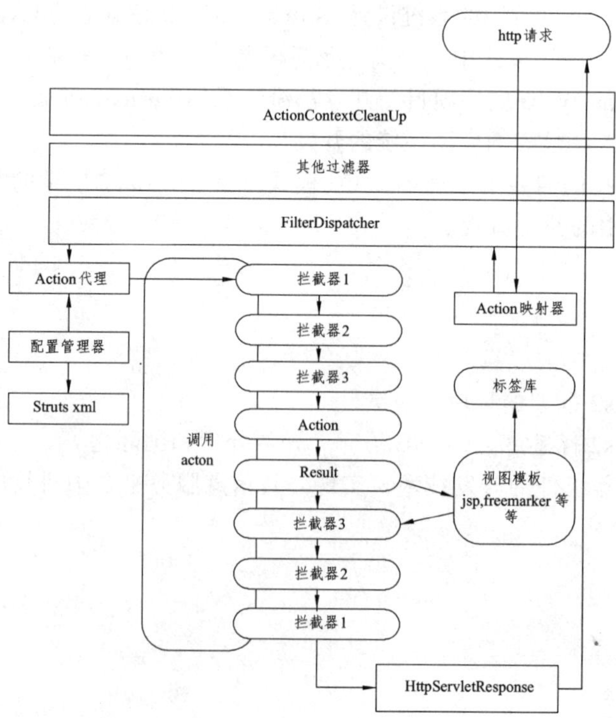

图 8-2 Struts2 工作原理

客户端初始化一个指向 Servlet 容器（例如 Tomcat）的请求。

这个请求经过一系列的过滤器（Filter）（这些过滤器中有一个叫做 ActionContextCleanUp 的可选过滤器，这个过滤器对于 Struts2 和其他框架的集成很有帮助，例如：SiteMesh Plugin）。

接着 FilterDispatcher 被调用，FilterDispatcher 询问 ActionMapper 来决定这个请求是否需要调用某个 Action。

如果 ActionMapper（Action 映射）决定需要调用某个 Action，FilterDispatcher 把请求的处理交给 ActionProxy。

ActionProxy（Action 代理）通过 Configuration Manager（配置管理）询问框架的配置文件，找到需要调用的 Action 类。

ActionProxy（Action 代理）创建一个 ActionInvocation（调用 Action）的实例。

ActionInvocation 实例使用命名模式来调用（调用 Action），在调用 Action 的过程前后，涉及到相关拦截器（Intercepter）的调用。

一旦 Action 执行完毕，ActionInvocation 负责根据 struts.xml 中的配置找到对应的返回结果。返回结果通常是（但不总是，也可能是另外的一个 Action 链）一个需要被表示的 JSP 或者 FreeMarker 的模版。在表示的过程中可以使用 Struts2 框架中继承的标签。在这个过程中需要涉及到 ActionMapper。

8.4.2 Struts2 XML 配置

我们要使用 Struts2 框架，首先需要系统在启动时初始化 Struts2，它的工作方式是通过过滤器(filter)拦截用户请求进行处理。因此，我们需要在 web.xml 中配置一个过滤器，以及 struts2 本身的配置文件 struts.xml。

➢工程中 Web.xml 主要用于配置过滤器，使 struts2 开始工作。

➢框架自带配置文件 struts.xml，主要用于配置控制器以及对应的访问路径，以及控制器所关联到的所有视图。

下面我们将采用系统中权限管理的例子，来说明 Struts2 的开发步骤。权限管理包括用户管理、角色管理、资源管理、用户组管理、组资源管理。

Struts2 的详细开发环境的配置参考第 4 章 4.4.2 小节“添加配置 Struts2”。

1. struts.xml 配置

```
<?xml version="1.0" encoding="UTF-8" ?>
<!DOCTYPE struts PUBLIC
    "-//Apache Software Foundation//DTD Struts Configuration 2.1//EN"
    "http://struts.apache.org/dtds/struts-2.1.dtd">
<struts>
    <package name="systemManager" extends="struts-default">
        <action name="loginAction"
                class="com.hwadee.ssh.action.LoginAction">
            <result name="success">/index.html</result>
            <result name="error">/login.html</result>
        </action>
    </package>
</struts>
```

在这个文件中，action 的名字不要使用 login、input、success、none、error，这些名字已经被 Struts2 保留使用。

8.4.3 Action 映像配置

完成用户添加的页面设计后，我们编写对应的 UserAction，源代码如下：

```
package com.hwadee.ssh.action;
import com.hwadee.ssh.pojo.SysUser;
import com.opensymphony.xwork2.ActionSupport;
public class UserAction extends ActionSupport {
    public SysUser user  = new SysUser();
    public String execute() {
        System.out.println("username:"+user.getUsername());
        System.out.println("pwd:"+user.getPwd());
        return null;
    }
}
```

在 struts.xml 中配置 UserAction 如下：

```
<package name="userManager" extends="struts-default"
         namespace="/rbac/user">
    <action name="userAction" class="com.hwadee.ssh.action.UserAction">
    </action>
</package>
```

为什么需要这样配置呢？在客户端查看添加页面的源代码时，我们会发现在源代码中请求的资源地址加了一个路径，如下所示。

```
<form id="userAction" name="userAction" onsubmit="return validateForm()"
action="/ssh/rbac/user/auserAction.action" method="post">
```

这意味着我们请求的资源位于这个路径中，命名空间就是设计用于解决这样的路径问题的，为了避免资源重名的问题，我们最好在配置 Action 的时候根据资源位于的目录来确定命名空间，这样即使 Action 重名了，因为命名空间的限定也不会出现歧义问题，像这个例子中因为我的 addUser.jsp 位于 rbac/user 目录，所以通过 s:form 标签，给我们最终要提交的目标加上了一个路径，所以我们在配置此 Action 时在 Action 所在包加上命名空间的限定。

8.4.4 Struts2 标签库

Struts2 的标签分为两大类：UI 标签和非 UI 标签。JSP 页面中要使用 Struts2 的标签，首先在 JSP 文件开头使用指令元素 taglib 引入标签<%@taglib uri="/struts-tags" prefix="s"%>。还需要注意页面中使用标签请求必须通过控制器后再转向页面，因为控制器需要做一些初始化处理，可以修改 web.xml 将扩展匹配<url-pattern>*.action</url-pattern>改为目录匹配<url-pattern>/*</url-pattern>，这样之后我们就可以直接请求 JSP 了，因为所有请求首先都要通过控制器进行处理。

1. UI 标签（主要是对表单元素的封装，见表 8-1）

表 8-1　struts2 UI 标签

序号	名　称	示　例	说　明
1	form	<s:form action="exampleSubmit" method="post" enctype="multipart/form-data"> </s:form>	表单提交时需要将表单元素放在这个标签中
2	submit	<s:submit />	提交按钮
3	reset	<s:reset />	重置按钮
4	textfield	<s:textfield label="姓名" name="name" tooltip="请输入你的姓名" required="true"/>	输入框
5	textarea	<s:textarea tooltip="Enter your remart" label="备注" name="remart" cols="20" rows="3"/>	文本区域
6	select	<s:select headerKey="None" headerValue="" label="地区" name="area" list="#{'51': '四川', '52': '云南'}"//数据 value="#{'52'}"//选中 emptyOption=""/>	下拉(常量)

7	select	<s:select
		list="#request.users"
		listKey="name"　　//提交的
		listValue="age"　　//显示的
		value="#{'zhang'}" //选中的
		name="companyName"/>
			下拉（集合）

8	select	<s:select list="#request.users" listKey="key" listValue="value.name"/>	下拉（映射）

9	checkboxlist	<s:checkboxlist
		tooltip="Choose your Friends"
		label="朋友"
		list="{'Patrick', 'Jason'}" //显示的
		name="friends"
		value="{'Jason', 'Rene'}" //选中的
		/>
			多选

10	checkboxlist	<s:checkbox tooltip="Confirmed that your are Over 18" label="Age 18+" name="p.age" value="true" fieldValue="18"/>	单个

续表

序号	名　称	示　例	说　明
11	checkboxlist	<s:checkboxlist name="skills2" label="Skills 2" list="#{ 1:'Java'，2: '.Net'，3: 'PHP' }" listKey="key" listValue="value" value="{ 1，2，3 }"/>	映射

12	doubleselect	<s:doubleselect
		tooltip="Choose Your State"
		label="State"
		name="region" //第一级的提交名称
		list="{'North'，'South'}" //一级下拉
		value="South" //一级选中值
		doubleList="top== 'North' ? {'Oregon'，'Washington'} : {'Texas'，'Florida'}" //二级下拉
		doubleName="state" //第二级的提交名称
		doubleValue="Florida" //二级选中值
		headerKey="-1"
		headerValue="----- Please Select -----"/>
			级联下拉（集合）

13	doubleselect	<s:set name="foobar" value="#{'Java': {'Spring'，'Hibernate'，'Struts 2'}，'.Net': {'Linq'，' ASP.NET 2.0'}，'Database': {'Oracle'，'SQL Server'，'DB2'，'MySQL'}}" /> <s:doubleselect list="#foobar.keySet()" doubleName="technology" doubleList="#foobar[top]" label="Technology" />	级联下拉（映射）
14	file	<s:file tooltip="Upload Your Picture" label="Picture" name="picture" />	文件上传
15	optiontransferselect	<s:optiontransferselect tooltip="Select Your Favourite Cartoon Characters" label="Favourite Cartoons Characters" name="leftSideCartoonCharacters" leftTitle="Left Title" rightTitle="Right Title" list="{'Popeye','He-Man','Spiderman'}" multiple="true" headerKey="headerKey" headerValue="--- Please Select ---" emptyOption="true" doubleList="{'Superman','Mickey Mouse','Donald Duck'}" doubleName="rightSideCartoonCharacters" doubleHeaderKey="doubleHeaderKey" doubleHeaderValue="--- Please Select ---" doubleEmptyOption="true" doubleMultiple="true" />	左右选择器

2. 非 UI 标签（主要是对流程控制的封装，见表 8-2）

表 8-2　非 UI 标签

名　称	示　例	说　明
set	<s:set name="foobar" value="#{'Java': {'Spring', 'Hibernate', 'Struts 2'}, '.Net': {'Linq', 'ASP.NET 2.0'}, 'Database': {'Oracle', 'SQL Server', 'DB2', 'MySQL'}}" />	申明变量
url	<s:url id="dataUrl" value="/Autocompleter.action" />	申明 url
param	<a href=" <s:url action="PersonAction"> <s:param name="id" value="1"/> <s:param name="name" value="wang"/> <s:param name="pwd" value="123"/> </s:url>">点击我吗</a>	参数
if	<s:if test="#name == 'Max' ">//注意单引号 Max's file here</s:if>	判断
iterator	<s:iterator value="#request.users” status="stat”> <s:property value="name"/> </s:iterator>	循环
bean	<s:bean id="locales" name="com.jc.struts2.model.Locales"/>//在 request 内存放一个句柄为'locales'的对象，其他地方引用时用#locales.locales	创建对象
i18n	<s:i18n name=""></s:i18n> ——加载资源包到值堆栈	获取资源

将添加用户页面改为使用标签，源代码如下所示：

```
<%@ page pageEncoding="utf-8" contentType="text/html; charset=utf-8"
import="java.util.*" %>
<%@ taglib uri="/struts-tags" prefix="s" %>
<!DOCTYPE HTML PUBLIC "-//W3C//DTD HTML 4.01 Transitional//EN">
<html>
    <head>
        <title>添加用户</title>
        <meta http-equiv="content-type"
            content="text/html; charset=UTF-8">
        <style type="text/css">
            td {
                border: 1px solid black;
            }
            body {
                text-align: center;
            }
        </style>
        <script type="text/JavaScript">
            function validateForm(){
                return true;
            }
        </script>
    </head>
    <body>
```

```
        <h2 align="center" style="margin-top: 5px;">添加用户</h2>
        <hr>
        <s:form action="userAction" theme="simple" method="post"
                onsubmit="return validateForm()">
        <table id="userList"  width="90%" height="400px" align="center">
            <tr align="center">
                <td>用户</td>
                <td align="left">
                    <s:textfield name="user.username" id=" username"/>
                </td>
            </tr>
            <tr align="center">
                <td>密码</td>
                <td align="left">
                    <s:textfield name="user.pwd" id="pwd" label="密码"/>
                </td>
            </tr>
            <tr align="center">
                <td>性别</td>
                <td align="left">
                    <s:radio name="sex" list="#{1:'男', 0:'女'}"/>
                </td>
            </tr>
            <tr align="center">
                <td>语言</td>
                <td align="left">
                    <s:checkboxlist name="language"
                        list="#{1:'中文', 2:'英文', 3:'法文', 4:'德文'}"/>
                </td>
            </tr>
            <tr align="center">
                <td>省份</td>
                <td align="left">
                    <s:select name="province"
                        list="#{51:'四川', 52:'云南', 53:'贵州'}"/>
                </td>
            </tr>
            <tr align="center">
                <td>备注</td>
                <td align="left">
                    <s:textarea rows="5" cols="30" name="comments"/>
                </td>
            </tr>
        </table>
        <div style="margin-top: 10px;">
            <s:submit type="button" value="保存"/>
             
            <s:reset value="重置"/>
        </div>
        </s:form>
    </body>
</html>
```

8.4.5　Struts2 OGNL 表达式

OGNL 是 Object Graphic Navigation Language（对象图导航语言）的缩写，它是一个开源项目。Struts2 框架使用 OGNL 作为默认的表达式语言。OGNL 相对其他表达式语言具有下面几大优势：

1. 支持对象方法调用

如 xxx.doSomeSpecial()。

2. 支持类静态的方法调用和值访问

表达式的格式:@[类全名（包括包路径）]@[方法名/值名]，例如：
@java.lang.String@format('foo %s'，'bar')或@tutorial.MyConstant@APP_NAME。

3. 支持赋值操作和表达式串联

如：price=100，discount=0.8，calculatePrice()，这个表达式会返回 80。

4. 访问 OGNL 上下文（OGNL context）和 ActionContext

如：#request.userName；#session.userName。

5. 操作集合对象

如：获取 List:<s:property value="testList"/>。

OGNL 有一个上下文（Context）概念，说白了上下文就是一个 MAP 结构，它实现了 java.utils.Map 的接口。

在 Struts2 中有一个很重要的概念：值栈（ValueStack）。在 Struts2 中使用 OGNL 时，实际上使用的是实现了该接口的 OgnlValueStack 类，这个类是 Struts2 使用 OGNL 的基础。

（1）ValueStack（值栈）：贯穿整个 Action 的生命周期（每个 Action 类的对象实例都拥有一个 ValueStack 对象），相当于一个数据的中转站。在其中保存当前 Action 对象和其他相关对象。

（2）Struts 框架把 ValueStack 对象保存在名为“struts.valueStack”的请求属性 request 中。

（3）在 ValueStack 对象的内部有两个逻辑部分：ObjectStack:Struts 把动作和相关对象压入 ObjectStack 中，ContextMap：Struts 把各种各样的映射关系(一些 Map 类型的对象)压入 ContextMap 中，Struts 会把下面这些映射压入 ContextMap 中。

➢parameters：该 Map 中包含当前请求的请求参数。

➢request：该 Map 中包含当前 request 对象中的所有属性。

➢session：该 Map 中包含当前 session 对象中的所有属性。

➢application：该 Map 中包含当前 application 对象中的所有属性。

➢attr：该 Map 按如下顺序来检索某个属性：request，session，application。

（4）OgnlValueStack 类包含两个重要的属性，一个 root 和一个 context，其中 root 本质上是一个 ArrayList，而 context 是一个 Map（更确切地说是一个 OgnlContext 对象)。

（5）在这个 OgnlContext 对象（context）中，有一个默认的顶层对象_root，OGNL 访问 context 中这个默认顶层对象中的元素时，是不需要“#”的，直接通过元素的名称来进行访问，而访问其他对象时，如 request、session、attr 等，则需要“#”引用。注：Struts2 将 OgnlValueStack 的 root 对象赋值给了 OgnlContext 中的_root 对象，在 OgnlValueStack 的 root 对象中，保存着调用 Action 的实例，因此，在页面上通过 Struts2 标签访问 Action 的属性时，就不需要通过“#”来引用。

总结：Ognl Context 包含 ObjectStack 属性和 ContextMap 属性。

```
package com.hwadee.ognl.common;
import ognl.Ognl;
import ognl.OgnlContext;
import ognl.OgnlException;
class Company {
    private String name;
    private Department department;
    public String getName() {
        return name;
    }

    public void setName(String name) {
        this.name = name;
    }

    public void setDepartment(Department d) {
        this.department = d;
    }
    public Department getDepartment() {
        return department;
    }
}

class Department {
    private String name;
    private Employee employee;
    public void setName(String name) {
        this.name = name;
    }
    public String getName() {
        return name;
    }
    public void setEmployee(Employee e) {
        this.employee = e;
    }
    public Employee getEmployee() {
        return employee;
    }
}

class Employee {
    private String name;
    private int age;
    private double salray;
    public String getName() {
        return name;
    }
    public void setName(String name) {
        this.name = name;
    }
    public int getAge() {
```

```
        return age;
    }
    public void setAge(int age) {
        this.age = age;
    }

    public double getSalray() {
        return salray;
    }
    public void setSalray(double salray) {
        this.salray = salray;
    }
}

public class OgnlHelper {
    public static void main(String[] args) throws OgnlException {
        Company c = new Company();
        Department d = new Department();
        Employee e = new Employee();
        c.setDepartment(d);
        d.setEmployee(e);
        OgnlContext ctx = new OgnlContext();
        ctx.setRoot(c);
        Ognl.setValue("name", ctx.getRoot(), "Hwadee");
        Ognl.setValue("department.name", ctx.getRoot(), "software");
        Ognl.setValue("department.employee.name", ctx.getRoot(),
                      "liping");
        System.out.println(Ognl.getValue("name", c));
        System.out.println(Ognl.getValue("department.name", c));
        System.out.println(Ognl
                          .getValue("department.employee.name", c));
    }
}
```

6. 三种特殊符号在 Struts2 中的用法

（1）“#” 主要有三种用途。

➢访问 Action 上下文；

➢用于过滤和投影（projecting）集合，如 books.{^#this.price<100}；

➢构造 Map，如#{'foo1':'bar1', 'foo2':'bar2'}。

（2）“$” 有两个主要的用途。

➢用于在国际化资源文件中，引用 OGNL 表达式，如：

validation.require=${getText(fileName)}is required。

➢在 Struts 2 配置文件中，引用 OGNL 表达式，如：

```
<action  name="AddPhoto" class="addPhoto">
    <interceptor-ref name="fileUploadStack" />
    <result type="redirect">
        ListPhotos.action?albumId=${albumId}
    </result>
</action>
```

（3）“%” 符号的用途是在标志的属性为字符串类型时，计算 OGNL 表达式的值。

```
<s:url value="#foobar['foo1']" />
<s:url value="%{#foobar['foo1']}" />
```

8.4.6 Struts2 验证框架

Struts2 校验有两种实现方法：手工编写代码实现和基于 XML 配置方式实现。

我们以用户登录为例来使用 Struts2 的验证框架，首先修改 login.jsp 中的代码。

```
<%@ taglib uri="/struts-tags" prefix="s" %>
<html>
    <head>
        <title>用户登录</title>
        <meta http-equiv="content-type"
                content="text/html;charset=utf-8">
        <link rel="stylesheet" type="text/css" href="css/public.css">
    </head>
    <body>
        <p> </p>
        <p> </p>
        <p> </p>

        <div align="center">
            <br>
            <br>
            <div style=" margin:0 auto; width:230px;margin-top:70px;">
                <form id="login"
                    action="loginAction.action" method="post">
                <fieldset>
                    <legend>登录</legend>
                    <br/>
                    <div class="formFieldError">用户:
                        <input name="user.username"/>
                        <s:fielderror fieldName="username"/>
                    </div>
                    <br/>
                    <div>密码:
                        <input name="user.pwd"/>
                        <s:fielderror fieldName="pwd"/>
                    </div>
                    <br/>
                </fieldset>
                <div style="text-align: center;margin: 20px;">
                    <input type="submit" value="Login"/>
                    <input type="reset" value="Reset"/>
                </div>
                </form>
            </div>
        </div>
    </body>
</html>
```

1. 基于 XML 配置方式

在 LoginAction 所在的包中建立一个名为 LoginAction-validation.xml 的文件，内容如下：

```
<?xml version="1.0" encoding="UTF-8"?>
<!DOCTYPE validators PUBLIC
    "-//OpenSymphony Group//XWork Validator 1.0.2//EN"
    "http://www.opensymphony.com/xwork/xwork-validator-1.0.2.dtd">
<validators>
```

```
    <field name="username">
        <field-validator type="requiredstring">
            <param name="trim">true</param>
            <message>name is required</message>
        </field-validator>
    </field>
    <field name="pwd">
        <field-validator type="requiredstring">
            <message>pwd is required</message>
        </field-validator>
    </field>
</validators>
```

注意登录页面中参数名称叫 user.username 和 user.pwd，LoginAction 中定义的是 user 对象，但是在 xml 中的名称是 username 和 pwd。这样我们再次点击登录按钮时，看到的效果如图 8-3 所示：

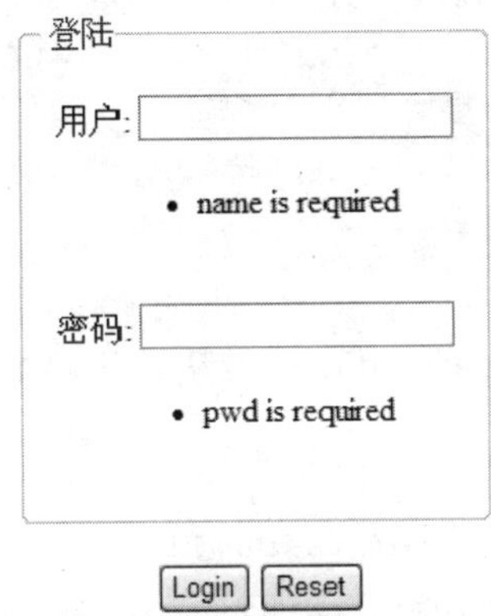

图 8-3　登录界面

Struts2 中已提供很多的验证规则，如采用 Struts2 验证，可参考以下代码：

```
<!--required  必填校验器 -->
<field-validator type="required">
    <message>性别不能为空!</message>
</field-validator>
<!--requiredstring  必填字符串校验器 -->
<field-validator type="requiredstring">
    <param name="trim">true</param>
    <message>用户名不能为空!</message>
</field-validator>
<!--stringlength: 字符串长度校验器 -->
<field-validator type="stringlength">
    <param name="maxLength">10</param>
    <param name="minLength">2</param>
    <param name="trim">true</param>
    <message><![CDATA[产品名称应在 1-10 个字符之间]]></message>
</field-validator>
<!--int: 整数校验器 -->
<field-validator type="int">
    <param name="min">1</param>
    <param name="max">150</param>
```

```
    <message>年龄必须在 1-150 之间</message>
</field-validator>
<!--字段 OGNL 表达式校验器 -->
<field name="imagefile">
    <field-validator type="fieldexpression">
        <param name="expression">
            <![CDATA[imagefile.length() > 0]]>
        </param>
        <message>文件不能为空</message>
    </field-validator>
</field>
<!--email: 邮件地址校验器 -->
<field-validator type="email">
    <message>电子邮件地址无效</message>
</field-validator>
<!--regex: 正则表达式校验器 -->
<field-validator type="regex">
    <param name="expression"><![CDATA[^13\d{9}$]]></param>
    <message>手机号格式不正确!</message>
</field-validator>
```

2. 手工编写代码

1）重写 validate

重写从 ActionSupport 继承下来的 validate 方法，代码如下：

```
@Override
public void validate() {
    addFieldError("pwd", "pwd is null!");
}
```

2）提供 validateXXX 方法

在 Action 中提供专门校验 execute 的方法，即当 execute 执行前，会先执行 validateExecute()，如果有错，就不会执行 execute 方法了，代码如下：

```
public void validateExecute() {
    addFieldError("username", "username is null!");
}
```

修改 addUser.jsp，源码如下所示：

```
<%@ page pageEncoding="utf-8" contentType="text/html;charset=utf-8"
        import="java.util.*" %>
<%@ taglib uri="/struts-tags" prefix="s" %>
<!DOCTYPE HTML PUBLIC "-//W3C//DTD HTML 4.01 Transitional//EN">
<html>
    <head>
        <title>添加用户</title>
        <meta http-equiv="content-type"
                content="text/html; charset=UTF-8">
        <style type="text/css">
            td {
                border: 1px solid black;
            }
            body {
                text-align: center;
```

```
        }
    </style>
    <script src="/ssh/scripts/jquery.js" type="text/JavaScript">
    </script>
    <script src="/ssh/scripts/jquery.validate.js"
            type="text/JavaScript"></script>
    <script type="text/JavaScript">
        $(document).ready(function() {
            $("#userForm").validate();
        });
    </script>
</head>
<body>
    <h2 align="center" style="margin-top: 5px;">添加用户</h2>
    <hr>
    <s:form action="userAction!save" theme="simple"
              id="userForm" method="post">
    <s:token/>
    <table id="userList"  width="90%" height="400px" align="center">
        <tr align="center">
            <td>用户</td>
            <td align="left">
                <s:textfield name="user.username"
                        id="username" cssClass="required"/>
            </td>
        </tr>
        <tr align="center">
            <td>密码</td>
            <td align="left">
                 <s:textfield name="user.pwd"
                         id="pwd" cssClass="required"/>
            </td>
        </tr>
        <tr align="center">
            <td>性别</td>
            <td align="left">
                <s:radio name="sex" list="#{1:'男', 0:'女'}"/>
            </td>
        </tr>
        <tr align="center">
            <td>语言</td>
            <td align="left">
                <s:checkboxlist name="language"
                     list="#{1:'中文', 2:'英文', 3:'法文', 4:'德文'}"/>
            </td>
        </tr>
        <tr align="center">
            <td>省份</td>
            <td align="left">
                <s:select name="province"
                     list="#{51:'四川', 52:'云南', 53:'贵州'}"/>
            </td>
        </tr>
        <tr align="center">
            <td>备注</td>
            <td align="left">
```

```
            <s:textarea rows="5" cols="30" name="comments"/>
         </td>
      </tr>
      <tr align="center">
         <td>注册日期</td>
         <td align="left">
            <s:textfield  name="user.registerDate"
               id="registerDate"/>
         </td>
      </tr>
   </table>
   <div style="margin-top: 10px;">
      <s:submit type="submit" value="%{getText('save')}"/>
        
      <s:reset value="%{getText('reset')}"/>
   </div>
   </s:form>
 </body>
</html>
```

运行效果如图 8-4 所示。

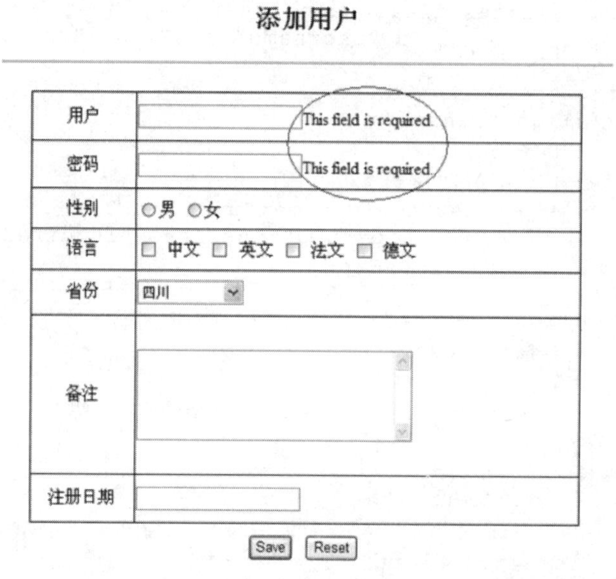

图 8-4 验证效果

8.4.7 Struts2 国际化

通常开发者能够考虑仅仅支持他们本国的一种语言（或者有时候是两种）和只有一种数量表现方式（例如日期、数字、货币值）的应用。然而，基于 Web 技术的应用程序的爆炸性增长，以及将这些应用程序部署在 Internet 或其他被广泛访问的网络之上，已经在很多情况下使得国家的边界淡化到不可见。这种情况转变成为一种对于应用程序支持国际化（internationalization，经常被称做"i18n"，因为 18 是字母"i"和字母"n"之间的字母个数）和本地化的需求。

Java 程序的国际化思路是将程序中的消息等放在资源文件（即 properties 文件）中，程序需要支持国家/语言环境，就必须提供对应的资源文件。资源文件是以 key-value 对方式表示，每个资源文件中的 key 不变，但 value 随不同的国家/语言变化。

Struts 2 国际化是建立在 Java 国际化的基础之上，同样也是通过提供不同国家/语言环境的消息资源，然后通过 ResourceBundle 加载指定 Locale 对应的资源文件，再取得该资源文件中指定 key 对应的消息，整个过程与 Java 程序的国际化完全相同，只是 Struts2 框架对 Java 程序国际化进行了进一步封装，从而简化了应用程序的国际化。

为了实现这样的目标，在开发环境中首先安装一个编辑资源文件的插件，要不然我们编写的中文资源文件可能是乱码，具体操作如下：

1. 解压

下载编辑资源文件的插件，名称是 properties_edit。

将其解压在本地，目录如图 8-5 所示。

图 8-5　插件目录结构

2. 安装

在 Eclipse 的安装目录找到 links 目录，在其下建立一个 xxx.link 的文件，文件名任意即可，路径和内容如图 8-6 所示。

图 8-6　安装插件

3. 建立资源文件

在 src 目录下建立 message_zh.properties 和 message_en.properties 目录结构如图 8-7 所示。

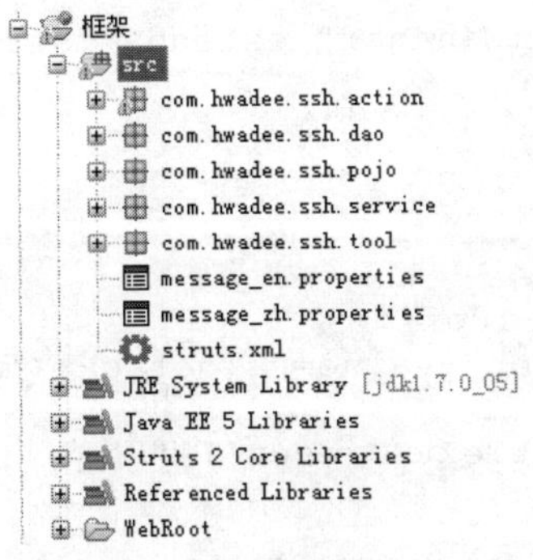

图 8-7　工程目录结构

在新创建的资源文件上打开右键菜单，我们可以看到多了一个编辑属性文件的菜单项，这说明安装成功了编辑属性的插件。我们可以使用这个插件打开资源文件进行编辑，这样就不会有中文乱码的问题了。如图 8-8 所示。

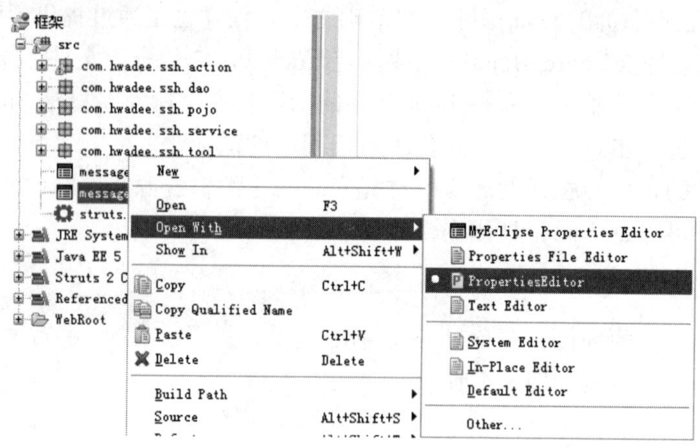

图 8-8 打开方式

4. 编辑资源文件

编辑 message_zh.propertiesmessage_en.properties，内容如下所示：

```
submit = 保存
reset  = 重置
```

编辑 message_en.properties，内容如下所示：

```
submit = Save
reset  = Reset
```

5. 配置资源

在 struts.xml 中增加资源配置如下：

```
<?xml version="1.0" encoding="UTF-8" ?>
<!DOCTYPE struts PUBLIC
   "-//Apache Software Foundation//DTD Struts Configuration 2.1//EN"
   "http://struts.apache.org/dtds/struts-2.1.dtd">
<struts>
   <constant name="struts.custom.i18n.resources" value="message">
   </constant>
   <package name="systemManager" extends="struts-default">
      ......
   </package>
</struts>
```

6. 页面调用

```
<div style="margin-top: 10px;">
   <s:submit type="button" value="%{getText('save')}"/>
     
   <s:reset value="%{getText('reset')}"/>
</div>
```

页面中其他资源进行相同的处理，运行效果如图 8-9 所示。

添加用户

用户	
密码	
性别	○男 ○女
语言	□ 中文 □ 英文 □ 法文 □ 德文
省份	四川
备注	

保存 重置

图 8-9　运行效果

改变浏览器的默认语言设置，如图 8-10 所示。

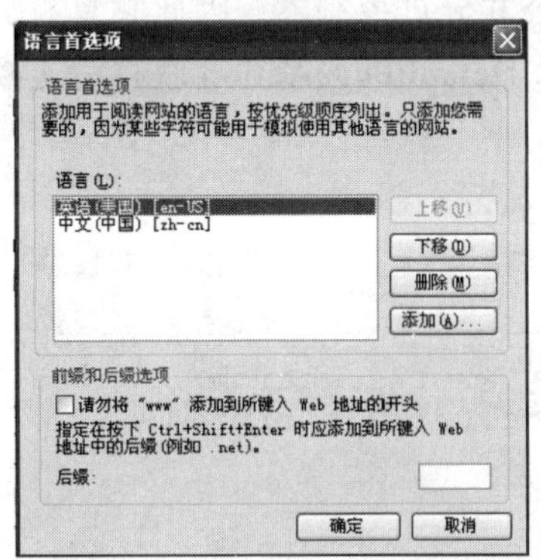

图 8-10　添加语言设置

运行效果如图 8-11 所示，注意圆圈部分。

添加用户

用户	
密码	
性别	○男 ○女
语言	□ 中文 □ 英文 □ 法文 □ 德文
省份	四川
备注	

Save Reset

图 8-11　运行效果

8.5 控制组件开发工作流程

公共信息服务平台中科技成果转化模块主要包括以下功能。

➢添加科技成果转化：用于添加科技成果转化信息。

➢修改科技成果转化：用于修改科技成果转化信息。

➢查看科技成果转化列表：用于查看科技成果转化列表信息。

➢删除科技成果转化：删除科技成果转化信息。

➢查看科技成果转化：用于查看科技成果转化详细信息。

➢提交科技成果转化审核申请单：用户提交科技成果转化审核申请单。

➢审核科技成果转化申请单：用户审核科技成果转化审核申请单。

8.5.1 Struts2 实现

1. 开发公共分页控制器 DefaultPageAction.java

因为 DefaultPageAction 为公共分页控制器，因此它具有分页功能，只要有需要实现数据分页的控制器，都可以通过继承 DefaultPageAction 获得分页功能。DefaultPageAction 的源代码如下：

```
package com.ttpip.action;
import java.util.List;
import java.util.Map;
import org.apache.struts2.interceptor.SessionAware;
import com.opensymphony.xwork2.ActionSupport;
import com.ttpip.service.DefaultService;
/**
 * 分页功能
 * @author txl 2015/01/02
 *
 */
public class DefaultPageAction extends ActionSupport
        implements SessionAware {
    private int pageLength;//每页显示多少条记录
    private int currentPage;//当前是哪一页
    private int maxPage;//总页数
    private int goPage;  //跳往页
    private String order; //命令
    private Map session;
    private List results;
    //count 表示数据库中待分页对象的总数
    public void processOrder(int count ) {
        //根据数据库中的总数得到当前页、准备跳往页、总页数
        if(count != 0 && count % this.getPageLength() == 0){
            //取得总页数
            this.setMaxPage(count / this.getPageLength());
        } else {
            //取得总页数
            this.setMaxPage((count / this.getPageLength()) + 1);
```

```
    }
    //注意是"first".equals(this.getOrder()),
    //而不是 this.getOrder().equals("first")
    //对象之间使用==或!=表示地址的比较; equals 表示对象值的比较
    if (this.getOrder()!= null && "first".equals(this.getOrder())) {
        currentPage = 1;
        this.setGoPage(currentPage);
    } else if (this.getOrder() != null
            && "next".equals(this.getOrder())) {
        currentPage = this.getCurrentPageInSession() + 1
            <= this.getMaxPage() ?
            this.getCurrentPageInSession() + 1 : this.getMaxPage();
        this.setGoPage(currentPage);
    } else if (this.getOrder() != null
            && "pre".equals(this.getOrder())) {
        currentPage = this.getCurrentPageInSession() - 1
            >= 1 ? this.getCurrentPageInSession() - 1 : 1;
        this.setGoPage(currentPage);
    } else if (this.getOrder() != null
            && "last".equals(this.getOrder())) {
        currentPage = this.getMaxPage();
        this.setGoPage(this.getMaxPage());
    } else if (this.getOrder() != null
        && "go".equals(this.getOrder())) {
        currentPage = this.getGoPage();
    } else {
        currentPage = 1;
        this.setGoPage(currentPage);
    }
    this.setCurrentPage(currentPage);
    this.setCurrentPageInSession(currentPage);
}
public int getPageLength() {
    return pageLength;
}
public void setPageLength(int pageLength) {
    this.pageLength = pageLength;
}
public int getCurrentPage() {
    return currentPage;
}
public void setCurrentPage(int currentPage) {
    this.currentPage = currentPage;
}
public int getMaxPage() {
    return maxPage;
}
public void setMaxPage(int maxPage) {
    this.maxPage = maxPage;
}
public String getOrder() {
    return order;
}
public void setOrder(String order) {
    this.order = order;
}
public Map getSession() {
    return session;
}
```

```
    public void setSession(Map session) {
        this.session = session;
    }
    public int getCurrentPageInSession() {
        if (session.get("currentPage") == null) {
            this.setCurrentPageInSession(0);
        }
        return ((Integer) session.get("currentPage")).intValue();
    }
    public void setCurrentPageInSession(int currentPage) {
        session.put("currentPage", currentPage);
    }
    public int getGoPage() {
        if (goPage < 1) {
            goPage = 1;
        }
        if (goPage > this.getMaxPage()) {
            goPage = this.getMaxPage();
        }
        return goPage;
    }
    public void setGoPage(int goPage) {
        this.goPage = goPage;
    }
    public List getResults() {
        return results;
    }
    public void setResults(List results) {
        this.results = results;
    }
}
```

2. 开发开发科技成果转化管理模块控制器

PateTechCoopManageAction 的源代码如下：

```
package com.ttpip.action.technologyTransformation;
import java.sql.Timestamp;
import java.text.SimpleDateFormat;
import java.util.Date;
import com.opensymphony.xwork2.ActionContext;
import com.ttpip.action.DefaultPageAction;
import com.ttpip.model.DeclStatInfo;
import com.ttpip.model.IndiUser;
import com.ttpip.model.TechTranProjects;
import com.ttpip.service.PateTechCoopManageService;
/**
 * 科技成果转化管理控制器
 * @author txl 2015/01/02
 *
 */
public class PateTechCoopManageAction extends DefaultPageAction {
    private  PateTechCoopManageService pateTechCoopManageService;
    private IndiUser indiUser;
    private int statusId;
    private DeclStatInfo declStatInfo;
    private TechTranProjects techTranProjects;
    // 现在用户 id 暂定为 1
    private Integer userId;
```

```
// 科技成果转化类型为 6
private String declType = "6";
//查询字段
private String startTime;
private String endTime;
private String tranName;
private String declSubmStatus1;
//专利状态：1：无专利 2：申请中
private String tranPateType2;
private String tranPateDate2;
//3：已获专利证书
private String tranPateType3;
private String tranPateDate3;
private String tranAuthDate3;
/**查询专利申请
 * @author txl
 * @return
 */
public String listDeclStatInfo() {
    IndiUser user= (IndiUser)ActionContext.getContext()
                   .getSession().get("user");
    if(user != null) {
        this.userId = user.getUserId();
    }
    this.processOrder(this.pateTechCoopManageService
          .getCountAll(userId,  declType));
    this.setResults(this.pateTechCoopManageService
          .findDeclStatInfos(userId, declType,
           (this.getCurrentPage() - 1) * this.getPageLength(),
           this.getPageLength()));
    return "List";
}

/**通过传入条件查询
 * @author txl
 * @return
 */
public String findAudiInfos(){
    IndiUser user= (IndiUser)ActionContext.getContext()
                              .getSession().get("user");
    if(user != null) {
        this.userId = user.getUserId();
    }
    this.processOrder(this.pateTechCoopManageService
          .getCountDeclStatInfo(userId,  declType, tranName,
           startTime, endTime, declSubmStatus1));
    this.setResults(this.pateTechCoopManageService
          .findAuditInfos(userId,  declType, tranName, startTime,
            endTime, declSubmStatus1,
            (this.getCurrentPage() - 1) * this.getPageLength(),
            this.getPageLength()));
    return "List";
}
/**通过状态 ID 获取 DeclStatInfo 对象
 * @author txl
```

```
 * @return
 */
public String viewDeclStatInfo(){
    DeclStatInfo declStatInfo = this.pateTechCoopManageService
                                .getDeclStatInfo(getStatusId());
    this.setDeclStatInfo(declStatInfo);
    return "viewDeclStatInfo";
}

/**保存申请单
 * @author txl
 * @return
 */
public String saveDeclStatInfo(){
    try {
        System.out.println("saveDeclareApply start ====1010===");
        IndiUser user= (IndiUser)ActionContext.getContext()
                                .getSession().get("user");
        this.pateTechCoopManageService
             .saveTechTranProjects(this.techTranProjects);
        DeclStatInfo declStatInfo =new DeclStatInfo();
        declStatInfo.setTechTranProjects(this.techTranProjects);
        declStatInfo.setIndiUser(user);
        declStatInfo.setDeclType("6");
        declStatInfo.setDeclSubmStatus("1");
        declStatInfo.setDeclAudiStatus("1");
        declStatInfo.setDeclDataSubmTime(
              new Timestamp(new Date().getTime()));
        this.pateTechCoopManageService
              .saveDeclStatInfo(declStatInfo);
        System.out.println("saveDeclareApply end ====1010===");
    } catch(Exception e){
        e.printStackTrace();
    }
    return "showList";
}

/**跳转到修改的申请单
 * @author txl
 * @return
 */
public String update_Apply(){
    this.declStatInfo=this.pateTechCoopManageService
              .getDeclStatInfo(this.getStatusId());
    this.setTechTranProjects(this.declStatInfo
              .getTechTranProjects());
    return "modifyApply";
}

/**修改申请单
 * @author txl
 * @return
 */
public String updateTechTranProjects() {
    System.out.println("1023====updateTechTranProjects====");
    System.out.println("getTranPateStatus====1023===="
        + this.techTranProjects.getTranPateStatus());
    System.out.println("getTranPateType====1023===="
        + this.techTranProjects.getTranPateType());
```

```
        System.out.println("getTranPateDate====1023===="
            + this.techTranProjects.getTranPateDate());
        System.out.println("getTranPateDate====1023===="
            + this.techTranProjects.getTran AuthDate());

        if("2".equals(this.techTranProjects.getTranPateStatus())){
            this.techTranProjects.setTranAuthDate(null);
        }
        if("1".equals(this.techTranProjects.getTranPateStatus())){
            this.techTranProjects.setTranPateDate(null);
            this.techTranProjects.setTranAuthDate(null);
        }
        this.pateTechCoopManageService
            .updateTechTranProjects(this.techTranProjects);
        DeclStatInfo declStatInfo=this.pateTechCoopManageService
                                .getDeclStatInfo(this.statusId);
        declStatInfo.setDeclDataModTime(new Timestamp(new Date()
                                .getTime()));
        declStatInfo.setTechTranProjects(this.techTranProjects);
        this.pateTechCoopManageService.updateDeclStatInfo(declStatInfo);
        return "showList";
    }

    /**删除申请单
     * @author txl
     * @return
    */
    public String deleteDeclStatInfo(){
        try{
            DeclStatInfo declStatInfo=this.pateTechCoopManageService
                                .getDeclStatInfo(getStatusId());
            declStatInfo.setIndiUser(null);
            this.pateTechCoopManageService
                    .deleteDeclStatInfo(declStatInfo);
        }catch(Exception e){
            e.printStackTrace();
        }
        return "showList";
    }

    /**提交审核申请单
     *
     * @return
    */
    public String requestApply(){
        DeclStatInfo declStatInfo=this.pateTechCoopManageService
                        .getDeclStatInfo(this.getStatusId());
        //已提交为2
        declStatInfo.setDeclSubmStatus("2");
        declStatInfo.setDeclAudiStatus("1");
        this.pateTechCoopManageService.updateDeclStatInfo(declStatInfo);
        return "showList";
    }
    <!-- getter setter 省略-->
}
```

3. 开发科技成果审核模块控制器

PateTechCoopAuditAction 的源代码如下：

```
package com.ttpip.action.technologyTransformation;
```

```
import java.sql.Timestamp;
import java.util.Date;
import java.util.List;
import org.apache.struts2.ServletActionContext;
import com.ttpip.action.DefaultPageAction;
import com.ttpip.model.DeclStatInfo;
import com.ttpip.model.IndiUser;
import com.ttpip.service.PateTechCoopAuditService;
import com.ttpip.util.SendMail;

public class PateTechCoopAuditAction extends DefaultPageAction {
    private PateTechCoopAuditService pateTechCoopAuditService;
    // 科技成果转化申请类型为 6
    private String declType = "6";
    private int statusId;
    private DeclStatInfo declStatInfo;
    private String flag;
    private String declAudiSuggest;

    //查询字段
    private String startTime;
    private String endTime;
    private String tranName;
    private String declAudiStatus1;

    /**查询出所有提交了的专利申请表
     * @author dzk
     * @return
     */
    public String listDeclStatInfo(){
        this.processOrder(this.pateTechCoopAuditService
            .getCountAll(declType));
        this.setResults(pateTechCoopAuditService.findAll(declType,
              (this.getCurrentPage() - 1) * this.getPageLength(),
              this.getPageLength()));
        return "showAll";
    }

    /**通过传入条件查询
     * @author dzk
     * @return
    */
    public String findAudiInfos(){
        this.processOrder(pateTechCoopAuditService
            .getCountDeclStatInfo(declType,tranName,startTime,
                     endTime, declAudiStatus1));
        this.setResults(pateTechCoopAuditService
            .findAuditInfos(declType,tranName,startTime,
                     endTime, declAudiStatus1,
                     (this.getCurrentPage() - 1) * this.getPageLength(),
                     this.getPageLength()));
        return "showAll";
    }

    /**跳转到审核通过页面
     * @author dzk
     * @return
     */
```

```
public String passAudit(){
    DeclStatInfo info=this.pateTechCoopAuditService
                    .getDeclStatInfo(getStatusId());
    this.setDeclStatInfo(info);
    return "passAudit";
}

/**跳转到审核不通过页面
 * @author dzk
 * @return
 */
public String noPassAudit(){
    DeclStatInfo info=this.pateTechCoopAuditService
                    .getDeclStatInfo(getStatusId());
    this.setDeclStatInfo(info);
    return "nopassAudit";
}

/**保存通过
 * @author dzk
 * @return
 */
public String savePassAudit(){
    DeclStatInfo info=this.pateTechCoopAuditService
                    .getDeclStatInfo(getStatusId());
    //1：审核通过
    info.setDeclAudiResult("2");
    //1：已审核
    info.setDeclAudiStatus("2");
    info.setDeclAudiSuggest(this.getDeclAudiSuggest());
    info.setDeclAudiTime(new Timestamp(new Date().getTime()));
    this.pateTechCoopAuditService.updateDeclStatInfo(info);
    //返回 List 页面
    return "showList";
}

/**保存不通过
 * @author dzk
 * @return
 */
public String saveNopassAudit(){
    DeclStatInfo info=this.pateTechCoopAuditService
                    .getDeclStatInfo(getStatusId());
    //0：审核不通过
    info.setDeclAudiResult("1");
    //1：已审核
    info.setDeclAudiStatus("2");
    info.setDeclAudiSuggest(this.getDeclAudiSuggest());
    info.setDeclAudiTime(new Timestamp(new Date().getTime()));
    IndiUser indiUser = info.getIndiUser();
    String to = "";
    if(indiUser != null) {
        to = indiUser.getUserEmail();
        if(to != null && !"".equals(to)){
            String path = ServletActionContext
                        .getRequest().getRealPath("/mail");
            path = path +"\\mail.properties";
```

```
            SendMail.testMail(to, "科技成果转化审核不通过信息",
                                    this.getDeclAudiSuggest(),path);
        }
    }
    this.pateTechCoopAuditService.updateDeclStatInfo(info);
    //返回 List 页面
    return "showList";
  }
  <!-- getter setter 省略-->
}
```

4. 在 struts 配置文件 struts-technologyTransformation.xml 中配置控制器

struts2 默认的配置文件名字为 struts.xml。struts-technologyTransformation.xml 是项目组为科技成果转化模块自定义的控制器配置文件。自定义 struts 配置文件需要在 struts.xml 文件中配置并且加载。如下粗体字内容就是声明的自定义配置文件:

```
<?xml version="1.0" encoding="UTF-8"?>
<!DOCTYPE struts PUBLIC
   "-//Apache Software Foundation//DTD Struts Configuration 2.0//EN"
   "http://struts.apache.org/dtds/struts-2.0.dtd" >
<struts>
   <constant name="struts.objectFactory" value="spring"></constant>
   <constant name="struts.custom.i18n.resources" value="message">
   </constant>
   <constant name="struts.enable.DynamicMethodInvocation" value="true">
   </constant>
   <package name="default" extends="struts-default" >
      <!--全局 result -->
      <global-results>
         <result name="error">/error.jsp</result>
         <result name="info">/info.jsp</result>
         <result name="registerSuccess">/success.jsp</result>
         <result name="index">/index.jsp</result>
        <result name="main">/main.jsp</result>
        <result name="noRole">/noRole.jsp</result>
      </global-results>
      <!--全局异常映射-->
      <global-exception-mappings>
         <exception-mapping result="error"
            exception="java.lang.Exception"/>
      </global-exception-mappings>
   </package>
   <!--加载功能模块控制器配置文件-->
   <include file="struts-technologyTransformation.xml"/>
</struts>

<!--然后在 struts-technologyTransformation.xml 中配置科技成果转化控制器。-->
<?xml version="1.0" encoding="UTF-8"?>
<!DOCTYPE struts PUBLIC
   "-//Apache Software Foundation//DTD Struts Configuration 2.0//EN"
   "http://struts.apache.org/dtds/struts-2.0.dtd">
<struts>
   <constant name="struts.multipart.maxSize" value="10104857600" />
   <package name="technologyTransformation" extends="default"
            namespace="/technologyTransformation">
```

```
        <!--txl 科技成果转化  start -->
        <!--添加，修改，删除，查看，提交审核-->
        <action name="pateTechCoopManage"
              class="pateTechCoopManageBean">
           <result name="List">
              pateTechCoopManage/pateTechCooperation_List.jsp
           </result>
           <result name="showList" type="redirect">
              pateTechCoopManage!listDeclStatInfo.action
           </result>
           <result name="modifyApply">
              pateTechCoopManage/pateTechCooperation_Modify.jsp
           </result>
           <result name="viewDeclStatInfo">
              pateTechCoopManage/pateTechCooperation_View.jsp
           </result>
        </action>
        <!-- 审核-->
        <action name="pateTechCoopAudit" class="pateTechCoopAuditBean">
           <result name="showAll">
              pateTechCoopAudit/pateTechCoopAudit_List.jsp
           </result>
           <result name="showList" type="redirect">
              pateTechCoopAudit!listDeclStatInfo.action
           </result>
           <result name="passAudit">
           pateTechCoopAudiResuManage/passPateTechCoopResult_Add.jsp
           </result>
           <result name="nopassAudit">
           pateTechCoopAudiResuManage/noPassPateTechCoopResult_Add.jsp
           </result>
        </action>
        <!--txl 科技成果转化  end -->
    </package>
</struts>
```

通过以上的配置，我们就可以通过访问路径 http://ip:9999/TTPIP/technologyTransformation/pateTechCoopManage! listDeclStatInfo.action 来访问科技成果转化管理页面。访问路径中/technologyTransformation 为配置中 package 节点中 namespace 属性配置，pateTechCoopManage 为 action 节点 name 属性配置，!listDeclStatInfo 为类 PateTechCoopManageAction.java 中的 listDeclStatInfo 方法。所以访问控制器的完整路径为 http://ip 地址:端口/项目名/namespace/action 名字加!加类中所需访问方法名加.action。科技成果转化管理页面运行效果如图 8-12 所示：

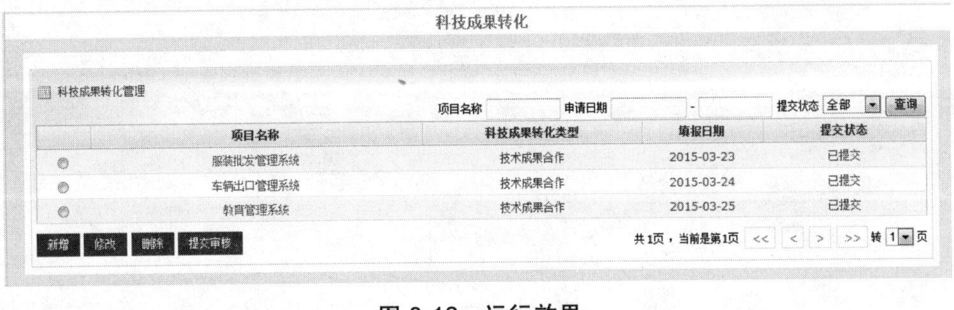

图 8-12　运行效果

8.6 拓展提高

在熟练掌握了struts2的基本使用后,可以在此基础之上研究struts2实现核心原理拦截器、数据转换、文件上传、文件下传等技术。

8.7 练习与实训

1. 练习

（1）什么是MVC模式？

（2）描述Struts2的工作原理？

（3）在Struts2中常用的标签库有那些？

（4）OGNL语言中使用的数据结构是什么？

（5）描述Struts2验证过程？

（6）什么是值栈？

（7）描述控制组件中数据接收和传递过程？

2. 实训

完成网上政务大厅行政处罚系统中立案信息管理模块功能的开发。

第 9 章　开发视图

【学习目录】

➢了解 JSP 组成；
➢了解 JSP 内置对象；
➢了解 JSP 标签；
➢掌握 EL 表达式应用。

9.1　视图概述

视图（View）是用于解释模型中的数据并将数据展示给用户。MVC 将软件系统编程代码分割为三个不同的部分：模型、视图和控制器。模型存储应用的状态；视图解释模型中的数据并将它展示给用户；控制器处理用户的输入。如图 9-1 所示为 MVC 关系图。

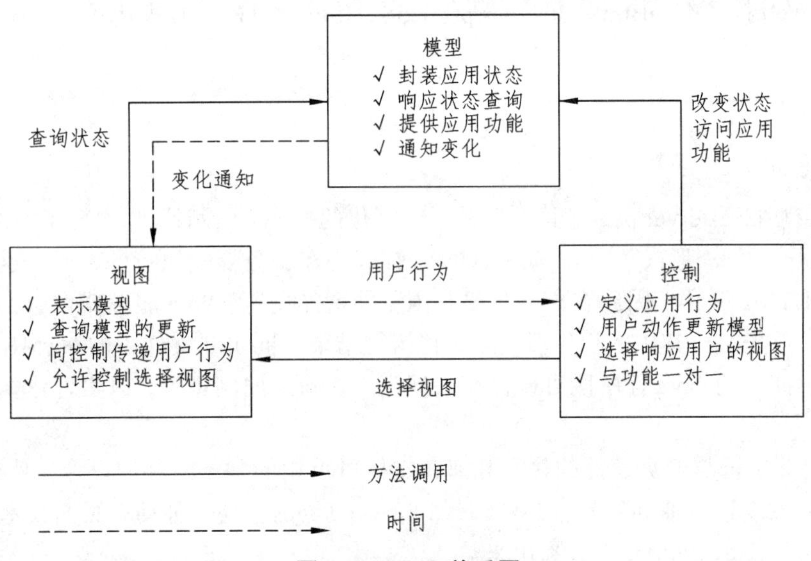

图 9-1　MVC 关系图

因为表示层是请求驱动的，所以用户可以是任意请求的发起者。控制器处理该请求，模型就是业务数据，而视图就是最终发生的应答。控制器是与请求发生联系的起点。控制器就是一个主管，首先规划要更新和显示什么视图，然后调用被选择的模式和视图以执行真正的规划。视图从模型中读取数据，并使用这些数据来生成应答。

视图实现为 JSP 页面和静态 HTML。视图是没有状态的，每次它被调用的时候，视图必须能够从模型中读取出它的数据，它必须读取模型数据并把它转换为 HTML 页面格式。

在这一章节中，我们需要重点掌握 JSP、JSTL、EL 表达式、Web 应用中的异常处理、自定义 JSP 标签等技术，以及基于 JSP 的视图实现流程。

9.2 任务分析

➢掌握 JSP 编程。

➢掌握 EL 表达式。

➢掌握 JSTL。

➢掌握使用标签封装下拉列表和多选框。

➢掌握 Web 应用中的异常处理

➢根据第五章 5.4.2 设计核心业务 Web 页面界面原型化设计，把静态界面转化为具有动态数据交互效果的页面，完成公共信息服务平台系统中科技成果转化功能模块的界面视图开发。

时间：8 课时。

9.3 开发视图的相关知识

在开发视图的过程中，我们需要掌握 JSP，还要了解在 JSP 中使用的技术点。在 JSP 中主要应用的 Web 技术有：Html、JavaScript、CSS、JSP、JSTL、EL 表达式、Ajax、异常处理。

9.3.1 Java Server Pages

1. JSP 概述

JSP 全名为 java server page，其本质是一个简化的 Servlet 设计，它实现了 Html 语法中的 java 扩展（以<%，%>形式）。JSP 与 Servlet 一样，是在服务器端执行的，通常返回给客户端的就是一个 HTML 文本，因此客户端只要有浏览器就能浏览。Web 服务器在遇到访问 JSP 网页的请求时，首先执行其中的程序段，然后将执行结果连同 JSP 文件中的 HTML 代码一起返回给客户端。插入的 Java 程序段可以操作数据库、重新定向网页等，以实现建立动态网页所需要的功能。

JSP 将网页逻辑与网页设计的显示分离，支持可重用的基于组件的设计，使基于 Web 的应用程序的开发变得迅速和容易。JSP（Java Server Pages）是一种动态页面技术，它的主要目的是将表示逻辑从 Servlet 中分离出来。

JSP 2.0 的一个主要特点是它支持表达语言(expression language)。JSTL 表达式语言可以使用标记格式方便地访问 JSP 的隐含对象和 JavaBeans 组件，JSTL 的核心标记提供了流程和循环控制功能。

2. 组成

一个 JSP 文件包含指令、脚本、注释等元素。

1）指令元素

指令元素的作用是用于告诉编译器如何编译当前的 JSP 文件，JSP 指令有 3 种，每种指令都有自己的属性。

（1）page。

```
<%@ page language="java"
      contentType="text/html; charset=UTF-8"
      pageEncoding="UTF-8"
      autoFlush="true"
      buffer="8kb"
      errorPage=""
      extends=""
      info=""
      isELIgnored="false"
      isErrorPage="false"
      isThreadSafe="true"
      pageEncoding="gbk"
      session="true
      import="com.ttpip.model.*, com.ttpip.util.*, java.util.*"%>
<html>
   <body>
      <div span class="title">
         <strong>科技成果转化</strong>
      </div>
   </body>
</html>
```

Page 属性如表 9-1 所示。

表 9-1　Page 指令

属　性	说　明
language	只能是 java
autoFlush	是否自动刷新缓冲，默认 true
buffer	设置缓冲大小
contentType	设置响应的内容类型
errorPage	设置错误页
extends	设置当前页从哪儿继承，一般不用设置
import	编译此页需导入的类
info	说明信息
isELIgnored	是否忽略 EL 表达式，默认 false
isErrorPage	设置是否错误处理页，默认 false
isThreadSafe	设置是否线程安全，默认 true
pageEncoding	设置当前文件编码
session	设置当前页是否参与会话，默认 true

（2）incude。

include 指令是“静态包含”，所谓静态包含是指将被包含文件的源代码嵌入到主文件和主文件一块编译，最终编译后只会生成主文件的源文件和对应的字节码文件，被包含文件不会单独生成源文件和字节码文件。

```
<%@ page language="java"%>
<html>
    <body>
        <div span class="title">
            <strong>科技成果转化</strong>
         </div>
    </body>
</html>
<%@ include file=" Frame-foot-index.jsp" %>
```

Frame-foot-index.jsp 的源码如下：

```
<%@ page contentType="text/html;charset= utf-8"%>
<html>
    <body>
        <div>版权所有 2014-2021 四川华迪信息技术有限公司</div>
    </body>
</html>
```

（3）taglib。

taglib 指令用于引入可用标签（对应一段 Java 程序，类似调用一段代码而已），而标签是事先写好的一段代码，只是我们需要遵循一定的原则才能调用之。比如我们想用 JSTL 标签，那么首先要导入 JSTL 才行，一旦导入 JSTL 的包后，我们就可以使用相关的标签了。

```
<%@ page contentType="text/html;charset=UTF-8"%>
<%@taglib  uri="http://java.sun.com/jsp/jstl/core" prefix="c"%>
<html>
    <body>
        <div span class="title">
            <strong>科技成果转化</strong>
        </div>
    </body>
</html>
```

2）脚本元素

包含在<% %>中的合法的 java 片断称为脚本。

```
<%@ page contentType="text/html" pageEncoding="UTF-8"%>
<html>
    <head>
        <title>脚本元素</title>
        <%
            for(int i=0;i<10;i++) {
                out.println("大家好！");
            }
        %>
    </head>
    <body>
```

```
    </body>
</html>
```

3）注释元素

（1）脚本元素注释。

既然脚本是合法的 java 代码，那么注释就可分为单行注释“//注释内容”和多行注释“/*注释内容*/”这两种。

```
<%
    //这是注释，不参与编译
    /*
     *这是注释，不参与编译
     */
    for(int i=0;i<10;i++) {
        out.println("大家好！");
    }
%>
```

4）常见配置

```
<!—session 过期时间，单位是分钟-->
<session-config>
    <session-timeout>30</session-timeout>
</session-config>
<!--错误代码为 404 的错误导向到 NotFound.jsp-->
<error-page>
    <error-code>404</error-code>
    <location>/notfound.jsp</location>
</error-page>
<!--当系统发生 500 错误即服务器内部错误时，跳转到错误处理页面 error.jsp-->
<error-page>
  <error-code>500</error-code>
  <location>/error.jsp</location>
</error-page>
<!--当系统发生 java.lang.NullException->
<error-page>
  <exception-type>java.lang.NullException</exception-type>
  <location>/error.jsp</location>
</error-page>
```

9.3.2　JSTL

1. JSTL 概述

JSTL（JSP Standard Tag Library，JSP 标准标签库)是一个由官方支持、开放源代码的 JSP 标签库。JSTL 只能运行在支持 JSP1.2 和 Servlet2.3 规范及以上版本的容器中。

如果使用 JSTL，则必须将 jstl.jar 和 standard.jar 文件放到 classpath 中，如果你还需要使用 Database access (SQL)标签，还要将相关 JAR 文件放到 classpath 中，这些 JAR 文件可以在 http://jakarta.apacheorg/builds/jakarta-taglibs/releases/standard/jakarta-taglibs-standard-1.0.zip 下载，表 9-2 所示列举了 JSTL 中常用的标签库、URL 及前缀。

表 9-2 JSTL 中常用的标签库、URL 及前缀

库	URL	前 缀
Core 核心库	http://java.sun.com/jsp/jstl/core	C
XML 处理	http://java.sun.com/jsp/jstl/xml	X
118N 国际化	http://java.sun.com/jsp/jstl/fmt	fmt
Database Access	http://java.sun.com/jsp/jstl/sql	sql
Functions	http://java.sun.com/jsp/jstl/functions	fn

2. JSTL 常用标签

➢常用的标签：<c：out>、<c：set>、<c：remove>、<c：catch>。

➢条件标签：<c：if>、<c：choose>、<c：when>、<c：otherwise>。

➢迭代标签：<c：forEach>、<c：forTokens>。

➢URL 操作标签：<c：import>、<c：url>、<c：redirect>。

1）案例一：标签在页面中应用

重点学习 c:if、c:forEach、c:when，举例说明关键代码如下。

（1）在页面最上方引入标签库文件。

```
<%@ taglib prefix="c" uri="http: //java.sun.com/jsp/jstl/core"%>
```

（2）在 head 标签中引入样式文件。

```
<link href="common.css" rel="stylesheet" type="text/css" />
```

（3）标签代码。

```
<table width="100%" cellpadding="2" cellspacing="0" class="dataTable">
    <tr class="dataTableHead">
        <td width="30%" align="center"><strong>项目名称</strong></td>
        <td width="20%" align="center">
            <strong>科技成果转化类型</strong>
        </td>
    </tr>
    <c: forEach items="${results}" var="declStatInfo" varStatus="s">
        <c: choose>
            <c: when test="${(s.index % 2) == 0}">
                <tr class="odd">
                    <td align="center">
                        <input type="radio" name="radio1" id="radio1" />
                    </td>
                    <td align="center" bordercolor="1">
                    <c: choose>
                        <c: when
                        test="${declStatInfo.techTranProjects.tranName}}">
                            ${declStatInfo.techTranProjects.tranName}
                        </c: when>
                        <c: otherwise>
                            ${declStatInfo.techTranProjects.tranName}
```

```
                    </c: otherwise>
                </c: choose>
                </td>
                <td align="center">
                <c: if
            test="${declStatInfo.techTranProjects.tranType eq '1'}">
                    技术成果合作
                </c: if>
                <c: if
            test="${declStatInfo.techTranProjects.tranType eq '2'}">
                    技术成果转让
                </c: if>
                <c: if
            test="${declStatInfo.techTranProjects.tranType eq '3'}">
                    专利技术合作
                </c: if>
                <c: if
            test="${declStatInfo.techTranProjects.tranType eq '4'}">
                    项目共同开发
                </c: if>
                </td>
            </tr>
        </c: when>
    </c: choose>
  </c: forEach>
</table>
```

9.3.3 EL 表达式

EL 是 Expression Language 的缩写。它的主要目的是为了使 JSP 写起来更加简单，并提供了在 JSP 中简化表达式的方法。它是一种简单的语言，基于可用的命名空间（PageContext 属性）、嵌套属性和对集合、操作符（算术型、关系型和逻辑型）的访问符、映射到 Java 类中静态方法的可扩展函数以及一组隐式对象。

EL 提供了在 JSP 脚本编制元素范围外使用运行时表达式的功能。脚本编制元素是指页面中能够用于在 JSP 文件中嵌入 Java 代码的元素。

1. 语法结构

${expression}

2. 示例程序

```
<%=request.getParameter("username")%>等价于${param.username}
<%=request.getAttribute("userlist")%>等价于${requestScope.userlist}
<%=user.getAddr()%>等价于${user.addr}
```

3. 运算符

EL 提供“.”和“[ ]”两种运算符来存取数据。

当要存取的属性名称中包含一些特殊字符，如“.”或“?”等并非字母或数字的符号，就一定要使用“[ ]”。例如：

${user.My-Name}应当改为${user["My-Name"]}。

如果要动态取值时，就可以用“[ ]”来做，而“.”无法做到动态取值。例如：

${sessionScope.user[data]}中 data 是一个变量。

4. 变量

EL 存取变量数据的方法很简单，例如：${username}。它的意思是取出某一范围中名称为 username 的变量。因为我们并没有具体指定哪一个范围的 username，所以它会依次从 Page、Request、Session、Application 范围中查找。假如途中找到 username，就直接返回找到的值，不再继续找下去，但是假如在所有的范围中都没有找到时，就返回 null。

属性范围在 EL 中的名称：

➢Page：PageScope。

➢Request：RequestScope。

➢Session：SessionScope。

➢Application：ApplicationScope。

5. 操作符

JSP 表达式语言提供以如表 9-3 所示表达式语言操作符，其中大部分是 Java 中常用的操作符。

表 9-3　表达式语言操作符

术　语	定　义
算术型	+、－（二元）、*、/、div、%、mod、-（一元）
逻辑型	and、&&、or、||、!、not
关系型	==、eq、!=、ne、、gt、<=、le、>=、ge。可以与其他值进行比较，或与布尔型、字符串型、整型或浮点型文字进行比较
空	空操作符是前缀操作，可用于确定值是否为空
条件型	A?B:C。根据 A 赋值的结果来赋值 B 或 C

6. 隐式对象

EL 表达式语言定义了一组隐式对象，如表 9-4 所示为表达式隐式对象表。

表 9-4　表达式隐式对象表

类别	术　语	定　义
JSP	pageContext	JSP 页的上下文。它可以用于访问 JSP 隐式对象，如请、响应、会话、输出、servletContext 等。例如，${pageContext.response}为页面的响应对象赋值
请求参数	param	将请求参数名称映射到单个字符串参数值[通过调用 ServletRequest.getParameter(String name)获得]。getParameter (String) 方法返回带有特定名称的参数。表达式 $(param.name) 相当于 request.getParameter(name)

续表

类别	术 语	定 义
请求参数	paramValues	将请求参数名称映射到一个数值数组(通过调用ServletRequest.getParameterValues(String name)获得)。它与param隐式对象非常类似，但它检索一个字符串数组而不是单个值。表达式${paramvalues.name)相当于request.getParamterValues(name)
请求头	header	将请求头名称映射到单个字符串头值[通过调用ServletRequest.getHeader(String name)获得]。表达式${header.name}相当于request.getHeader(name)
	headerValues	将请求头名称映射到一个数值数组[通过调用ServletRequest.getHeaders(String)获得]。它与头隐式对象非常类似。表达式${headerValues.name}相当于request.get HeaderValues(name)
Cookie	cookie	将cookie名称映射到单个cookie对象。向服务器发出的客户端请求可以获得一个或多个cookie。表达式${cookie.name.value}返回带有特定名称的第一个cookie值。如果请求包含多个同名的cookie，则应该使用${headerValues.name}表达式
初始化参数	initParam	将上下文初始化参数名称映射到单个值[通过调用ServletContext.getInitparameter(String name)获得]
作用域	pageScope	将页面范围的变量名称映射到其值。例如，EL表达式可以使用${pageScope.objectName}访问一个JSP中页面范围的对象，还可以使用${pageScope.objectName.attributeName}访问对象的属性
	requestScope	将请求范围的变量名称映射到其值。该对象允许访问请求对象的属性。例如，EL表达式可以使用${requestScope.objectName}访问一个JSP请求范围的对象，还可以使用${requestScope.objectName.attributeName}访问对象的属性
	sessionScope	将会话范围的变量名称映射到其值。该对象允许访问会话对象的属性。例如：${sessionScope.name}
	applicationScope	将应用程序范围的变量名称映射到其值。该隐式对象允许访问应用程序范围的对象

尽管JSP和EL隐式对象中只有一个公共对象pageContext，但通过EL也可以访问其他JSP隐式对象。原因是pageContext拥有访问所有其他八个JSP隐式对象的特性。

前面内容讲解了关于EL表达式的理论知识，接下来通过示例进行演示。

案例一：EL表达示在功能“科技成果转化管理”中应用。

EL应用页面关键代码如下：

1. 引入标签库

```
<%@ taglib prefix="c" uri="http://java.sun.com/jsp/jstl/core"%>
```

2. EL页面应用

```
<table width="100%" cellpadding="2" cellspacing="0">
   <tr>
      <td width="30%" align="center">项目名称</td>
      <td width="20%" align="center">科技成果转化类型</td>
```

```
    </tr>
    <c:forEach items="${results}" var="declStatInfo" varStatus="s">
        <c:choose>
            <c:when test="${(s.index % 2) == 0}">
            <tr>
                <td>${declStatInfo.declSubmStatus} /></td>
                <td align="center">
                <c:if
                test="${declStatInfo.techTranProjects.tranType eq '1'}">
                    成果合作
                </c:if>
                <c:if
                test="${declStatInfo.techTranProjects.tranType eq '2'}">
                    成果转让
                </c:if>
                <c:if
                test="${declStatInfo.techTranProjects.tranType eq '3'}">
                    技术合作
                </c:if>
                <c:if
                test="${declStatInfo.techTranProjects.tranType eq '4'}">
                    项目共同开发
                </c:if>
                </td>
            </tr>
            </c:when>
        </c:choose>
    </c:forEach>
</table>
```

9.3.4 Web 应用中的异常处理

在实际的 JavaEE 项目中，系统内部难免会出现一些异常，如果对异常放任不管，那么它们将被直接输出到浏览器上，这可能会让用户感到莫名其妙，也有可能让某些用户找到破解系统的方法。

针对 Struts2 + Spring + Hibernate 集成框架的实现，通常一个页面请求到服务端后，数据首先是经过过滤器传递给 Action（也就是所谓 MVC 的 Controller），Action 会调用 Service 层的业务方法，Service 层会调用持久层的 Dao 对象操作持久化数据，在业务方法处理完成后，处理结果会返回到 Action，最后由 Action 根据返回结果返回相应的页面，执行流程如图 9-2 所示。

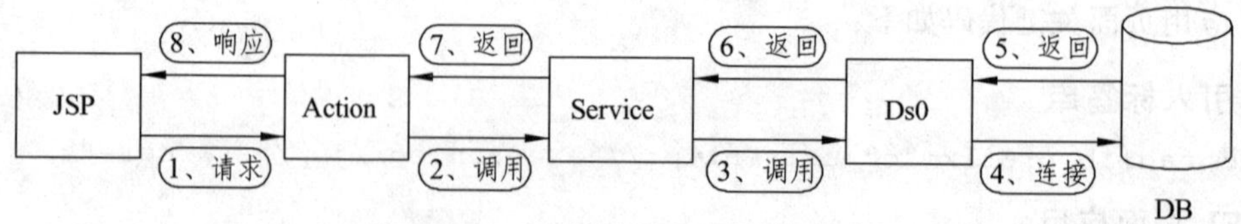

图 9-2　ssh 执行流程图

在这三层中其实都有可能发生异常，比如 dao 层可能会有 SQLException，service 层可能会有 NullPointException，action 层可能会有 IOException，一旦发生异常并且程序员未做处理，那么该层不会再往下执行，而是向调用自己的方法抛出异常，如果 dao、service、action 层都未处理异常的话，异常信息会抛到服务器，然后服务器会把异常直接输出到页面，结果如图 9-3 所示。

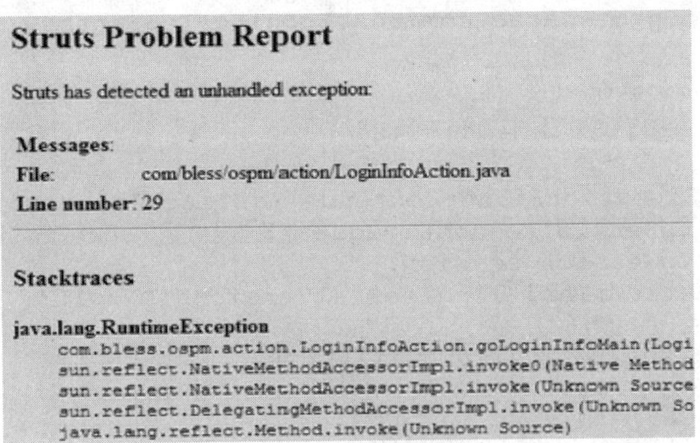

图 9-3　异常信息

所以异常应该在 action 控制转发之前尽量处理掉，同时记录 log 日志，然后在页面以友好的错误提示界面告诉用户出错了。

1. 异常处理示例

在 Struts2+Spring+Hibernate 框架中的异常处理，通常需要实现的类有 action 类、service 类、异常拦截器 ExceptionFilter、自定义异常类 MyException、错误跳转页面 error.jsp。

案例一：演示异常类型为“数据库操作失败”。

（1）Action 类。

在 Action 类中使用 try/catch 结构捕获异常。

```
/**
 * 查询科技成果转化
 * @return
 */
public String searchTicket() throws MyException {
    try {
        baseService.findFlightInfos(searchTicketDto);
    } catch (Exception e) {
        throw new MyException("101");// 抛出自定义异常
    }
    return "success";
}
```

（2）异常拦截器 ExceptionFilter。

```
package com.ab.permission.Filter;
import java.io.IOException;
import java.lang.reflect.InvocationTargetException;
import java.sql.SQLException;
import javax.servlet.http.HttpServletRequest;
import javax.servlet.http.HttpSession;
import org.apache.struts2.ServletActionContext;
import org.apache.struts2.StrutsStatics;
import org.springframework.dao.DataAccessException;
```

```
import com.ab.permission.exception.MyException;
import com.opensymphony.xwork2.ActionInvocation;
import com.opensymphony.xwork2.interceptor.AbstractInterceptor;
import com.opensymphony.xwork2.interceptor.StaticParametersInterceptor;
import com.sun.org.apache.commons.logging.Log;
import com.sun.org.apache.commons.logging.LogFactory;
/**
 * 功能描述：异常拦截器
 * @date: 2015-03-07 下午 05:09:25
 */
public class ExceptionFilter extends AbstractInterceptor {
    private HttpServletRequest request;
    private HttpSession session;
    private static final long serialVersionUID = 1L;
    /**
     * 功能描述：异常拦截器，对异常进行相关处理
     */
    @Override
    public String intercept(ActionInvocation actioninvocation)
                    throws Exception {
        request = ServletActionContext.getRequest();
        String result = null; // Action 的返回值
        String errorMsg = "未知错误！";
        try {
            // 运行被拦截的 Action，期间如果发生异常会被 catch
            result = actioninvocation.invoke();
            return result;
        } catch (DataAccessException ex) {
            errorMsg = "数据库操作失败";
        } catch (MyException e) {
            e.printStackTrace(); //开发时打印异常信息，方便调试
            errorMsg = e.getMessage().trim();
        } catch (Exception ex) {
          errorMsg = "程序内部错误，操作失败";
        }
        errorMsg = "错误信息："+errorMsg;
        /**
         * 发送错误消息到页面
         */
        request.setAttribute("tip", errorMsg);
        return "error";
    }
}
```

（3）自定义异常类 MyException。

```
//定义一个自己定义的 Exception 类，名为 MyException，然后继承 Exception
class MyException extends Exception{
    //重写构造方法
    public MyException(String message){
        super(message); //调用 Exception 的有参构造方法。
    }
}
```

（4）错误跳转页面 error.jsp。

```
<%@ page import="java.util.*" pageEncoding="UTF-8"%>
<%@taglib prefix="s" uri="/struts-tags"%>
<%
   String path = request.getContextPath();
   String basePath = request.getScheme()+"://"+request.getServerName()
                  +":"+request.getServerPort()+path+"/";
%>
<!DOCTYPE HTML PUBLIC "-//W3C//DTD HTML 4.01 Transitional//EN">
<html>
   <head>
      <base href="<%=basePath%>">
      <title>出错了</title>
      <meta http-equiv="pragma" content="no-cache">
      <meta http-equiv="cache-control" content="no-cache">
      <meta http-equiv="expires" content="0">
      <meta http-equiv="keywords" content="keyword1,keyword2,keyword3">
      <meta http-equiv="description" content="This is my page">
   </head>
   <body>
      ${ tip }
   </body>
</html>
```

（5）配置 struts.xml。

```
<global-results>
   <result name="error">/error.jsp</result>
</global-results>
<!-- 定义全局异常映射 -->
<global-exception-mappings>
   <exception-mapping result="error" exception="java.lang.Exception">
   </exception-mapping>
</global-exception-mappings>
<interceptors>
   <interceptor name="exceptionManager"
      class="com.ab.permission.Filter.ExceptionFilter"/>
      <interceptor-stack name="authorityStack">
         <interceptor-ref name="defaultStack" />
         <interceptor-ref name="exceptionManager" />
      </interceptor-stack>
   </interceptor>
</interceptors>
```

9.3.5 自定义 Jsp 标签

JSP 中有一个重要的技术叫做自定义标签（Custom Tag）。Struts2 中使用了很多自定义标签，如 html、bean 等。它不仅可以取代 JSP 中的 Java 程序，并且可以重复使用。

1. 基本概念

（1）标签(Tag)。

标签是一种 XML 元素，通过标签可以使 JSP 网页变得简洁且易于维护，还可方便地实现同一个 JSP 文件支持多种语言版本。由于标签是 XML 元素，所以它的名称和属性都对大小写敏感。

（2）标签库(Tag library)。

由一系列功能相似、逻辑上互相联系的标签构成的集合称为标签库。

（3）标签库描述文件(Tag Library Descriptor)。

标签库描述文件是一个 XML 文件，这个文件提供了标签库中类和 JSP 中对标签引用的映射关系。它是一个配置文件，和 web.xml 是类似的。

（4）标签处理类(Tag Handle Class)。

标签处理类是一个 Java 类，这个类继承了 TagSupport 或者扩展了 SimpleTag 接口，通过这个类可以实现自定义 JSP 标签的具体功能。

2. 自定义 JSP 标签的格式

为了使 JSP 容器能够使用标签库中的自定义行为，必须满足以下两个条件：

➢从一个指定的标签库中识别出代表这种自定义行为的标签；

➢找到实现这些自定义行为的具体类。

第一个必需条件是找出一个自定义行为属于哪个标签库：是由标签指令的前缀属性完成，所以在同一个页面中使用相同前缀的元素都属于这个标签库。每个标签库都定义了一个默认的前缀，用在标签库的文档中或者页面中插入自定义标签。所以，你可以使用除了诸如 jsp，java，servlet，sun，sunw 以外的前缀。

第二个要求是 URI 属性：为每个自定义行为找到对应的类，这个 URI 包含了一个字符串，容器用它来定位 TLD 文件。在 TLD 文件中可以找到标签库中所有标签处理类的名称。

当 Web 应用程序启动时，容器从 WEB-INF 文件夹的目录结构的 META-INF 搜索所有以.tld 结尾的文件。也就是说它们会定位所有的 TLD 文件。对于每个 TLD 文件，容器会先获取标签库的 URI，然后为每个 TLD 文件和对应的 URI 创建映射关系。

在 JSP 页面中，我们仅需通过使用带有 URI 属性值的标签库指令来和具体的标签库匹配。

3. 创建和使用一个 Tag Library 的基本步骤

➢创建标签的处理类(Tag Handler Class)；

➢创建标签库描述文件(Tag Library Descrptor File)；

➢在 web.xml 文件中配置元素；

➢在 JSP 文件中引入标签库。

4. TagSupport 处理标签的方法

（1）TagSupport 类提供了两个处理标签的方法。

```
public int doStartTag() throws JspException
public int doEndTag() throws JspException
```

（2）doStartTag：JSP 容器遇到自定义标签的起始标志，就会调用 doStartTag()方法。

```
doStartTag()方法返回一个整数值，用来决定程序的后续流程。
A.Tag.SKIP_BODY：表示?>之间的内容被忽略
B.Tag.EVAL_BODY_INCLUDE：表示标签之间的内容被正常执行
```

（3）doEndTag：JSP 容器遇到自定义标签的结束标志，就会调用 doEndTag()方法。

doEndTag()方法也返回一个整数值，用来决定程序后续流程。

A.Tag.SKIP_PAGE：表示立刻停止执行网页，网页上未处理的静态内容和 JSP 程序均被忽略，任何已有的输出内容立刻返回到客户端的浏览器上。

B.Tag_EVAL_PAGE：表示按照正常的流程继续执行 JSP 网页。

5. 如何创建标签处理类

（1）引入必需的资源：

```
import javax.servlet.jsp.*;
import javax.servlet.http.*;
import java.util.*;
import java.io.*;
```

（2）继承 TagSupport 类并覆盖 doStartTag()/doEndTag()方法；

（3）从 ServletContext 对象中获取 java.util.Properties 对象；

（4）从 Properties 对象中获取 key 对应的属性值；

（5）对获取的属性进行相应的处理并输出结果。

案例一：自定义下拉列表

在自定义下拉列表案例中，我们主要继承 TagSupport 类、用到了自定义标签的开始标志 doStartTag、结束标志 doEndTag()方法，最终效果如图 9-4 所示。

省份：四川

图 9-4　自定义省份

（1）编写标签类。

```
package com.hwadee.exam.tag;
import java.io.IOException;
import javax.servlet.jsp.JspException;
import javax.servlet.jsp.JspWriter;
import javax.servlet.jsp.tagext.TagSupport;
public class SelectTag extends  TagSupport{
    public int doStartTag() throws JspException {
        return EVAL_BODY_INCLUDE;
    }
    public int doEndTag() throws JspException {
        JspWriter out = pageContext.getOut();
        try {
            out.write("<select name='province'>");
            out.write("<option value='51'>四川</option>");
            out.write("<option value='52'>云南</option>");
            out.write("<option value='53'>贵州</option>");
            out.write("</select>");
        } catch (IOException e) {
            e.printStackTrace();
        }
        return EVAL_PAGE;
    }
}
```

编写标签描述，在 WebRoot→tag 目录下添加描述配置文件(exam.tld)，如图 9-5 所示。

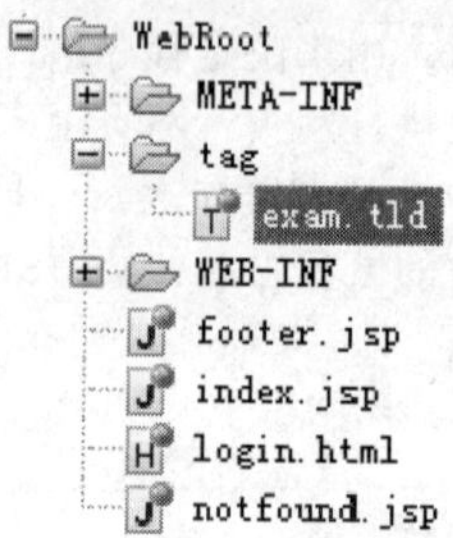

图 9-5 目录结构

exam.tld 内容如下：

```
<?xml version="1.0" encoding="utf-8" ?>
<!DOCTYPE taglib PUBLIC
   "-//Sun Microsystems, Inc.//DTD JSP Tag Library 1.1//EN"
   "http://java.sun.com/j2ee/dtds/web-jsptaglibrary_1_1.dtd">
<taglib>
   <tlibversion>1.0</tlibversion>
   <jspversion>1.1</jspversion>
   <shortname>exam</shortname>
   <tag>
      <name>select</name>
      <tag-class>com.hwadee.exam.tag.SelectTag</tag-class>
      <body-content>jsp</body-content>
      <description>
         TagSupport example
      </description>
   </tag>
</taglib>
```

（2）JSP 调用标签。

```
<%@ page import="com.hwadee.exam.pojo.User" pageEncoding="UTF-8" %>
<%@ taglib prefix="ex" uri="/WEB-INF/tag/exam.tld" %>
<html>
   <body>
      省份：<ex:select/>
   </body>
</html>
```

为了达到下拉的名字用户可定义，我们可以通过给标签类增加属性来解决。

➢标签类。

```
public class SelectTag extends TagSupport{
   private String name;
   public void setName(String name) {
      this.name = name;
   }

   public int doStartTag() throws JspException {
      return EVAL_BODY_INCLUDE;
   }
   public int doEndTag() throws JspException {
      JspWriter out = pageContext.getOut();
      try {
         out.write("<select name='"+name+"'>");
```

```
            out.write("<option value='51'>四川</option>");
            out.write("<option value='52'>云南</option>");
            out.write("<option value='53'>贵州</option>");
            out.write("</select>");
        } catch (IOException e) {
            e.printStackTrace();
        }
        return EVAL_PAGE;
    }
}
```

➤标签描述类。

```
<?xml version="1.0" encoding="utf-8" ?>
<!DOCTYPE taglib PUBLIC
   "-//Sun Microsystems, Inc.//DTD JSP Tag Library 1.1//EN"
   "http://java.sun.com/j2ee/dtds/web-jsptaglibrary_1_1.dtd">
<taglib>
   <tlibversion>1.0</tlibversion>
   <jspversion>1.1</jspversion>
   <uri>http://www.hwadee.com</uri>
   <shortname>exam</shortname>
      <tag>
      <name>select</name>
      <tag-class>com.hwadee.exam.tag.SelectTag</tag-class>
      <body-content>jsp</body-content>
      <attribute>
         <name>name</name>
         <required>true</required>
         <rtexprvalue>true</rtexprvalue>
      </attribute>
      <description>
         TagSupport example
      </description>
   </tag>
</taglib>
```

➤JSP 调用。

```
<%@ page import="com.hwadee.exam.pojo.User" pageEncoding="utf-8" %>
<%@ taglib prefix="ex" uri="/WEB-INF/tag/exam.tld" %>
<html>
   <body>
      省份：<ex:select name="province"/>
   </body>
</html>
```

经过上面的改进，现在的 select 标签可接收开发者的参数了，如果还要接收更多的参数，依然按照上面的方式添加更多的属性。通过自定义标签，可以实现代码重用。

9.4　开发视图工作任务

开发业务视图过程中，主要用到 Html、Css、JavaScript、EL、JSTL、JSP 等技术。

在案例项目中开发视图，我们需要先在项目工程（TTPIP）→WebRoot 文件夹中创建需要开发功能视图的文件夹并命名为科技转化（technologyTransformation），在科技转换文件夹下面添加科技成果转化管理文件夹，命名为科技转化管理（pateTechCoopManage），在科技成果转化管理文件夹中新建 4 个后缀名为.jsp 的文件。分别命名为：添加科技成果转化（pateTechCooperation_Add.jsp）、修改科技成果转化（pateTechCooperation_Modify.jsp）、查询科技成果转化（pateTechCooperation_List.jsp）、查看科技成果转化（pateTechCooperation_View.jsp），审核科技成果转化（pateTechCoopAudit_List.jsp）。

首先需要在上面新建的每个视图页面文件中的最上方引入需要使用的资源文件：标签库或模板页。在每个视图中的 head 标签中引入 CSS、JavaScript、jquery 文件。关键代码如下：

```
<%@taglib uri="http://java.sun.com/jsp/jstl/core" prefix="c"%>
<%@taglib uri="http://java.sun.com/jsp/jstl/fmt" prefix="fmt"%>
<%@ taglib prefix="s" uri="/struts-tags"%>
<link href="css/common.css" rel="stylesheet" type="text/css" />
<script src=js/WdatePicker.js"></script>
<script src="js/jquery-1.7.1.min.js"></script>
<script src="js/jquery-ui-1.8.18.custom.min.js"></script>
```

案例一：实现“添加科技成果转化(pateTechCooperation_Add.jsp)”视图。

首先是在视图页面 body 标签中加入第五章中相应添加科技成果转化原型页面元素，即需要展示的代码，关键代码参照附录 4 开发视图源码中的添加科技成果转化部分。

其次添加科技成果转化页面中，点击“保存”按钮，使用 JavaScript 脚本验证页面非空输入、使用正则表达式去验证页面信息的合法性。关键代码参照附录 4 的脚本。

最终展示效果如图 9-6 所示。

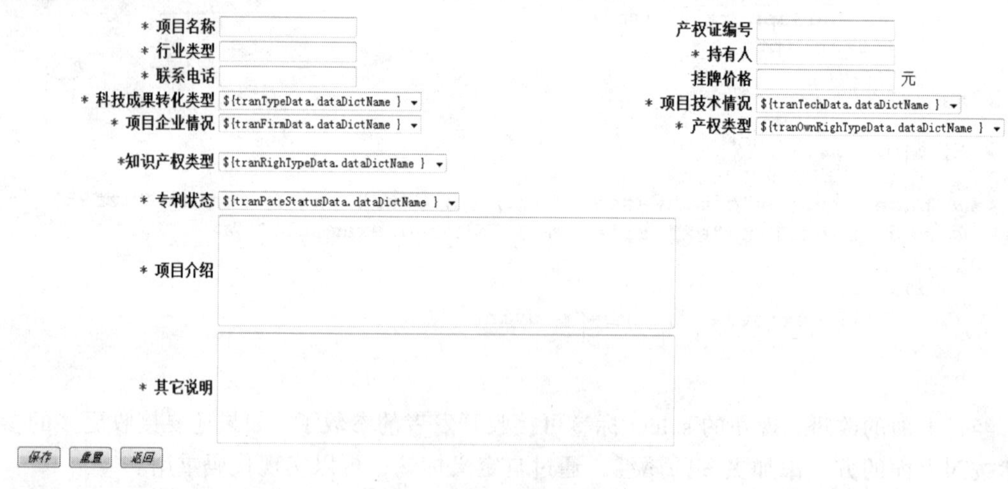

图 9-6　添加科技成果

案例二：实现“查询科技成果转化”“删除科技成果转化”视图。

科技成果转化的删除操作需要先进行科技成果转化信息的查询，科技成果转化查询以列表的方式展示。在页面 pateTechCooperation_List.jsp 中的 body 标签中加入第五章中相应查询科技成果转化原型页面元素，即需要展示的代码。关键代码参照附录 4 的查询科技成果转化。

在查询科技成果转化页面中，点击“新增”、“删除”按钮，则使用相应 JavaScript 脚本进行操作。关键代码如下：

（1）新增科技成果按钮的事件 addTechTranProjects()。

```
function addTechTranProjects(){
   window.location.href=
         "pateTechCoopManage/pateTechCooperation_Add.jsp";
}
```

（2）列表信息单选事件。

```
function selectOne(obj1, obj2){
    form1.statusId.value=obj1;
    form1.declSubmStatus.value=obj2;
}
```

（3）删除科技成果按钮的事件 deleteTechTranProjects()。

```
function deleteTechTranProjects(){
    var obj=form1.statusId.value;
    if(obj==""){
        alert("请选择一条信息!!");
        return false;
    }
    if(form1.declSubmStatus.value==2){
        alert("你已提交审核，不能再删除！");
        return false;
    }
    if(confirm("您确认要删除这条信息吗!!")) {
        window.navigate(${pageContext.request.contextPath }
                + '/technologyTransformation/pateTechCoopManage'
                + '!deleteDeclStatInfo.action?statusId='
                + obj);
    }
}
```

（4）提交科技成果审核事件。

```
function submitTechTranProjects(){
    var obj=form1.statusId.value;
    if(obj==""){
        alert("请选择一条信息!!");
        return false;
    }
    if(form1.declSubmStatus.value==2){
        alert("你已提交审核，不能再提交！！");
        return false;
    }
    form1.action="pateTechCoopManage!requestApply.action";
    form1.submit();
}
```

（5）查询科技成果的分页事件。

```
function doJump(){
    var obj = document.getElementById('goPage');
    var index = obj.selectedIndex;
    var idValue = obj.options[index].value;
```

```
    var tranName = form1.tranName.value;
    var startTime =form1.startTime.value;
    var endTime =form1.endTime.value;
    var declSubmStatus1 =form1.declSubmStatus1.value;
    if(((tranName==null)||(tranName ==''))
            &&((startTime ==null)||(startTime ==''))
            &&((endTime == null)||(endTime ==''))
            &&((declSubmStatus1 == null)||(declSubmStatus1 ==''))){
        window.location.href="pateTechCoopManage"
            + "!listDeclStatInfo.action?order=go&goPage="
            + idValue;
    }else{
        form1.action="pateTechCoopManage"
            + "!findAudiInfos.action?order=go&goPage="
            + idValue;
        form1.submit();
    }
}

function changePage(opValue){
    if(opValue == 'first1'){
        form1.action="pateTechCoopManage"
                + "!findAudiInfos.action?order=first";
        form1.submit();
    }
    if(opValue == 'next1'){
        form1.action="pateTechCoopManage"
                + "!findAudiInfos.action?order=next";
        form1.submit();
    }
    if(opValue == 'pre1'){
        form1.action="pateTechCoopManage"
                + "!findAudiInfos.action?order=pre";
        form1.submit();
    }
    if(opValue == 'last1'){
        form1.action="pateTechCoopManage"
                + "!findAudiInfos.action?order=last";
        form1.submit();
    }
}
```

（6）查询科技成果条件验证事件。

```
function selectInput(){
    var startTime = form1.all("startTime").value;
    var endTime = form1.all("endTime").value;
    if(startTime != "" && endTime != ""){
        var str = startTime.split(/[-\s:]/);
        var str1 = endTime.split(/[-\s:]/);
        if(str1[0] < str[0]) {
        alert("开始时间必须在结束时间之前");
        form1.all("endTime").value="";
        form1.all("endTime").focus();
        return false;
    } else if((str1[0] == str[0]) && (str1[1] < str[1])){
        alert("开始时间必须在结束时间之前");
        form1.all("endTime").value="";
        form1.all("endTime").focus();
```

```
        return false;
    } else if((str1[0] == str[0]) && (str1[1] == str[1])
            &&(str1[2] < str[2])) {
        alert("开始时间必须在结束时间之前");
        form1.all("endTime").value="";
        form1.all("endTime").focus();
        return false;
    }
    return true;
}
```

查询科技成果转化视图效果如图 9-7 所示。

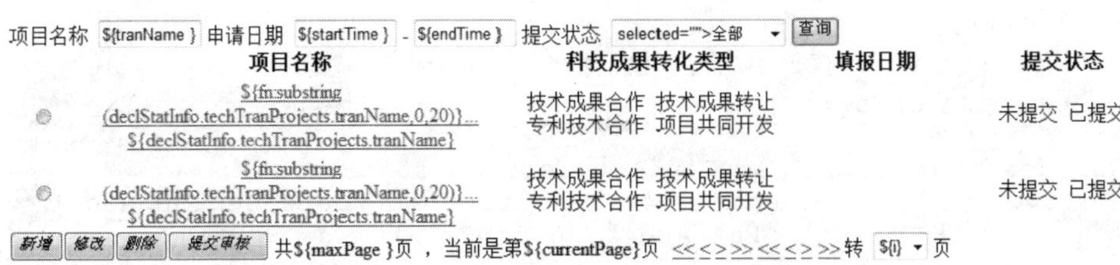

图 9-7　查询科技成果转化

在开发科技成果转化视图中，修改和查看的开发流程和新增是一样的，只是新增的时候是显示一个空的视图，而科技成果转化修改时，需要先进行科技成果转化查询操作，在查询结果列表中选择需要修改的信息，点击“修改”按钮，进入修改页面，先将需要修改的科技成果转化信息从数据库中读取出来，再显示在修改科技成果转化（pateTechCooperation_Modify.jsp）视图中。科技成果查看也是需要先进行科技成果转化查询操作，在查询结果列表中选择需要查看的科技成果转化某条信息，点击“项目名称”这列相应名称的超链接，进入查看详细页面，将相应查看科技成果转化信息从数据库中读取出来，再显示在查看科技成果转化（pateTechCooperation_View.jsp）视图中。

案例三：审核科技成果转化（pateTechCoopAudit_List.jsp）

审核科技成果转化的操作需要先对已提交且状态为未审核的科技成果转化信息进行查询，已提交未审核科技成果转化查询以列表的方式展示。在页面 pateTechCoopAudit_List.jsp 中的 body 标签中加入第五章中相应审核科技成果转化原型页面元素，即需要展示的代码。关键代码参照附录 4 中的审核科技成果转化。

在审核科技成果转化页面中，点击“审核通过”、“审核不通过”按钮，则使用相应 JavaScript 脚本进行操作，转向相应审核页面。点击按钮关键代码如下：

（1）审核通过 pass()。

```
function pass(){
    var obj=form1.statusId.value;
    if(obj ==""){
        alert("请选择一条信息审核！！");
        return false;
    }
    if(form1.declAudiStatus.value==2){
        alert("你已审核，不能再审核！！");
```

```
            return false;
        }
        window.navigate(${pageContext.request.contextPath }
                    + '/technologyTransformation/pateTechCoopAudit'
                    + '!passAudit.action?statusId='
                    + obj);
}
```

（2）审核不通过 noPass()。

```
function noPass(){
    var obj=form1.statusId.value;
    if(obj ==""){
        alert("请选择一条信息审核！！");
        return false;
    }
    if(form1.declAudiStatus.value==2){
        alert("你已审核，不能再审核！！");
        return false;
    }
    window.navigate(${pageContext.request.contextPath}
                    + '/technologyTransformation/pateTechCoopAudit'
                    + '!noPassAudit.action?statusId='
                    + obj);
}
```

开发视图效果如图 9-8 所示。

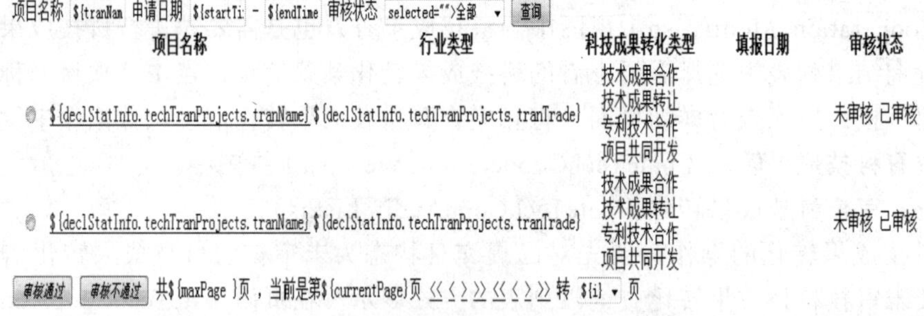

图 9-8 审核查询列表

承接上面审核事件，在列表中选择需要审核的项目，点击“审核通过”按钮，跳转审核通过页面（passPateTechCoopResult_Add.jsp），如图 9-9 所示。

在列表中选择需要审核的项目，点击“审核不通过”按钮，跳转审核不通过页面（noPassPateTechCoopResult_Add.jsp），如图 9-10 所示，审核通过和审核不通过的视图页面详细代码参照附录中的审核通过和审核不通过。

页面脚本代码如下：

```
function doClear(){
    form1.all("declAudiSuggest").value="";
}
function checkInput(){
```

```
    var declAudiSuggest = form1.all("declAudiSuggest").value;
    if(declAudiSuggest==""){
        alert("审核意见不能为空！");
        form1.all("declAudiSuggest").focus()
        return false;
    }
}
```

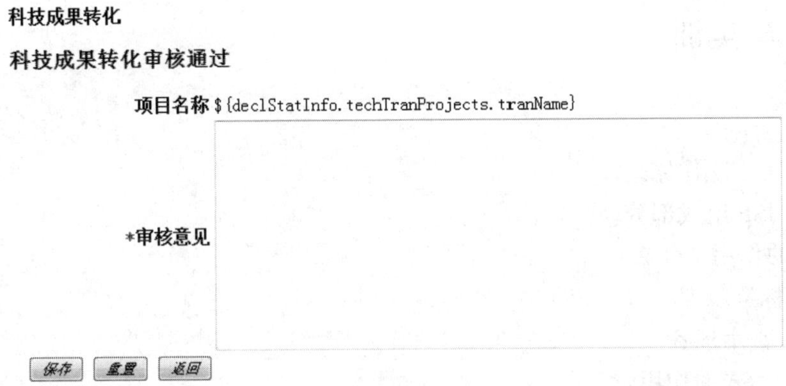

科技成果转化

科技成果转化审核通过

项目名称 ${declStatInfo.techTranProjects.tranName}

*审核意见

保存　重置　返回

图 9-9　审核通过

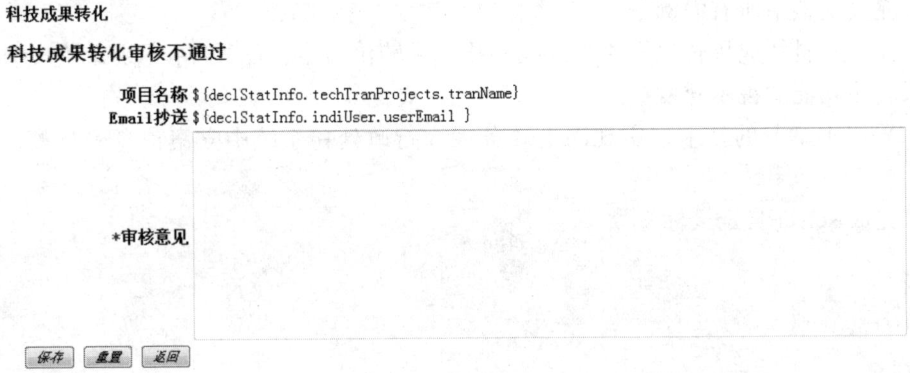

科技成果转化

科技成果转化审核不通过

项目名称 ${declStatInfo.techTranProjects.tranName}

Email抄送 ${declStatInfo.indiUser.userEmail }

*审核意见

保存　重置　返回

图 9-10　审核不通过

9.5　归纳总结

每个 JSP 页面本质上是一个 Servlet，它具备 Servlet 的所有特性。通常 Servlet 充当着调度角色，用于充当控制器的实现。JSP 是为了实现代码和显示的分离，所以 JSP 的侧重点在于显示数据，就是拿到数据后按照指定的格式把数据展现出来。因此 JSP 适合于编写表现层的动态页面，而 Servlet 则适合编写控制层的业务控制（页面转发）。

在本章中详细讲解了 JSTL 常用标签和自定义标签的开发步骤。在项目中适当的使用标签可以达到很好的封装和重用的目的，使页面变得简洁，易于维护。

在 JSP 中使用指令<%@ page isELIgnored="true" %>时表示禁用 EL 语言。这里参数值 true 表示禁止，false 表示不禁止。在 JSP2.0 中会默认的启用 EL 语言。

9.6 拓展提高

在学习了一些常见的 Web 技术，如 JSP、JSTL、EL、JavaScript，还需要不断深入学习其它的 Web 技术。如：jquery、easyui、Bootstrap 等。

9.7 练习与实训

1. 练习

（1）简述 JSP 工作原理。

（2）简述 JSP 组成部分。

（3）JSP 的作用是什么？

（4）开发标签步骤。

（5）JSTL 常用标签。

（6）EL 表达式的作用。

2. 实训

（1）完成文档中所有的例子。

（2）完成对科技成果转化模块中修改科技成果转化功能、查看科技成果转化功能、审核科技成果转化功能的视图开发。

（3）采用本章节的技术，实现网上政务大厅行政处罚系统中立案信息管理模块视图的开发。

（4）完成 select 自定义标签。

第 10 章　软件测试

【学习目标】

➢熟练掌握软件测试的基本概念；

➢了解软件测试过程规范，对测试策略、测试方法和测试技术有一个基本的认识，并能运用于软件开发过程中。

10.1　软件测试概述

软件测试就是为了发现错误而执行程序的过程。更确切地说软件测试是根据程序开发阶段的规格说明及程序内部结构而精心设计的一批测试用例（输入数据及其预期结果的集合），并利用这些测试用例去运行程序，以发现错误的过程。

测试是为了证明程序有错，而不能保证程序没有错误。其目的主要有：

➢验证对象之间的交互；

➢验证软件的所有构件是否正确集成；

➢确认所有需求是否已经正确实施；

➢确定缺陷并确保在部署软件之前将缺陷解决；

➢尽早尽可能多地发现缺陷；

➢提高软件产品的质量。

在这一章节中，我们需要重点理解软件测试的基本概念，掌握制定测试计划、设计测试用例、执行测试和评估测试。

10.2　软件测试任务分析

➢制订测试计划。

➢设计测试用例。

➢执行测试。

➢评估测试。

时间：8 课时。

10.3　软件测试的相关知识

软件测试过程并不是单独存在的，要考虑如何让测试符合以下各项的要求：整个系统的生命周期、各个阶段、各个组成部分的活动以及与哪些活动相关联的活动。这是非常重要的，因为其中的策略、计划和各项措施也许对于某个生命周期来说是非常理想的，但是对于测试系统开发和测试实施来说，它们的作用有可能是很有限的，或者说它们与其他周期是有冲突的。下面给出一个典型企业采用的软件测试生命周期，如图 10-1 所示。

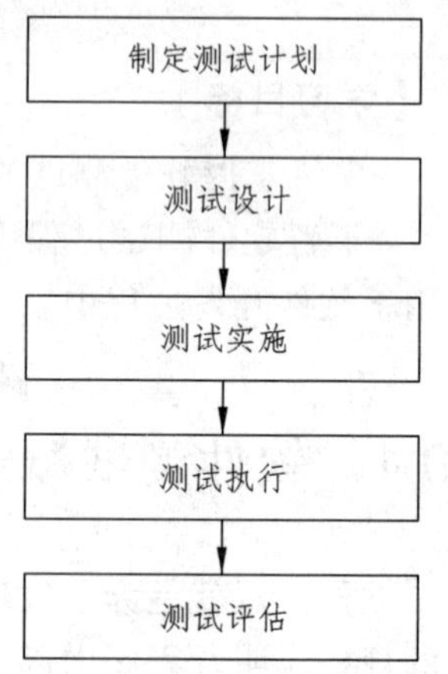

图 10-1　软件测试生命周期

1. 测试计划

根据《项目计划表》、《SRS》及《开发计划表》对整个测试周期中所有活动进行规划，估计工作量、风险，安排人力物力资源，安排进度等。

具体工作成果:《测试计划》。

2. 测试设计

根据《测试计划》中的需求及质量模型，从技术层面上对需求进行测试的各个方面规划，每个方面一般都需要包括：目标、技术、通过标准、需要考虑的特殊标准。

具体工作成果:《测试方案》。

3. 测试实施

根据《测试方案》的内容，进行测试用例和测试规程设计，测试用例一般包括：用例编号、测试项目、测试标题、重要级别、预置条件、输入、预期输出、结果。

具体工作成果:《测试用例 1 ~ N》。

4. 测试执行

根据前面完成的计划、方案、用例、规程等文档，执行测试用例，提交缺陷，回归测试，可以使用各种缺陷管理工具；

具体工作成果:《缺陷报告 1~N》。

5. 测试评估

记录测试结果，进行测试分析。

具体工作成果:《测试日志》、《测试报告》。

10.4　公共信息服务平台测试工作任务

公共信息服务平台的测试工作为系统测试阶段，这个阶段的测试活动有制订测试计划、设计测试用例、执行测试和评估测试。

10.4.1　制订测试计划

本测试计划仅对项目开发的软件提供测试，主要针对的测试类型为功能测试和性能测试，不考虑对第三方提供的软件（如第三方的组件或构件）进行测试。但需测试第三方提供的软件与开发的软件之间的接口。

本测试计划适用于公共信息服务平台项目。本文档将供给项目经理及项目开发各组使用，包括测试组、分析与设计组、编码组、配置管理组。

制订公共信息服务平台的测试计划步骤如下：

1. 确定测试需求

下面列出了那些已被确定为测试对象的项目（用例、功能性需求和非功能性需求）。此列表说明了测试的对象。

（1）功能测试需求（见表 10-1）。

表 10-1　功能测试需求

需求树	测试需求项编号	测试需求项	优先级
1	Ru1		A
1.1	Ru2	科技成果转化	A
1.1.1	Ru3	科技成果转化管理	A
1.1.2	Ru4	科技成果转化审核	A
1.1.2	Ru5	科技成果转化审核结果管理	A
1.1.3	Ru6	科技成果转化审核结果	A
1.1.4	Ru7	科技成果转化	A

备注：A——表示“高”优先级
　　　B——表示“中”优先级
　　　C——表示“低”优先级

（2）非功能性测试需求（见表 10-2）。

表 10-2　非功能性测试需求

测试需求项	条　件	测试需求项编号	性能指标
操作平台环境	Windows 2000 和 Windows XP	Ru8	能正常运行
多用户并发访问	同时满足 100 个用户进行访问	Ru9	能正常运行
响应时间	在满足下面的硬件需求的条件下，运行本系统	Ru10	响应时间为 1～2 秒
安全管理	能满足不同权限用户登录	Ru11	仅在被授予的权限内操作
数据库需求	Microsoft SQLExpress 能正常运行	Ru12	能正常运行
硬件需求	PⅢ以上的微机与笔记本电脑；内存要求：128M 以上；硬盘：1G 以上	Ru13	能正常运行
界面需求	采用 Windows 的通用图形界面，且必须对鼠标键盘提供支持	Ru14	对用户友好，能正常运行
测试服务器	Intel Xeon E5530　3.00GHz 8GB 内存 148 GB 硬盘	Ru15	能正常运行
测试客户机	Pentium（R）Dual-Core CPU E5300 @2.60GHz 1.20GHz 1.99 GB	Ru16	能正常访问

2. 制订测试策略

本系统采用 LoadRunner 进行性能测试；采用黑盒测试法对系统每个功能进行正反测试，务必保证界面友好，功能强大，不能让严重错误通过。所有测试必须在规定时间内完成。

1）测试类型

（1）功能测试（见表 10-3）。

表 10-3 功能测试

测试目标	确保功能测试需求项以及用例场景能够实现。
方法	采用黑盒测试技术设计功能测试用例。为各测试用例制订测试过程。执行测试用例来核实各用例、用例场景、用例流。主要核实以下内容： ➢使用有效数据时得到预期的结果； ➢在使用无效数据时显示相应的错误消息或告警消息
完成标准	➢所计划的测试已全部执行； ➢缺陷修复率达到测试停止标准
需考虑的特殊事项	➢系统日期和事件可能需要特殊的支持活动； ➢需要通过业务模型来确定相应的测试需求和测试过程

（2）用户界面测试（见表 10-4）。

表 10-4 用户界面测试

测试目标	核实以下内容：通过浏览测试对象可正确反映业务的功能和需求，这种浏览包括窗口与窗口之间、字段与字段之间的浏览，以及各种访问方法（Tab 键、鼠标移动和快捷键）的使用； 窗口的对象和特征（例如：菜单、大小、位置、状态和中心）都符合标准
方法	为每个窗口创建或修改测试，以核实各个应用程序窗口和对象都可正确地进行浏览，并处于正常的对象状态
完成标准	证实各个窗口都与基准版本保持一致，或符合可接受标准
需考虑的特殊事项	并不是所有定制或第三方对象的特征都可访问

（3）性能测试。

性能测试内容：对本系统的前台进行测试，主要对科技成果转化流程的前台进行测试，如表 10-5 所示。

表 10-5 性能测试

测试目标	确保本系统同时满足 100 个用户进行访问系统，响应时间为 1～2 秒
方法	用 LOADRUNNER 对系统所有的功能录制脚本，同时设置 100 人运行此脚本
完成标准	多个事务或多个用户：在可接受的时间范围内成功地完成测试脚本，没有发生任何故障
需考虑的特殊事项	无

（4）配置测试（见表 10-6）。

表 10-6 配置测试

测试目标	确保本系统在有其他软件运行的情况下不受太大影响
方法	在运行本系统的同时打开其他软件，如：Word 等
完成标准	程序运行时，无不可忍受程度的影响
需考虑的特殊事项	无

（5）部署测试（见表 10-7）。

表 10-7 部署测试

测试目标	核实在以下情况下，测试对象可正确地部署到各种所需的硬件配置中： ➢首次部署； ➢更新（以前部署过相同版本的计算机）
方法	启动或执行部署
完成标准	软件能够成功执行，没有出现任何故障
需考虑的特殊事项	部署时，对于公共组件应该提示

2）测试工具

此项目使用的测试管理工具是 QC10.0。

3. 确定资源和进度

公共信息服务平台开展测试工作需要的人力资源和系统资源如表 10-8，表 10-9 所示。

表 10-8 人力资源

人力资源		
角色	推荐的最少资源 （所分配的专职角色数量）	具体职责或注释
测试经理， 测试项目经理	宋秋玲	进行管理监督。 职责： ➢提供技术指导 ➢获取适当的资源 ➢提供管理报告
测试设计员	宋秋玲	确定测试用例、确定测试用例的优先级并实施测试用例。 职责： ➢生成测试计划 ➢评估测试工作的有效性
测试员	宋秋玲	执行测试。 职责： ➢执行测试 ➢记录结果 ➢从错误中恢复 ➢记录变更请求

续表

人力资源		
角色	推荐的最少资源（所分配的专职角色数量）	具体职责或注释
测试系统管理员	宋秋玲	确保测试环境和资产得到管理和维护。 职责： ➢管理测试系统 ➢授予和管理角色对测试系统的访问权
数据库管理员	段梓坤	（项目经理负责测试数据库的管理） 确保测试数据（数据库）环境和资产得到管理和维护。 职责： 管理测试数据（数据库）
设计员	宋秋玲	确定并定义测试类的操作、属性和关联。 职责： ➢确定并定义测试类 ➢确定并定义测试包

表 10-9　系统资源

系统资源	
资源	名称/类型
数据库服务器	Sql Server Express
网络或子网	255.255.255.0
服务器 IP 地址	192.168.8.188
数据库名	TTPIP
客户端测试 PC	WWW.67288fce805.com
测试存储库	Test
网络或子网	255.255.255.0
服务器名	hwadee-server

4. 建立测试通过准则

在测试策略中，确定了每一个类型的测试的完成标准，这里的测试通过准则是针对每一个测试阶段确定的通过标准。

5. 评审测试计划

评审活动是软件开发中常见的活动，按照已文档化的规程在所选择项目的里程碑处进行正式评审，以评价软件项目的完成情况和结果，其目的是验证软件元素是否满足其规格说明、并能符合标准的要求。评审测试计划有利于尽早发现测试计划的问题，为以后的测试工作提供正确的指导。

10.4.2　设计测试用例

本部分对公共信息服务平台的功能设计测试用例，要求测试用例覆盖所有的功能点。本测试用例的读者对象为软件测试工程师以及软件测试人员,其目的是用于测试时的指导作用。

由于篇幅原因，此处仅以“科技成果转化管理”中的“新增科技成果转化”为例写测试用例，如表 10-10 所示。其余测试用例请参见附件中的见 TTPIP_QC 导出的测试用例。

表 10-10　新增科技成果转化测试用例

Test Name	Step Name	Description	Expected Result
新增科技成果转化	Step 1	用户点击科技成果转化管理菜单	系统会进入科技成果转化管理界面,并显示已有的科技成果转化申请列表
	Step 2	用户点击新增按钮	系统会进入科技成果转化新增界面,并显示要填的信息
	Step 3	用户对数据项进行维护后，可点击“保存”、“返回”和“重置”按钮	（1）若点击保存 ➢系统验证数据以确保格式正确； ➢如果数据格式正确，系统提示保存成功，然后点击确定按钮即可，并返回至科技成果转化管理界面； ➢否则系统提示***栏位数据格式不正确，然后点击确定按钮，修改不正确的栏位，重新保存，直到系统提示保存成功为止。 （2）若点击“返回”，系统会返回至科技成果转化管理界面，并显示已有的科技成果转化列表 （3）若点击“重置”按钮，系统清空科技成果转化中所填的所有信息

10.4.3　执行测试

测试用例是执行测试的基础，测试用例的设计是测试的核心工作之一，可以说，测试用例的成功设计已经完成了一半的测试任务。但是，测试的执行也是测试计划贯彻实施的保证，是测试用例实现的必然过程，严格地测试执行使测试工作不会半途而废。

当测试计划、测试用例和测试脚本都已经完成时，我们就要开始执行测试了。执行的过程中，测试通过的记录结果，测试未通过的就记录缺陷。

1. 记录缺陷

在执行测试用例的过程中，对于已发现的系统缺陷应当做好缺陷记录。这里需要注意的是，不管是不是通过设计好的测试用例测试出来的，都需要将这些缺陷记录到缺陷跟踪表里。需要记录的内容如下：

➢Defect ID，测试缺陷序号

➢Description，缺陷的内容描述

➢Project，描述缺陷所在的子系统

➢Subject，描述缺陷所在的模块

➢Severity，缺陷严重程度

- ➢Priority，缺陷优先级
- ➢Detected on Date，发现时间
- ➢Status，缺陷状态
- ➢Comments，产生缺陷原因
- ➢Summary，主题，也即是缺陷的标题，名称

案例：如图 10-2 所示为系统缺陷跟踪表。

Defect ID	Status	Priority	Severity	Detected on Date	Subject	Assigned To	Description	Project	Summary	Comments	Closing Date	Fixed by	Closed by
D001	Closed	2-Medium	2-Medium	2015-3-21	科技成果转化管理	刘贤	联系电话 不能为手机号码 联系电话为028-1234567 也能保存，系统不提示	天府新谷	科技成果转化管理 新增		2015-03-21	刘贤	宋秋玲
D002	Closed	1-Low	1-Low	2015-3-21	科技成果转化管理	刘贤	挂牌价格 后面没有单位	天府新谷	科技成果转化管理 新增		2015-03-24	刘贤	宋秋玲
D003	Closed	2-Medium	2-Medium	2015-3-21	科技成果转化管理	刘贤	专利状态 选择 已获专利证书，专利申请时间设为比当前时间往后，授权公告日比专利申请时间往前，点击 保存，系统不提示	天府新谷	科技成果转化管理 新增		2015-03-24	刘贤	宋秋玲
D004	Closed	2-Medium	2-Medium	2015-3-21	科技成果转化管理	刘贤	专利状态 为 无专利 仍然填写 专利申请日期，授权公告日，点击保存，系统不提示	天府新谷	科技成果转化管理 新增		2015-03-21	刘贤	宋秋玲
D005	Closed	2-Medium	2-Medium	2015-3-21	科技成果转化管理	刘贤	专利状态 为 无专利 仍然填写 专利申请日期，授权公告日，点击保存，系统不提示	天府新谷	科技成果转化管理 修改		2015-03-24	刘贤	宋秋玲
D006	Closed	2-Medium	2-Medium	2015-3-21	科技成果转化	刘贤	专利状态 为 无专利 仍然填写 专利申请日期，授权公告	天府新谷	科技成果转化管理 新增		2015-03-24	刘贤	宋秋玲

图 10-2 系统缺陷跟踪表

2. 填写测试报告

测试人员对所做测试填写测试报告，一般记录测试需求、所执行的测试用例、测试结果、测试时间。表 10-11 所示是新增科技成果转化测试报告的例子。

表 10-11 测试报告

<table>
<tr><td colspan="5">TTPIP 测试报告</td></tr>
<tr><td colspan="2">开发人员</td><td>刘贤</td><td>提交日期</td><td>2015-3-21</td></tr>
<tr><td colspan="2">测试人员</td><td>宋秋玲</td><td>测试日期</td><td>2015-3-21</td></tr>
<tr><td colspan="2">所属项目</td><td colspan="3">TTPIP.hdglxt</td></tr>
<tr><td colspan="2">文件名</td><td colspan="3">TTPIP</td></tr>
<tr><td>序号</td><td>测试需求</td><td>执行的测试用例</td><td>测试结果</td><td>缺陷 ID</td></tr>
<tr><td>1</td><td rowspan="3">新增科技成果转化</td><td>T-XZKJCG01</td><td>通过</td><td></td></tr>
<tr><td>2</td><td>T-XZKJCG02</td><td>未通过</td><td>D001</td></tr>
<tr><td>3</td><td>T-XZKJCG03</td><td>通过</td><td></td></tr>
</table>

3. BUG 处理单

BUG 处理单一般包含了缺陷发现人员、发现时间、版本、缺陷级别、缺陷状态、缺陷描述等属性，具体格式如表 10-12 所示，开发人员和测试人员根据 BUG 处理单进行缺陷修复和回测。

表 10-12　BUG 处理单

<table>
<tr><td>缺陷 ID</td><td>测试需求</td><td>缺陷状态</td><td>缺陷发现人员</td><td>缺陷级别</td><td>开发人员</td><td>优先级</td></tr>
<tr><td>D001</td><td>新增科技成果</td><td>open</td><td>宋秋玲</td><td>二级</td><td>刘贤</td><td>中</td></tr>
<tr><td>发现日期</td><td>2015-3-21</td><td>发现版本</td><td>V0.1</td><td colspan="2">关闭版本</td><td></td></tr>
<tr><td colspan="7">缺陷描述：
输入：
打开新增科技成果界面，按规范填写科技成果信息中的“联系电话”时，如：输入手机号码或座机号 028-1234567。
预期结果：
联系电话可以为手机号，但是不能为 028-1234567 这种特殊序号。
实际结果：
联系电话不能为手机号码并且联系电话为 028-1234567 也能保存，系统不提示。</td></tr>
<tr><td colspan="7">备注：（开发人员填写错误原因、待测试版本等）</td></tr>
</table>

4. 回归测试（regression testing）

每当软件经过了整理、修改、或者其环境发生变化，都重复进行测试。很难说需要进行多少次回归测试，特别是到了开发周期的最后阶段。进行此种测试，特别适于使用自动测试工具。

回归测试的方法有基于风险的选择测试、基于操作剖面选择测试、再测试修改的部分和再测全部测试用例等方法。

（1）基于风险的选择测试：基于一定的风险标准从测试用例库中选择回归测试包。首先运行最重要的、关键的和可疑的测试，而跳过那些次要的、例外的测试用例或那些功能相对很稳定的模块。运行那些次要用例即便发现缺陷，这些缺陷的严重性也较低。

（2）基于操作剖面选择测试：如果测试用例是基于软件操作剖面开发的，测试用例的分布情况反映了系统的实际使用情况。回归测试所使用的测试用例个数可以由测试预算确定，回归测试可以优先选择那些针对最重要或最频繁使用功能的测试用例，释放和缓解最高级别的风险，有助于尽早发现那些对可靠性有最大影响的故障。

（3）再测试修改的部分：当测试者对修改的局部化有足够的信心时，可以通过相依性分析识别软件的修改情况并分析修改的影响，将回归测试局限于被改变的模块和它的接口上。通常，一个回归错误一定涉及被修改的或新加的代码。在允许的条件下，回归测试尽可能覆盖受到影响的部分。这种方法可以在一个给定的预算下最有效地提高系统可靠性，但需要良好的经验和深入的代码分析。

（4）再测全部测试用例：选择基线测试用例库中的全部测试用例组成回归测试包，这是一种比较安全的方法，再测试全部用例具有最低的遗漏回归错误的风险，但测试成本最高。全部再测试几乎可以应用在任何情况下，基本上不需要进行分析和重新开发，但是，随着开发工作的进展，测试用例不断增多，重复原先所有的测试将带来很大的工作量，往往超出了预算和进度。

回归测试作为软件生命周期的一个组成部分，在整个软件测试过程中占有很大的工作量比重，软件开发的各个阶段都会进行多次回归测试。在实际工作中，当测试者一次又一次地完成相同的测试时，这些回归测试将变得非常令人厌烦，特别在大多数回归测试需要手工完成的时候尤其如此。因此，需要通过自动测试来实现重复的和一致的回归测试。通过测试自动化可以提高回归测试的效率和有效性。为了支持多种回归测试策略，自动测试工具应该是通用的和灵活的，以便满足不同回归测试目标的要求。

10.4.4 评估测试

评估测试（Assessment testing）是指对测试过程中的各种测试现象和结果进行记录、分析和评价的活动。

测试评估是软件测试的一个阶段性的结论，它用生成的测试评估报告来确定测试是否达到标准。测试评估可以说是贯穿了整个软件测试过程，可以在测试的每个阶段结束前进行，也可以在测试过程中某一个时间进行。软件测试评估，主要有两目的：

➢量化测试过程，判断测试进行的状态，决定什么时候测试可以告一段落；

➢为最后的测试或质量分析报告生成所需的数据，如缺陷清除率、测试覆盖率等。

如果没有测试评估，就没有测试覆盖率的结果，就缺乏测试报告的依据。

1. 测试总结

我们要对软件测试进行思考和总结，帮助大家进一步获得提升。思考更多体现在理念上，或者在思想高度上。例如，我们需要思考下面问题：

➢软件测试能做什么？

➢软件测试不能做什么？

➢测试面对的挑战是什么？

➢软件测试的底线是什么？

➢如何高效地执行测试？

在实际测试过程中，有时存在许多窍门，这些窍门没有很多道理，而是根据实际工作中所得到的教训和经验总结出来的。最常见的一种方法就是每个项目结束时进行总结分析，了解哪些地方做得比较好，哪些地方还有待提高。对有待提高的地方应采取什么措施，而在成功的方面，有哪些最佳实践可以保留下来，以便用于今后的工作。

2. 测试报告

测试报告是对每一个阶段（单元测试、集成测试、系统测试）的测试结果进行的分析评估报告。其内容主要包括以下几个方面：

➢对每一个阶段的测试覆盖情况进行评估；

➢对每一个阶段发现的缺陷进行统计分析；

➢对每一个测试结果进行分析；

➢确定每一个测试阶段是否完成测试。

如表 10-13 所示给大家提供了一个企业经常使用的测试报告模板。

表 10-13　测试分析报告模板

测试分析报告模板
1 引言
1.1 背景
本节描述出此分析报告的背景。
1.2 定义
1.3 参考资料
2 简述
项目简介
整个测试过程中所使用的软硬件环境如下:
软件环境:
硬件环境:
3 差异
描述测试环境与实际环境的差异
4 测试充分性评价
5 测试结果概述
5.1 测试结果总述
总的错误分布情况（见附表 1):

附表 1　总错误分布情况

错误类型	产生错误个数	修改错误个数	修复率（%）	占总错误数百分比（%）
一级				
二级				
三级				
四级				
五级				
合计				

5.2 功能需求测试项详述及测试结果
功能项分布及测试结果（见附表 2):

附录 2　功能项分布及测试结果

测试需求	测试重点及结果	测试结果

测试结果评价:
5.3 性能测试结果
数据量准备
硬件环境
软件环境
测试结果
5.4 兼容性测试结果
5.5 用户界面测试结果
6 评价及总结

10.5 软件测试归纳总结

测试工作的质量，首先取决于先进的质量理念和文化，应坚持质量第一的原则，其次，取决于对各种测试方法辩证统一地理解和正确、有效地运用。我们若一分为二地看问题，就能认识到任何方法都是相对的，总是优点和缺点并存。而测试方法的应用之道和之本，就是发挥每种的长处，避其短处，统一地运用多种方法，以取得最好的测试效果。

10.6 拓展提高

要做好软件项目的测试工作，就不能忽视软件的质量需求。软件测试是软件质量保证的一种诉求，是质量保证过程中所依赖的主要活动之一。质量保证的结果，在很大程度上依赖于软件测试的开展以及执行的结果。所以要做好测试工作，必须清楚地了解软件的质量需求。或者说，只有正确地理解了软件质量的含义、质量需求等之后，我们才能深刻地认识到软件测试的意义，才能准确地定义测试的目标、把握测试的要点，不会误入歧途，才有可能将软件测试工作做得尽善尽美。

1. ISO 关于质量的定义

一个实体的所有特性，基于这些特性可以满足明显的或隐含的需求。而质量就是实体基于这些特性满足需求的程度。

➢产品和服务的特性符合给定的规格要求，通常是定量化要求；

➢产品和服务满足顾客期望。

软件质量定义：

按照 ISO/IEC9126-1991(GB/T16260-1996)“信息技术软件产品评价质量特性及其使用指南”国际标准，对软件质量也有定义，软件质量是与软件产品满足明确或隐含需求的能力有关的特征和特性的总和。上述定义强调了以下四点：

➢能满足给定需要的特性之全体；

➢具有所期望的各种属性的组合的程度；

➢顾客或用户觉得能满足其综合期望的程度；

➢软件的组合特性，它确定软件在使用中将满足顾客预期要求的程度。

2. 影响软件质量的因素

影响软件质量的因素是流程、技术和组织，如图 10-3 所示。

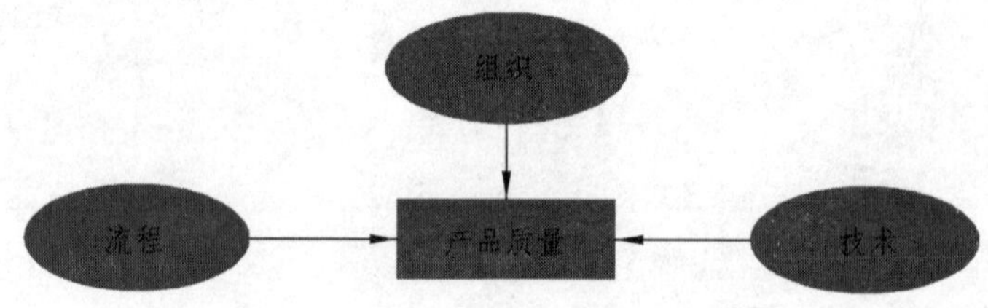

图 10-3 影响软件质量的铁三角图

上述三个方面是影响软件质量的铁三角，软件质量的提高应该是一个综合的因素，需要从每个方面进行改进，同时还需要兼顾成本和进度。

3. 软件组织的主要软件质量活动

软件组织的主要软件质量活动：软件质量保证（SQA）和软件测试。

软件质量由组织、流程和技术三方面决定。SQA 从流程方面保证软件的质量；测试从技术方面保证软件的质量；只进行 SQA 活动或只进行测试活动不一定能保证软件质量。

软件质量保证（SQA）是通过对软件产品和活动有计划地进行评审和审计来验证软件是否合乎标准的系统工程活动。

（1）SQA 的活动：

➢正式技术评审的实施；

➢技术方法的应用；

➢标准的执行；

➢修改的控制；

➢度量；

➢质量记录和记录保存；

➢软件测试。

（2）SQA 的主要工作范围：

➢指导并监督项目按照过程实施；

➢对项目进行度量、分析，增加项目的可视性；

➢审核工作产品，评价工作产品和过程质量目标的符合度；

➢进行缺陷分析，缺陷预防活动，发现过程的缺陷，提供决策参考，促进过程改进。

（3）SQA 活动的影响因素？

➢经验；

➢知识结构：专业的技术，例如质量管理与控制知识、统计学知识等；

➢依据：如果没有这些标准，就无法准确地判断开发活动中的问题，容易引发不必要的争论，因此组织应当建立文档化的开发标准和规程；

➢全员参与：全员参与至关重要，高层管理者必须重视软件质量保证活动；

➢把握重点：一定要抓住问题的重点与本质，尽可能避免陷入对细节的争论之中。

软件测试是根据程序开发阶段的规格说明及程序内部结构而精心设计的一批测试用例（输入数据及其预期结果的集合），并利用这些测试用例去运行程序，以发现错误的过程。

（4）QC 团队的角色：

➢质量检查员：在软件开发过程中对产品进行检查，找出缺陷或潜在缺陷并防止将这些缺陷引入到产品或系统中。

➢对等检查员：检查要提交给客户或对产品完整性很重要的文档和产品。

➢测试员：开发测试用例、创建测试数据……

（5）SQA 与软件测试的关系和区别？

SQA：计划好的、系统化的一系列活动，监视和改进软件开发过程。评估软件产品与被认可的标准之间的符合程度，定义软件开发的过程以防止软件缺陷。

SQC：进行产品和指定标准之间的比较，不符时采取某些措施。

SQA 与 SQC 区别如表 10-14 所示。

表 10-14　SQA 与 SQC 的区别

项目	软件质量保证（SQA）	软件测试（SQC）
工作性质	管理性工作	技术性工作
对象	软件过程	软件产品（包括阶段性产品）
焦点	强调预防	事后检验
范围	在公司从层次，跨所有部门，包括市场、销售、客户服务、行政、后勤、人事等部门	在研发（R&D）部门或技术部门

10.7　练习与实训

1. 练习

（1）软件测试的生命周期包括哪些阶段？

（2）影响软件质量的因素有哪些？

2. 实训

完成网上政务大厅行政处罚系统的测试工作，包括完成相关的测试文档。

第 11 章　发布管理

【学习目标】

➢掌握配置 Tomcat；
➢掌握打包 Web 应用；
➢掌握发布 Web 应用；
➢掌握测试 Web 应用。

11.1　概　述

Web 应用就是包括了一系列 Web 框架、JSP、图片资源等相关文件的集合，通常它将被打包成一个名字后缀为*.war 的文件，并且需要成功部署到 Web 服务器中才能运行和被访问。根据 JavaEE 中 Web 应用程序的打包规范，Web 应用中的所有文件必须按照特定的目录结构进行组织，才能顺利地部署到不同的服务器中。

在这一章节中，我们重点掌握 Tomcat 服务器的配置和使用，Web 应用的打包，发布 Web 应用程序。

11.2　发布任务分析

➢下载 Tomcat 服务器；
➢安装 Tomcat 服务器；
➢打包 web 应用程序成 war 文件；
➢发布 war 文件到 Tomcat 服务器；
时间：3 课时。

11.3　相关知识

11.3.1　Web 服务器目录结构分析

Tomcat 服务器是一个符合 JavaEE 标准的 Web 服务器，它支持 Web 应用程序的管理与运行。它的下载地址是 http://tomcat.apache.org/。

（1）下载 Tomcat 压缩文件并解压到本地目录中，在它的根目录中主要有七个目录，分别是 bin、conf、lib、logs、temp、webapps、work 目录，如图 11-1 所示。

名称	修改日期	类型
bin	2015/3/21 22:00	文件夹
conf	2015/1/21 0:26	文件夹
lib	2015/1/9 16:00	文件夹
logs	2015/3/21 21:30	文件夹
temp	2015/3/21 22:42	文件夹
webapps	2015/2/5 21:02	文件夹
work	2015/1/21 0:26	文件夹
LICENSE	2015/1/9 16:00	文件
NOTICE	2015/1/9 16:00	文件
RELEASE-NOTES	2015/1/9 16:00	文件
RUNNING	2015/1/9 16:00	文本文档

图 11-1 解压 Tomcat 后的主目录

现在对每一个目录做介绍。:

- /bin：存放各种平台下启动和关闭 Tomcat 的脚本文件。
- /lib：存放 Tomcat 服务器和所有部署的 Web 应用都能访问的 JAR。
- /work：Tomcat 运行时使用的工作目录。
- /temp：Tomcat 运行时候存放临时文件的目录。
- /logs：存放 Tomcat 运行的日志文件。
- /conf：存放 Tomcat 各种配置文件的目录，其中最重要的文件是 server.xml。

（2）双击 startup.bat 即可启动 Tomcat 服务器（startup.sh 是 linux 环境中的启动程序）。如图 11-2 所示。

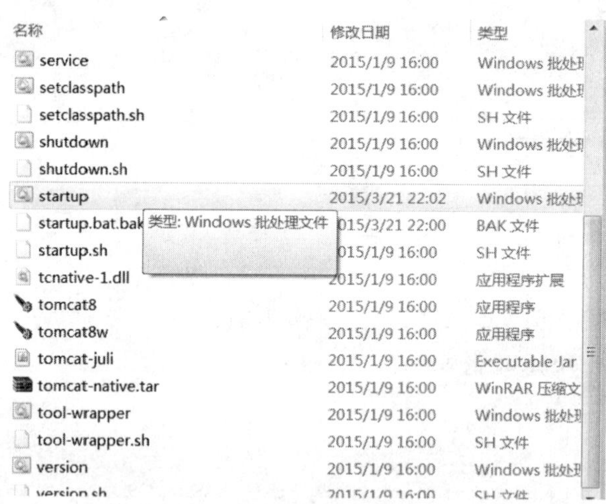

图 11-2 双击“startup.bat”启动 Tomcat 服务器

11.3.2 War 文件包创建

War 格式是 Sun 提出的一种 Web 应用程序的打包格式，与 JAR 文件格式类似。它本身是一个压缩文件，你可以将文件名的后缀改为“.rar”，就可以使用 Rar 解压缩软件查看里面的内容。符合 War 格式的文件中将按一定目录结构来组织所有的文件，在它的根目录中一定有一个 WEB-INF 目录，在 WEB-INF 目录下一定有一个 web.xml 文件，web.xml 是这个 Web 应用程序的配置文件。如图 11-3 所示。

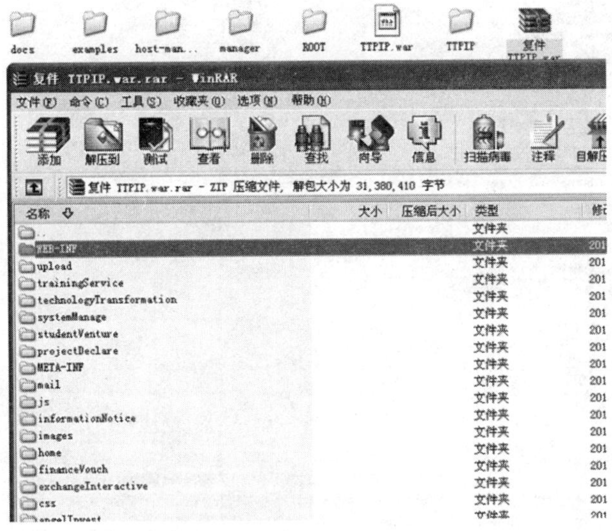

图 11-3 WinRAR 察看 TTPIP 压缩包

11.4 实施发布应用程序工作任务

在 Tomcat 中发布 Web 应用程序是一件非常简单的事情，只需要将 war 文件拷贝到它的 webapps 目录中就可以了。当启动 Tomcat 时，服务器将自动解压 War 文件，并运行这个 Web 应用程序。

11.4.1 IDE 自动发布

创建一个新的 Web Project 工程，类型为“Dynamic Web Project”。如图 11-4 所示。

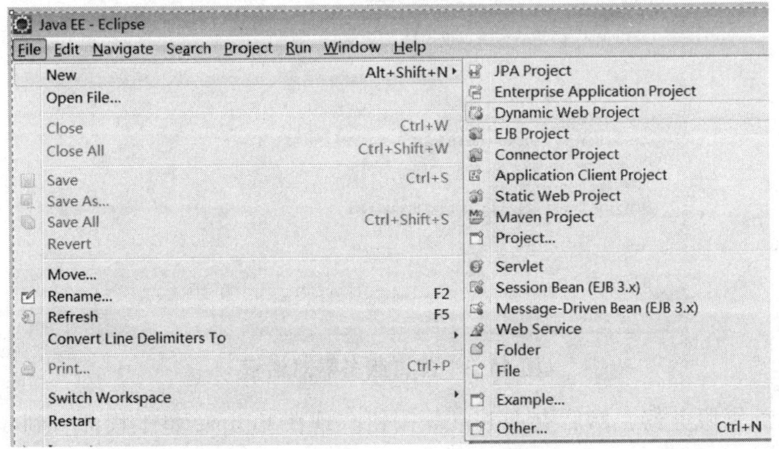

图 11-4 创建 Web Project

为了运行 Web 应用程序，在工程名称上打开右键菜单，选择“Run As”，再选“Run on

Server”。如图 11-5 所示。

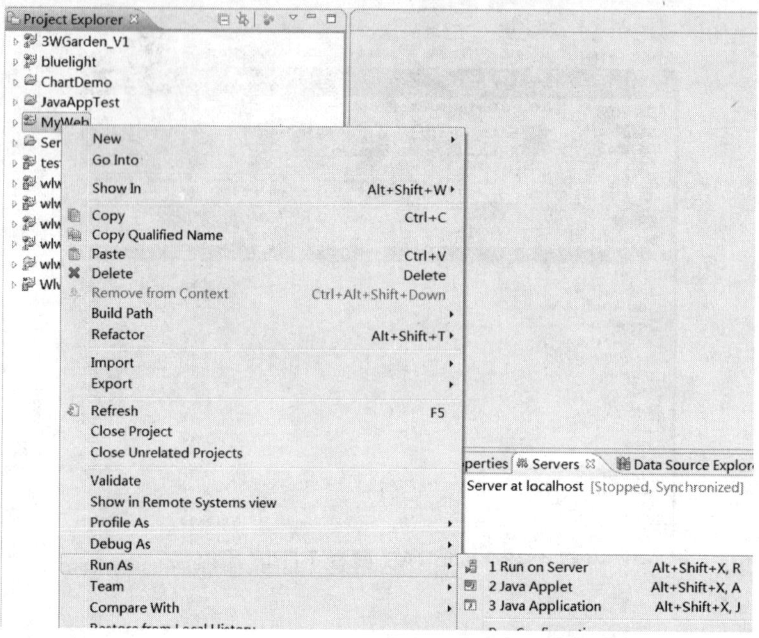

图 11-5 运行此工程

Eclipse 会提示选择部署 Web 应用的服务器，如图 11-6 所示。

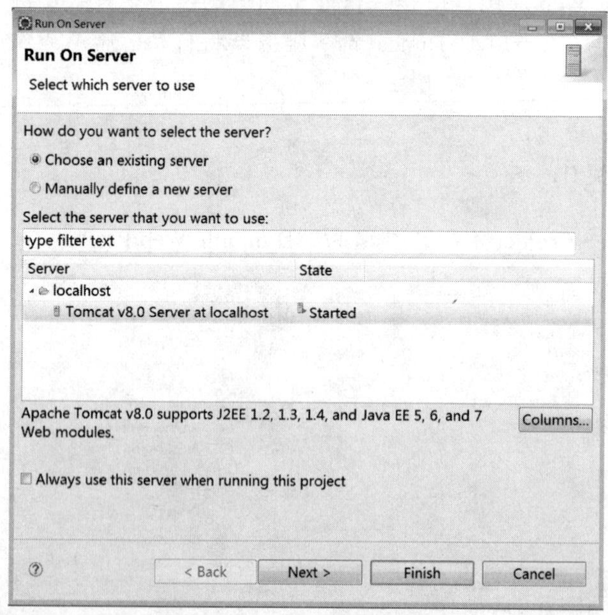

图 11-6 部署服务器对话框

选择一个部署服务器，然后点击 Finish 按钮。现在 Eclipse 将工程部署到 Tomcat 服务器中，并且启动 Tomcat 服务器，当控制台中输出如下信息就表示项目部署并启动成功。如图 11-7 所示。

```
信息: At least one JAR was scanned for TLDs yet contained no TLDs. Enable debug logging for
SLF4J: Failed to load class "org.slf4j.impl.StaticLoggerBinder".
SLF4J: Defaulting to no-operation (NOP) logger implementation
SLF4J: See http://www.slf4j.org/codes.html#StaticLoggerBinder for further details.
三月 25, 2015 10:44:01 下午 org.apache.coyote.AbstractProtocol start
信息: Starting ProtocolHandler ["http-nio-8080"]
三月 25, 2015 10:44:01 下午 org.apache.coyote.AbstractProtocol start
信息: Starting ProtocolHandler ["ajp-nio-8009"]
三月 25, 2015 10:44:01 下午 org.apache.catalina.startup.Catalina start
信息: Server startup in 4066 ms
```

图 11-7　控制台输出信息

11.4.2　打包 Web 应用

打开 Eclipse IDE，在项目名称上打开右键菜单，选择“Export”，再选择“War”。如图 11-8 所示。

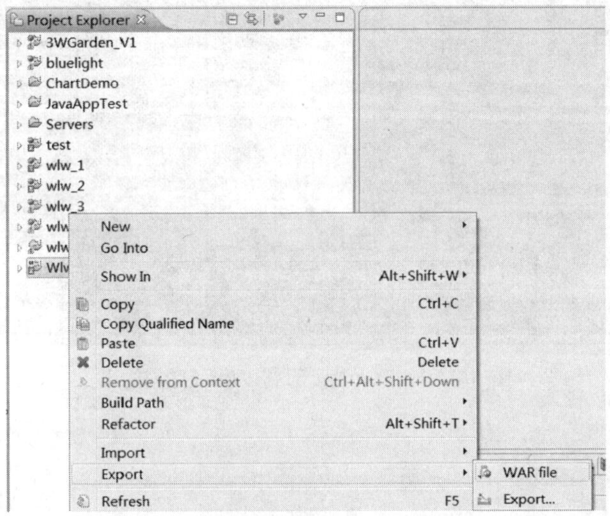

图 11-8　Eclipse IDE 主界面

向导将提示选择一个 War 文件的存放位置，如图 11-9 所示，指定文件保存的目录和文件名称后，点击“Finish”按钮，Eclipse 会生成 War 文件到指定的目录中。

Export
WAR Export
Export Web project to the local file system.
Web project: MyWeb
Destination: E:\dev\java\MyWeb.war　Browse...
Target runtime
☑ Optimize for a specific server runtime
Apache Tomcat v8.0
☐ Export source files
☑ Overwrite existing file
Finish　Cancel

图 11-9　Export 对话框

11.4.3 应用运行

对于 Tomcat 服务器来说，将 War 文件简单的放置在它的 webapps 目录下就实现了 Web 应用的发布。当启动 Tomcat 后，服务器将自动解压 War 文件到 Web 应用目录中，同时加载和运行这个 Web 应用。

如果 Tomcat 服务器正在运行，你也可以采用热部署的方式发布 Web 应用。你只需将 War 文件拷贝到它的 webapps 下，Tomcat 会自动部署该应用项目，在 Tomcat 控制台中会有部署 War 文件的日志信息输出，如图 11-10 所示。

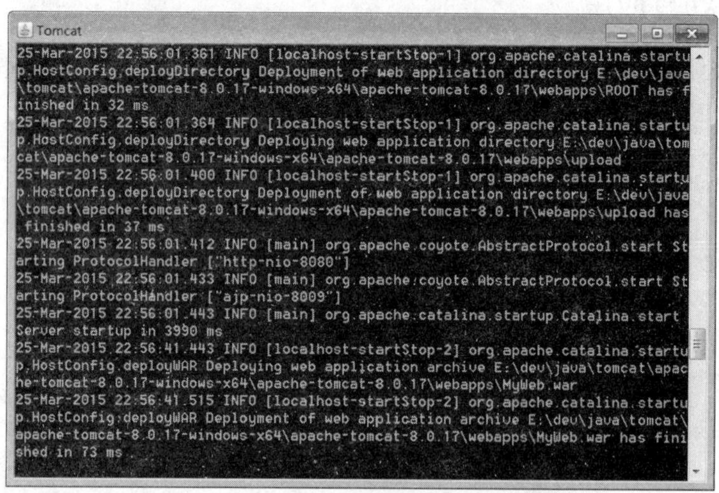

图 11-10　Tomcat 部署 War 包的输出

11.5 归纳总结

- 掌握 Tomcat 的安装和配置。
- 理解 Tomcat 的目录结构和 server.xml 的配置。
- 掌握 web 工程的发布流程。

11.6 拓展提高

1. 修改 Tomcat 服务器的监听端口为 80。
2. 将 Tomcat 安装成 Windows 服务，当系统启动时 Tomcat 也随之一起启动。

11.7 练习与实训

1. 将 Tomcat 安装在 Linux 环境下，部署在 Windows 环境下开发的 War 文件。
2. 在 server.xml 文件中将创建一个 Context，将应用部署在这个 Context 中，并运行。

第 12 章　部署应用

【学习目标】

➢掌握应用部署流程分析；

➢掌握数据库服务器的安装配置；

➢掌握 Tomcat web 服务器的安装配置；

➢掌握 Web 应用项目的部署；

➢掌握 Web 应用的网络通信和访问。

12.1　概　述

当开发人员完成软件开发和系统集成，并且通过系统测试后，就准备部署给最终用户使用。系统部署工作主要包括安装数据库服务器，将数据导入到数据库，安装 Tomcat 服务器，部署 Web 应用等。本章将完成整个项目的软件环境的安装和配置，保证项目软件能正常可靠运行。

12.2　部署任务分析

（1）总的部署原则。

➢开发环境与测试环境需要单独搭建，开发环境与测试环境的分离便于重现开发环境无法重现的 BUG，以及便于开发人员并行地修复 BUG，如果基于开发环境开展测试工作，开发人员进行某项误操作导致系统崩溃或者系统不能正常运行的意外，此时测试工作也不得不停止。

➢测试数据库与生产数据库分离，将保证测试数据库的稳定性、数据准确性，以及性能测试指标值的准确性。

➢开发环境与开发数据库共用一台主机，由于开发环境对性能要求不高，因此可以与开发数据库共用一台主机。

➢测试环境与生产环境保持一致，测试数据库的配置（用户、表空间、表）也需与生产环境一致。

➢测试环境和生产环境中的数据库和应用程序在部署前，要先保存一次完整备份。

（2）企业级部署典型架构（如图 12-1 所示）。

➢负载均衡：负载均衡设备的任务就是作为应用服务器流量的入口，首先挑选最合适的一台服务器，然后将客户端的请求转发给这台服务器处理，实现客户端到真实服务端的透明转发。

➢反向代理服务器：使用代理服务器来接受 Internet 上的连接请求，然后将请求转发给内部网络上的服务器；并且将从服务器上得到的结果返回给 Internet 上请求连接的客户端，此时代理服务器对外就表现为一个服务器。

➢应用服务器：它提供了强大的商业逻辑的处理能力。它处于数据库系统与应用程序之间的中间层，用于处理用户与企业的业务应用程序和数据库之间的所有应用程序操作。

➢缓存和数据库：缓存的作用是提供高速的数据访问，比如 Memcache，Redis 等，数据库是业务数据持久化保存的地方，比如 MySql，Oracle。

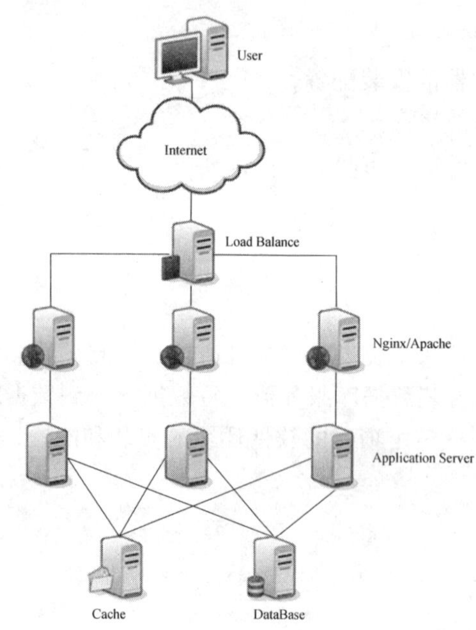

图 12-1 企业级部署典型架构

（3）部署环境。

➢典型方式：公司自行采购物理主机，将各种服务器软件和应用程序在主机上安装和配置，由专职测试人员测试，达到上线标准要求。现在就可联系托管机房进行上架操作，在申请 IP 和域名备案后，用户在 Internet 上就能访问到应用程序。整个过程需要联系专业的主机托管公司，比较费时，成本也比较高。

➢基于云平台：现在流行的方式是采用云平台实现应用程序的部署平台，由专业的第三方云计算公司提供专业虚拟主机，能够明显加应用软件的安装部署进程。比如申请到阿里云的云主机后进行远程登录，可以自行安装配置自己的服务器应用软件，同时根据主机提供的 IP 地址就能在 Internet 中访问了。由于具体申请和操作的过程不是本书的讨论的范围，想了解的读者可到阿里云官网咨询。

下面结合本教材的案例，带领读者安装本案例服务器软硬件环境。以下是环境清单：

1. 软件准备

➢操作系统 Microsoft Windows XP Professional（32 位）Service Pack3 及以上；

➢数据库版本：Microsoft SQL Server Express；

➢JDK 版本：jdk-7u65-windows-i586；

➢Web 服务器 Tomcat 版本：apache-tomcat-7.0.4；

➢浏览器：IE8 及以上。

2. 硬件准备

➢CPU：Intel 双核，频率 2.5 G 以上；

➢内存：DDR3，2 G 内存及以上；

➢硬盘：200 G。

以上软件部分除操作系统和 IE 浏览器外，都可以从本教材的软件安装包中获取。

➢时间：3 课时。

12.3 部署企业级应用工作流程

在选择符合软硬件要求的计算机后，我们就可以开始安装项目需要的软件。下面将一步步安装数据库、Tomcat 服务器、部署 web 应用，并最终在线测试等等。

12.3.1 安装、测试数据库服务器

安装 Microsoft SQL Server Express。双击“setup.exe”。如图 12-2 所示。

图 12-2　安装 Microsoft SQL Server Express

选择“安装”→ “全新 SQL Server 独立安装或现有安装添加功能”。如图 12-3 所示。

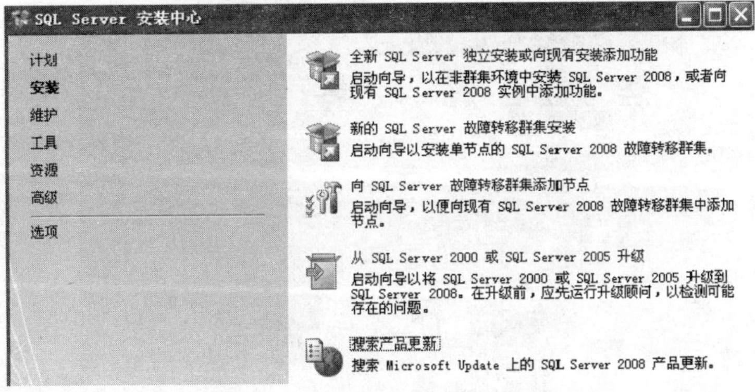

图 12-3　SQL Server 安装中心

安装完成后，可以在“开始”→“程序”→“Microsoft SQL Server Express” →“SQL Server Management Studio”中查看。点击“连接”→“数据库引擎”，提示连接的数据源，选择服务器名称，身份验证选择“Windows 身份验证”，如图 12-4 所示。

图 12-4 连接 SQL Server 服务器

连接成功后，就会出现绿色的箭头。点击“数据库”可以查看系统数据库等，如图 12-5 所示。如果连接不上，请检查相关配置。

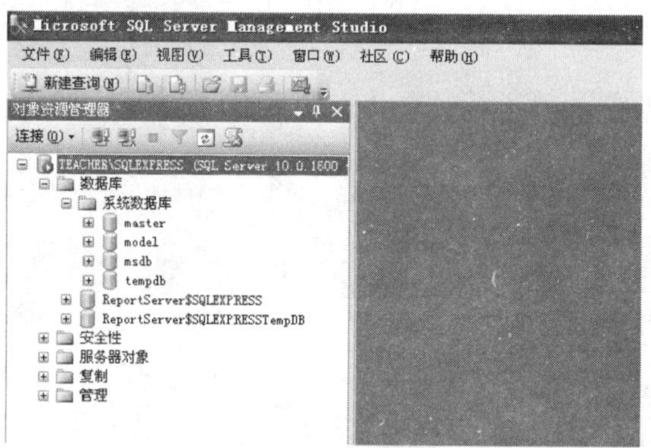

图 12-5 查看系统数据库

现在导入项目数据库数据。在“数据库”上打开右键菜单，点击“附加”。如图 12-6 所示。

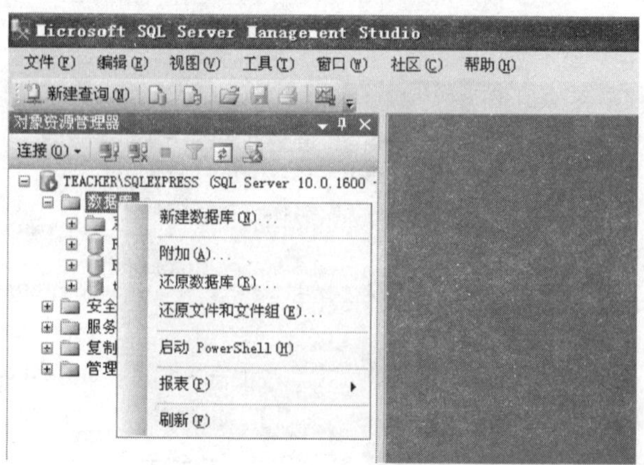

图 12-6 点击“附加”选项

选择项目中的数据库文件“ttpip_Data.MDF”。如图 12-7 所示。

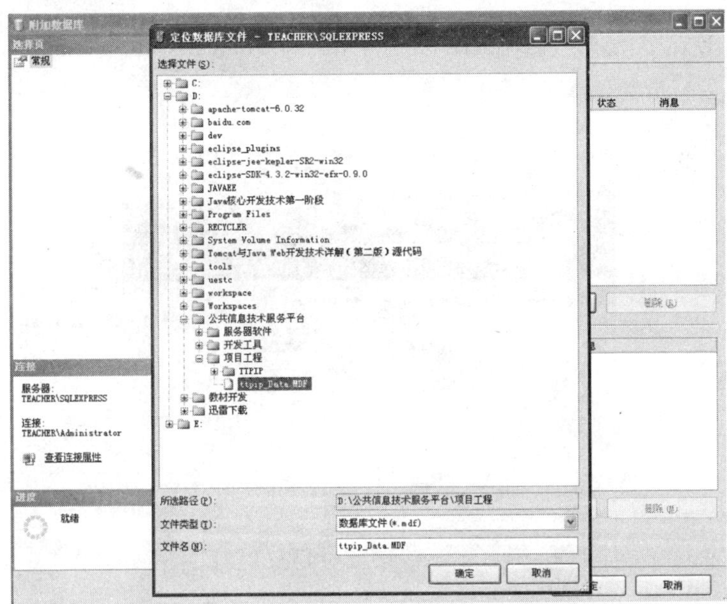

图 12-7　选择数据库文件“ttpip_Data.MDF”

导入成功后可以看到项目的数据库“ttpip”。如图 12-8 所示。

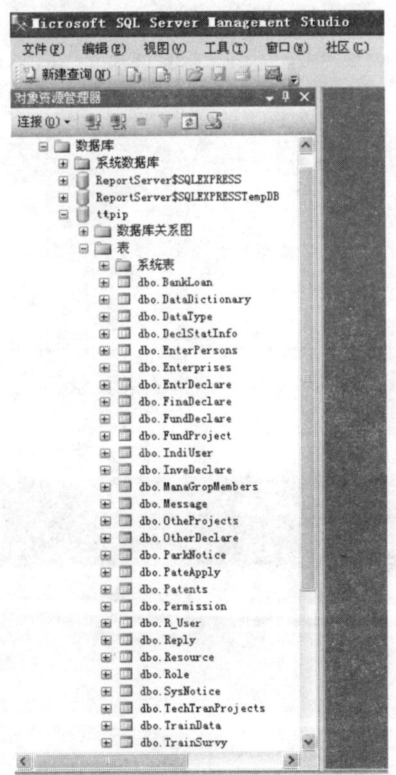

图 12-8　导入数据库文件成功

12.3.2 安装、测试 Web 服务器

安装 Web 服务器分两步：安装 JDK，安装和配置 Tomcat Web 服务器。

1. 安装 JDK

（1）双击本地的“jdk-7u65-windows-i586.exe”文件开始安装 JDK。如图 12-9 所示。

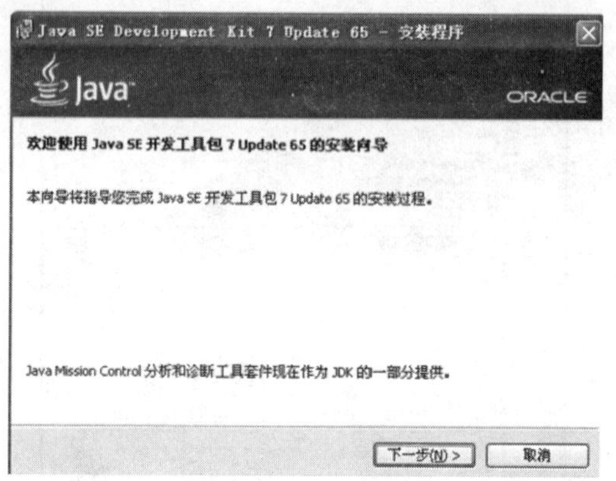

图 12-9 进入 JDK 安装对话框

（2）选择 JDK 的安装目录，通常使用默认路径即可。如图 12-10 所示。

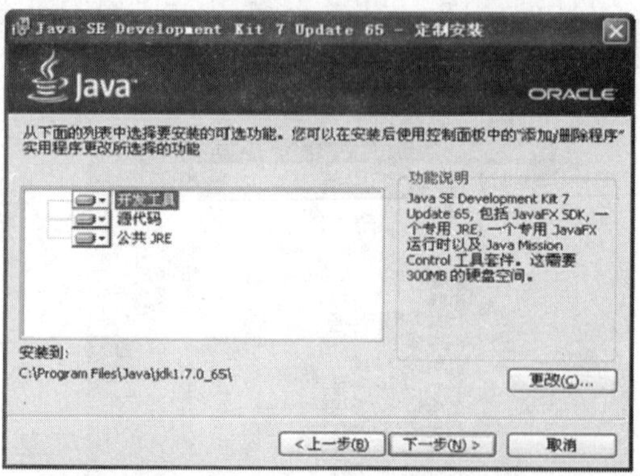

图 12-10 选择安装目录

（3）开始进行安装。如图 12-11 所示。

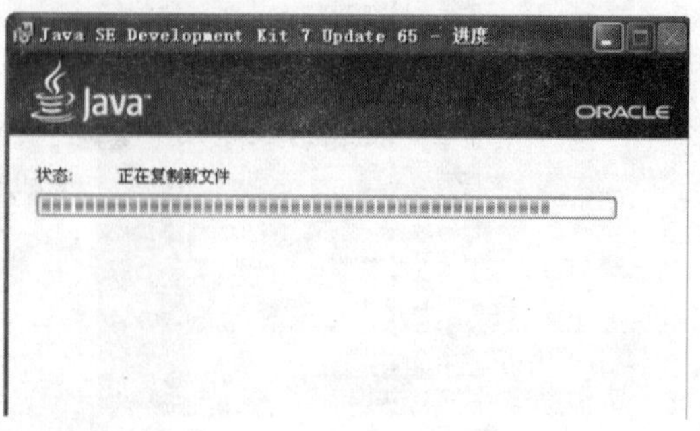

图 12-11 开始安装

（4）正确完成 JDK 的安装。如图 12-12 所示。

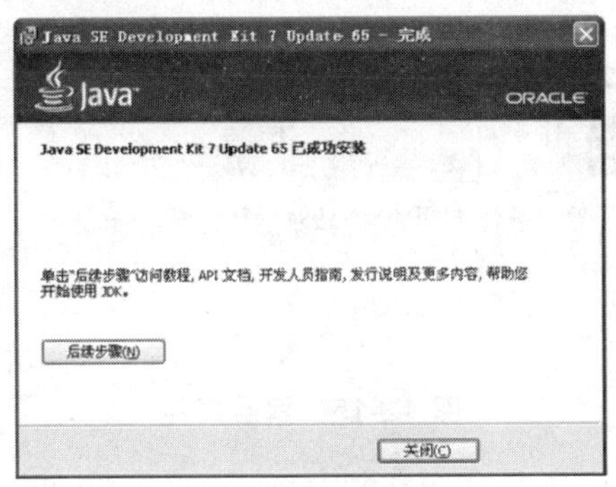

图 12-12　安装完成

（5）配置 JDK 的环境变量。首先在“我的电脑”的右键菜单中选择“属性”菜单项，将显示系统属性对话框。如图 12-13 所示。

图 12-13　系统属性对话框

（6）在系统变量中，新建环境变量“JAVA_HOME”，它的值是 JDK 的安装路径的根目录。如图 12-14 所示。

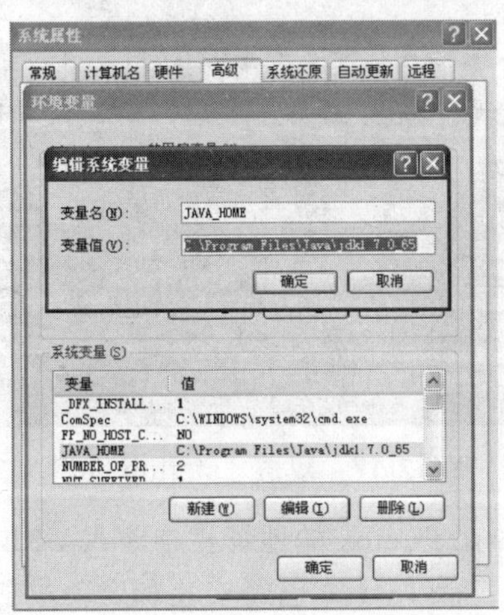

图 12-14　新建环境变量

2. **安装和配置 Tomcat Web 服务器**

（1）解压本地的“apache-tomcat-7.0.4.zip”文件。如图 12-15 所示。

图 12-15 解压文件

在 Tomcat 安装目录的 bin 子目录中找到 startup.bat 文件,如图 12-16 所示。

图 12-16 bin 目录文件

（2）双击“startup.bat”启动 Tomcat 服务器。如图 12-17 所示。

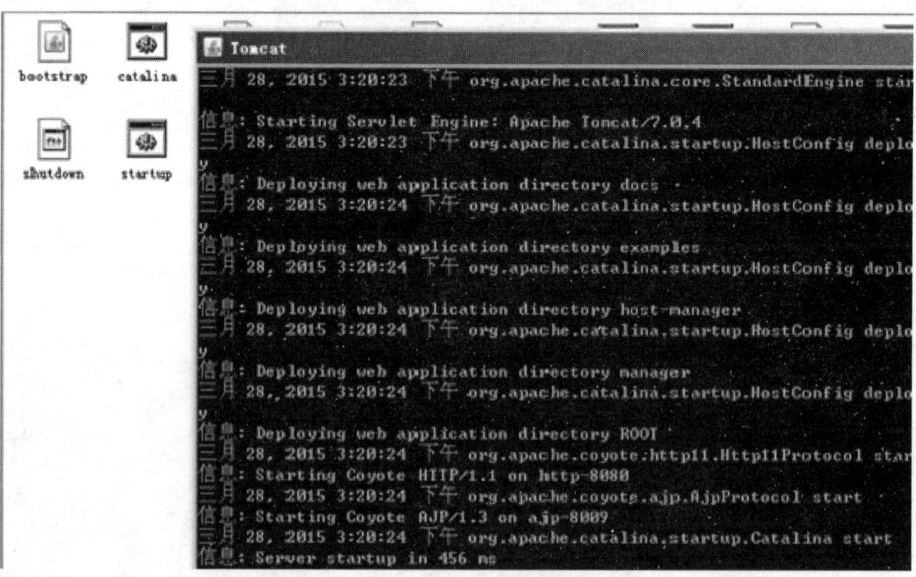

图 12-17 双击“startup.bat”

现在测试 Tomcat 服务器，在 Firefox 的地址栏中输入 URL 地址“http://127.0.0.1:8080”，在浏览器中将出现如下画面则表示 Tomcat 已经安装和启动成功。如图 12-18 所示。

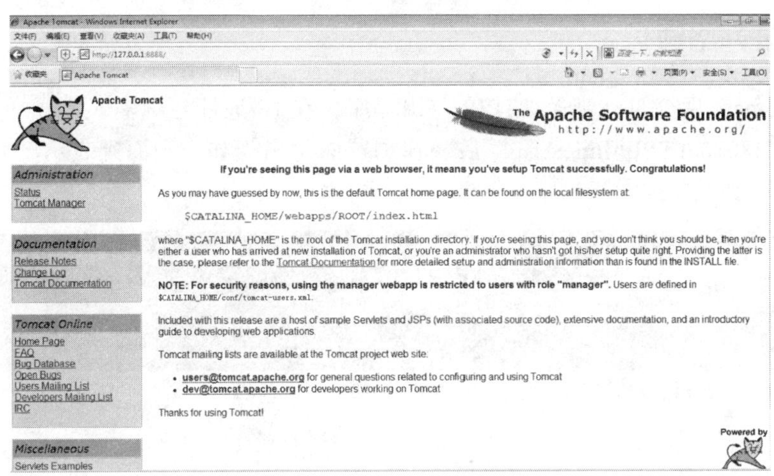

图 12-18　测试 Tomcat 服务器

12.3.3　部署、测试 Web 应用

（1）将 TTPIP.war 拷贝到 Tomcat 安装路径的根目录中的 webapps 子目录中。如图 12-19 所示。

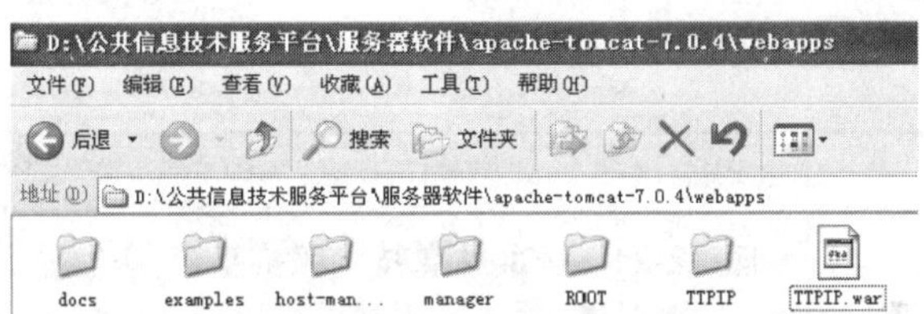

图 12-19　webapps 目录

（2）现在启动 Tomcat 服务器，它会自动部署 TTPIP.war，即在 webapps 目录中解压 TTPIP.war 内容到 TTPIP 目录中。如图 12-20 所示。

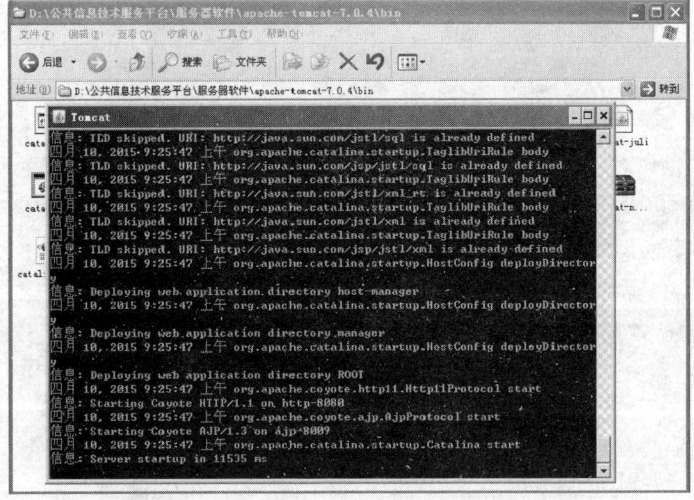

图 12-20　解压 TTPIP 目录

12.3.4 测试网络通信

在启动 Tomcat 后会自动部署 TTPIP 应用程序，在 IE 地址栏中输入“http:/127.0.0.1:8080/TTPIP/index.jsp”后，在浏览器中出现如下画面则表示已经成功的访问 Web 应用程序。如图 12-21 所示。

图 12-21 公共信息技术服务平台

现在点击“登录”链接，在浏览器中显示登录界面如下，请输入用户名（admin）和密码（lili123）。如图 12-22 所示。

图 12-22 输入用户命，密码

如果用户名和密码是正确，则系统将显示主界面，整个部署过程就全部正确完成。如图 12-23 所示。

图 12-23　公共信息技术服务平台

12.4　归纳总结

➢掌握 Web 应用的部署流程；

➢掌握 MS SQL Server 数据库的安装与使用。

12.5　拓展提高

1. 掌握 MS SQL Server 数据库系统中数据库的备份和导入。
2. 分析 Tomcat 的启动日志，理解 Tomcat 的启动流程。

12.6　练习与实训

1. 远程登录其他主机中的 MS SQL Server 数据库，并进行数据库的操作。
2. 将 startup.bat 文件所在的目录路径设置到系统环境变量 path 中，然后在 DOS 窗口中直接输入 startup 来启动 Tomcat。

附录1 网上政务大厅行政处罚系统

1. **系统属性**

网上政务大厅行政处罚系统是全市所有行政权力事项（行政许可、行政处罚、行政强制、行政征收、其他行政权力等）实现行政处罚一般程序的途径，可集成于网上政务大厅，也可以独立部署。

2. **开发背景**

随着政府信息化建设的不断推进，以及“网上行政大厅系统”的各项功能的完成和实施，为优化经济发展环境，加快建立权责明确、行为规范、监督有效、保障有力的行政执法体制，“网上政务大厅系统”加强了《网上政务大厅行政处罚系统》的相关功能。使《网上政务大厅行政处罚系统》成为市政府“权力阳光”的电子政务系统的一个重要组成部分，以支持市各个行政权力部门网上办理行政处罚业务，并对处罚事项业务过程进行全面的监控。实现行政处罚运行流程优化、程序简化、效率提高。

3 **需求**

该系统分为业务管理、处罚库管理、系统管理、统计管理 4 个方面。各个方面描述如下：

➢业务管理可以分为我的立案、立案管理、调查取证、立案审查、告知决定、案件送达、案件执行、案件存档、案件听证、复议和诉讼、案件结案。

➢处罚库管理包括：处罚库查询、自由裁量管理。

➢系统管理包括：用户、角色、权限、行政级别。

➢统计管理包括：立案信息统计、案件审查信息、案件送达信息、案件执行信息、案件存档信息方面的统计。

1）详细业务

➢处罚库管理：包括联系电话、事项的编号、事项的名称、事项类别、行政处罚类别、联系人。

➢业务规则：其中案件流水号和案件标题由系统自动生成，流水号生成规则详见《成都市政务资源事项编码规则行政权力》文档；案件标题生成规则为：当事人+事项名称。

➢立案管理：包括个人立案和企业立案。

2）个人立案

个人立案如附表 1-1 所示。

附表 1-1 个人立案信息

功能名称	个人立案
功能描述	个人立案信息管理

续附表

	名称	类型	备注
输入项	当事人	字符	必填
	案件来源	字符	必填
	Email	字符	
	联系人	字符	
	手机	字符	必填
	座机	字符	
	案件承办人	字符	
	立案时间	日期	
	案情描述	字符	必填
	自由裁量	字符	
	处罚依据	字符	
	立案附件上传	字符	
处理描述	增加个人立案信息： ➢“我的立案”，打开立案管理页面。 ➢用户选择“处罚事项的编号”，点击界面中的“个人立案”按钮，打开增加个人立案信息页面。 ➢用户输入个人立案相关信息，如果输入信息正确，系统增加一条个人立案信息到数据库中，其中选择自由裁量信息和增加个人附件信息。 ➢输入正确，点击“提交”按钮，则完成此业务		
业务规则	其中，案件流水号和案件标题由系统自动生成，流水号生成规则详见《成都市政务资源事项编码规则行政权力》文档，案件标题生成规则为，当事人+事项名称		

3）企业立案

企业立案如附表 1-2 所示。

附表 1-2　企业立案

功能名称	企业立案		
功能描述	企业立案信息管理		
输入项	名称	类型	备注
	当事人	字符	必填
	案件来源	字符	必填
	Email	字符	
	联系人	字符	
	手机	字符	必填
	座机	字符	
	案件承办人	字符	

续附表

<table>
<tr><td rowspan="5">输入项</td><td>立案时间</td><td>日期</td><td></td></tr>
<tr><td>案情描述</td><td>字符</td><td>必填</td></tr>
<tr><td>自由裁量</td><td>字符</td><td></td></tr>
<tr><td>处罚依据</td><td>字符</td><td></td></tr>
<tr><td>立案附件上传</td><td>字符</td><td></td></tr>
<tr><td>处理描述</td><td colspan="3">增加企业立案信息：
➢“我的立案”，打开立案管理页面；
➢用户选择“处罚事项的编号”，点击界面中的企业立案按钮，打开增加企业立案信息页面；
➢用户输入企业立案相关信息，如果输入信息正确，系统增加一条企业立案信息到数据库中，其中选择自由裁量信息和增加立案附件信息；
➢输入正确，点击“提交”按钮，则完成此业务</td></tr>
<tr><td>业务规则</td><td colspan="3">其中，案件流水号和案件标题由系统自动生成，流水号生成规则详见《成都市政务资源事项编码规则行政权力》文档，案件标题生成规则为，当事人+事项名称</td></tr>
</table>

4）新增调查取证

新增调查取证如附表 1-3 所示。

附表 1-3　新增调查取证信息

<table>
<tr><td>功能名称</td><td colspan="3">新增调查取证</td></tr>
<tr><td>功能描述</td><td colspan="3">本功能实现新增调查取证管理</td></tr>
<tr><td rowspan="10">输入项</td><td>名称</td><td>类型</td><td>备注</td></tr>
<tr><td>当前业务编号</td><td>字符</td><td>唯一</td></tr>
<tr><td>本业务开始日期</td><td>日期</td><td>必填</td></tr>
<tr><td>本业务实际结束日期</td><td>日期</td><td>必填</td></tr>
<tr><td>业务过程参与人员</td><td>字符</td><td></td></tr>
<tr><td>业务过程描述</td><td>字符</td><td></td></tr>
<tr><td>业务结果描述</td><td>字符</td><td></td></tr>
<tr><td>业务过程附件上传</td><td>字符</td><td></td></tr>
<tr><td>是否结案</td><td>字符</td><td></td></tr>
<tr><td></td><td></td><td></td></tr>
<tr><td>处理描述</td><td colspan="3">新增业务：
➢用户选择“业务流程管理”，打开业务管理页面；
➢用户输入查询条件；
➢点击“搜索案件”，显示查询结果；
➢选择一个案件，点击“业务管理”，输入新增业务项，点击“提交”并返回，或者提交并下一步。该业务添加完毕</td></tr>
</table>

5）新增案件审查

新增案件审查如附表 1-4 所示。

附表 1-4 新增案件审查

功能名称	新增案件审查		
功能描述	本功能实现新增案件审查		
输入项	名称	类型	备注
	当前业务编号	字符	
	本业务开始日期	日期	必填
	本业务实际结束日期	日期	必填
	业务过程参与人员	字符	
	业务过程描述	字符	
	业务结果描述	字符	
	业务过程附件上传	字符	
	是否结案	字符	
处理描述	新增业务： ➢用户选择“业务流程管理”，打开业务管理页面； ➢用户输入查询条件； ➢点击“搜索案件”，显示查询结果； ➢选择一个案件，点击“业务管理”，输入新增业务项，点击“提交”并“返回”，或者“提交”并下一步。该业务添加完毕		
业务规则	其中，案件流水号和案件标题由系统自动生成，流水号生成规则详见《成都市政务资源事项编码规则行政权力》文档，案件标题生成规则为，当事人+事项名称		

6）新增告知决定

新增告知决定信息如附表 1-5 所示。

附表 1-5 新增告知决定

功能名称	新增告知决定		
功能描述	本功能实现新增告知决定管理		
输入项	名称	类型	备注
	当前业务编号	字符	唯一
	本业务开始日期	日期	必填
	本业务实际结束日期	日期	必填
	业务过程参与人员	字符	
	业务过程描述	字符	
	业务结果描述	字符	
	业务过程附件上传	字符	
	是否结案	字符	

续附表

处理描述	新增业务： ➢用户选择“业务流程管理”，打开业务管理页面； ➢用户输入查询条件； ➢点击“搜索案件”，显示查询结果； ➢选择一个案件，点击“业务管理”，输入新增业务项，点击“提交”并返回，或者提交并下一步。该业务添加完毕
业务规则	其中案件流水号和案件标题由系统自动生成，流水号生成规则详见《成都市政务资源事项编码规则行政权力》文档，案件标题生成规则为，当事人+事项名称

7）新增案件送达

新增案件送达信息如附表 1-6 所示。

附表 1-6 新增案件送达

功能名称	新增案件送达		
功能描述	本功能实现新增案件送达管理		
输入项	名称	类型	备注
	当前业务编号	字符	唯一
	本业务开始日期	日期	必填
	本业务实际结束日期	日期	必填
	业务过程参与人员	字符	
	业务过程描述	字符	
	业务结果描述	字符	
	业务过程附件上传	字符	
	是否结案	字符	
处理描述	新增业务： ➢用户选择“业务流程管理”，打开业务管理页面； ➢用户输入查询条件； ➢点击“搜索案件”，显示查询结果； ➢选择一个案件，点击“业务管理”，输入新增业务项，点击“提交”并“返回”，或者“提交”并“下一步”。该业务添加完毕		
业务规则	其中，案件流水号和案件标题由系统自动生成，流水号生成规则详见《成都市政务资源事项编码规则行政权力》文档，案件标题生成规则为，当事人+事项名称		

8）自由裁量管理

自由裁量管理信息如附表 1-7 所示。

附表 1-7 自由裁量管理

功能名称	自由裁量管理		
功能描述	本功能实现添加自由裁量管理		
输入项	名称	类型	备注
	裁量编号	字符	必填，唯一
	裁量名称	字符	必填
	裁量表述	字符	
	违法描述	字符	
处理描述	定义处罚过程： ➢用户选择“处罚库管理”，选择行政处罚库管理，选择部门树，点击“部门”进入行政处罚库管理查询页面； ➢选中事项点击“定义自由裁量”； ➢点击“添加自由裁量”，输入基本信息，点击“提交”		
业务规则	可以定义处罚过程和定义自由量裁，定义处罚过程的前提是先定义好过程管理		

9）行政级别信息维护

行政级别信息维护信息如附表 1-8 所示。

附表 1-8 行政级别信息维护

功能名称	行政级别信息维护		
功能描述	在本功能中提供对行政级别信息的增加、修改、删除、查询； 删除是指对数据库中行政级别信息做逻辑上的删除，不做物理的删除		
输入项	行政级别信息：		
	名称	类型	备注
	行政级别编号	字符	必填，唯一编号
	行政级别名称	字符	必填，唯一名称
	所属部门	字符	
	附加备注	字符	
业务规则	行政级别信息的维护只能由系统管理员来进行维护，其他人员无法维护		

案件执行信息统计只能是登录到本系统的用户可以使用。

10）立案信息统计查询

立案信息统计查询如附表 1-9 所示。

附表 1-9 立案信息统计查询

功能名称	立案信息统计查询			
功能描述	在本功能中提供对立案信息统计的查询，查询是指根据办理部门和日期进行查询。			
输入项	立案信息：			
	名称	类型	备注	名称
	办理部门	字符		办理部门
	开始时间	日期		开始时间
处理描述	查询立案信息统计： ➢用户填写办理单位，选择要查询的时间段，填写完成后点击统计按钮； ➢系统根据用户填写的信息进行查询，并将结果返回到立案信息统计查询界面			
输出项	立案信息：			
	名称	类型	备注	
	开始时间	日期		
	结束时间	日期		
	办理单位	字符		
	立案总数	字符		
	办结总数	字符		
	百分比	字符		

11）立案信息统计柱状图

立案信息统计柱状图信息如附表 1-10 所示。

附表 1-10 立案信息统计柱状图

功能名称	立案信息统计的柱状图		
功能描述	在本功能中提供对立案统计信息的柱状图； 柱状图是指当前部门的立案信息统计的柱状图显示		
处理描述	立案信息统计柱状图： ➢用户选择“立案信息统计管理”界面中的要查看的立案信息，选中记录前的单选按钮，并点击“柱状图”按钮进入柱状图页面； ➢用户查看完后，点击“返回”按钮返回“立案信息统计管理”界面		
输出项	立案信息：		
	名称	类型	备注
	已办结	字符	
	办结总数	字符	
	未办结	字符	

12）案件审查信息统计的查询

案件审查信息统计的查询信息如附表 1-11 所示。

附表 1-11　案件审查信息统计的查询

功能名称	案件审查信息统计的查询		
功能描述	在本功能中提供对案件审查信息统计的查询； 查询是指根据办理部门和日期进行查询		
输入项	案件审查信息：		
	名称	类型	备注
	办理部门	字符	
	开始时间	日期	
	截止时间	日期	
处理描述	查询案件审查信息统计 ➢用户填写办理单位，选择要查询的时间段，填写完成后点击“统计按钮”； ➢系统根据用户填写的信息进行查询，并将结果返回到案件审查信息统计查询界面		
输出项	案件审查信息：		
	名称	类型	备注
	开始时间	日期	
	结束时间	日期	
	办理单位	字符	
	案件审查总数	字符	
	处理完	字符	
	未处理完		
	完成百分比	字符	

13）案件审查信息统计的柱状图

案件审查信息统计的柱状图信息如附表 1-12 所示。

附表 1-12　案件审查信息统计的柱状图

功能名称	案件审查信息统计的柱状图		
功能描述	在本功能中提供对案件审查信息统计的柱状图； 柱状图是指当前部门的案件审查统计的柱状图显示		
处理描述	案件审查信息统计柱状图： ➢用户选择“案件审查信息统计管理”界面中的要查看的案件审查信息，选中记录前的单选按钮，并点击“柱状图”按钮进入柱状图页面； ➢用户查看完后，点击“返回”按钮返回“案件审查信息统计管理”界面		
输出项	案件审查信息：		
	名称	类型	备注
	已办结	字符	
	办结总数	字符	
	未办结	字符	

14）案件送达信息统计的查询

案件送达信息统计的查询如附表 1-13 所示。

附表 1-13　案件送达信息统计的查询

功能名称	案件送达信息统计的查询		
功能描述	在本功能中提供对案件送达信息统计的查询； 查询是指根据办理部门和日期进行查询		
输入项	案件送达信息：		
	名称	类型	备注
	办理部门	字符	
	开始时间	日期	
	截止时间	日期	
处理描述	查询案件送达信息统计： ➢用户填写办理单位，选择要查询的时间段，填写完成后点击“统计”按钮； ➢系统根据用户填写的信息进行查询，并将结果返回到案件送达信息统计查询界面		
输出项	案件送达信息：		
	名称	类型	备注
	开始时间	日期	
	结束时间	日期	
	办理单位	字符	
	案件送达总数	字符	
	处理完	字符	
	未处理完		
	完成百分比	字符	

15）案件送达信息统计的柱状图

案件送达信息统计的柱状图信息如附表 1-14 所示。

附表 1-14　案件送达信息统计的柱状图

功能名称	案件送达信息统计的柱状图		
功能描述	在本功能中提供对案件送达信息统计的柱状图； 柱状图是指当前部门的案件送达统计的柱状图显示		
处理描述	案件送达信息统计柱状图： ➢用户选择“案件送达信息统计管理”界面中的要查看的案件送达信息，选中记录前的单选按钮，并点击“柱状图”按钮进入柱状图页面； ➢用户查看完后，点击“返回”按钮返回“案件送达信息统计管理”界面		
输出项	案件送达信息：		
	名称	类型	备注
	已办结	字符	
	办结总数	字符	
	未办结	字符	

16）案件执行信息统计的查询

案件执行信息统计的查询如附表 1-15 所示。

附表 1-15 案件执行信息统计的查询

功能名称	案件执行信息统计的查询		
功能描述	在本功能中提供对案件执行信息统计的查询； 查询是指根据办理部门和日期进行查询。		
输入项	案件执行信息：		
	名称	类型	备注
	办理部门	字符	
	开始时间	日期	
	截止时间	日期	
处理描述	查询案件执行信息统计： ➢用户填写办理单位，选择要查询的时间段，填写完成后点击“统计”按钮； ➢系统根据用户填写的信息进行查询，并将结果返回到案件执行信息统计查询界面		
输出项	案件执行信息：		
	名称	类型	备注
	开始时间	日期	
	结束时间	日期	
	办理单位	字符	
	案件执行总数	字符	
	处理完	字符	
	未处理完		
	完成百分比	字符	

17）案件执行信息统计的柱状图

案件执行信息统计的柱状图如附表 1-16 所示。

附表 1-16 案件执行信息统计的柱状图

功能名称	案件执行信息统计的柱状图		
功能描述	在本功能中提供对案件执行信息统计的柱状图； 柱状图是指当前部门的案件执行统计的柱状图显示		
处理描述	案件执行信息统计柱状图： ➢用户选择“案件执行信息统计管理”界面中的要查看的案件执行信息，选中记录前的单选按钮，并点击“柱状图”按钮进入柱状图页面； ➢用户查看完后，点击“返回”按钮返回“案件执行信息统计管理”界面		
输出项	案件执行信息：		
	名称	类型	备注
	已办结	字符	
	办结总数	字符	
	未办结	字符	

18）案件存档信息统计的查询

案件存档信息统计的查询如附表 1-17 所示。

附表 1-17 案件存档信息统计的查询

<table>
<tr><td>功能名称</td><td colspan="3">案件存档信息统计的查询</td></tr>
<tr><td>功能描述</td><td colspan="3">在本功能中提供对案件存档信息统计的查询；
查询是指根据办理部门和日期进行查询</td></tr>
<tr><td rowspan="5">输入项</td><td colspan="3">案件存档信息：</td></tr>
<tr><td>名称</td><td>类型</td><td>备注</td></tr>
<tr><td>办理部门</td><td>字符</td><td></td></tr>
<tr><td>开始时间</td><td>日期</td><td></td></tr>
<tr><td>截止时间</td><td>日期</td><td></td></tr>
<tr><td>处理描述</td><td colspan="3">查询案件存档信息统计
➢用户填写办理单位，选择要查询的时间段，填写完成后点击“统计”按钮；
➢系统根据用户填写的信息进行查询，并将结果返回到案件存档信息统计查询界面</td></tr>
<tr><td rowspan="9">输出项</td><td colspan="3">案件存档信息：</td></tr>
<tr><td>名称</td><td>类型</td><td>备注</td></tr>
<tr><td>开始时间</td><td>日期</td><td></td></tr>
<tr><td>结束时间</td><td>日期</td><td></td></tr>
<tr><td>办理单位</td><td>字符</td><td></td></tr>
<tr><td>案件存档总数</td><td>字符</td><td></td></tr>
<tr><td>处理完</td><td>字符</td><td></td></tr>
<tr><td>未处理完</td><td></td><td></td></tr>
<tr><td>完成百分比</td><td>字符</td><td></td></tr>
</table>

19）案件存档信息统计的柱状图

案件存档信息统计的柱状图如附表 1-18 所示。

附表 1-18 案件存档信息统计的柱状图

<table>
<tr><td>功能名称</td><td colspan="3">案件存档信息统计的柱状图</td></tr>
<tr><td>功能描述</td><td colspan="3">在本功能中提供对案件存档信息统计的柱状图；
柱状图是指当前部门的案件存档统计的柱状图显示</td></tr>
<tr><td>处理描述</td><td colspan="3">案件存档信息统计柱状图：
➢用户选择“案件存档信息统计管理”界面中的要查看的案件存档信息，选中记录前的单选按钮，并点击“柱状图”按钮进入柱状图页面；
➢用户查看完后，点击“返回”按钮返回“案件存档信息统计管理”界面</td></tr>
<tr><td rowspan="5">输出项</td><td colspan="3">案件存档信息：</td></tr>
<tr><td>名称</td><td>类型</td><td>备注</td></tr>
<tr><td>已办结</td><td>字符</td><td></td></tr>
<tr><td>办结总数</td><td>字符</td><td></td></tr>
<tr><td>未办结</td><td>字符</td><td></td></tr>
</table>

附录 2　层叠样式表文件 common.css

```
@charset "utf-8";
html, body, form, p, dl, dt, dd, ul, ol, h1, h2, h3, h4, h5, h6{
  margin:0;
  padding:0;
}
body{
font:12px Verdana, Arial, Helvetica, sans-serif;
color:#000;
background:#ededed;
line-height:1.7;
}
ul, ol{
    list-style:none;
   }
a img{
   border:none;
}
a{
   text-decoration:none;
   color:#3c87c7;
}
a:hover{
   text-decoration:underline;
}
.clear{
     clear:both;
     height:0;
     font-size:1px;
     line-height:0px;
 }
disabled{
     text-decoration:none !important;
     color:#aaa;
     cursor:default;
  }
.title{
    text-align: center;
    vertical-align: middle;
    font-family: "宋体";
    font-size: 16px;
    color: #F60;
    font-weight: bold;
    top: 20px;
    background-color: #FFF;
    margin-top: 5px;
 }
.lbutton{
    cursor:pointer;
    width:auto;
    height:25px;
```

```
    overflow:visible;
    border:0 none;
    background:none;
    color:#fff;
    vertical-align:middle;
    padding:0;
    font-size:12px;
 }
 .lbutton span{
      display:inline-block;
      display:-moz-inline-stack;
      display:inline; zoom:1;
      text-decoration:none;
      margin:4px 0;
      background-color: #06F;
      background-image: url(lbuttonbg.gif);
      background-repeat: no-repeat;
      background-position: left top;
    }
.lbutton img{
     width:15px;
     height:15px;
     margin-right:5px;
     vertical-align:middle;
   }
.lbutton em{
     display:inline-block;
     display:-moz-inline-stack;
     display:inline;
     zoom:1;
     height:15px;
     line-height:15px;
     padding:5px 12px 5px 4px;
     margin-left:8px;
     font-style:normal;
      background:url(lbuttonbg.gif)      no-repeat      top      right;
cursor:pointer;
      text-decoration:none;
      white-space:nowrap;
   }
.lbutton span{
   margin:0;
}
/* layout */
.container{
    margin:0 auto;
    padding:5px 20px;
  }
.content{
     background:#fff;
     padding:7px;
     margin-top:10px;
     zoom:1;
     height:100%;
   }
.header{
     margin-top:10px;
     padding:7px;
     background:#fff;
   }
```

```
.header .logo img{
      filter:alpha(opacity=0);
      opacity:0;
   }
.header .logo{
     background:url(logo.png)no-repeat!important;
     width:630px;
     height:132px;
     background:none;
     filter:progid:DXImageTransform.Microsoft.
     AlphaImageLoader(src='logo.png', sizingMethod='scale');
  }
.header .inner{
     position:relative;
     height:132px;
     background:#3a7ad2 url(headerbg.jpg) no-repeat top right;
  }
.header .logininfo{
     position:absolute;
      right:5px;
      bottom:0px;
      padding:3px 5px; color:#009;
   }
.header .logininfo a{
    color:#009;
   }
.footer{
    clear:both;
    margin-top:10px;
    padding:10px;
    text-align:center;
    color:#999;
}
.footer a{
    color:#999;
}
.topmargin{
    margin-top:10px;
  }
.page{
    text-align:right;
    margin-top:5px;
    padding:5px 0;
    height:25px;
  }
.page {
     vertical-align:middle;
   }
.page a{
      color:#3b87c6;
      display:inline-block;
      display:-moz-inline-stack;
      display:inline;
      zoom:1; margin-left:2px;
      height:14px;
      line-height:14px;
      padding:4px 7px;
      cursor:pointer;
      text-align:center;
```

```
        border:1px solid #efefef;
        text-decoration:none;
        background:#fff;
    }
.page a.prev{
     background:#fff    url(page_prev.gif)    no-repeat    left    3px;
padding-left:18px;
   }
.page a.next{
     background:#fff    url(page_next.gif)    no-repeat    right    3px;
padding-right:18px;
   }
.page a:hover{
    color:#3b87c6;
    border-color:#3b87c6;
    background-color:#fff;
}
.page a.prev:hover{
     background-position:left -13px;
    }
.page a.next:hover{
     background-position:right -13px;
    }
.page a.active{
     color:#fff;
     background:#3b87c6;
     border-color:#3b87c6;
    }
.page-info{
     float:left;
    }
.page-link{
     float:right;
    }

/* layout three columns */
.sideleft{
    float:left;
    clear:left;
    width:180px;
    overflow:hidden;
   }
.mainarea{
     margin:0 0 0 0px;
     height:100%;
   }
.pagenav{
     margin-bottom:12px;
  }
.pagenav h1{
      font-size:14px;
      color:#0086d6;
      margin-bottom:10px;
    }
table.dataTable {
      border: 1px solid #C6C6C6;
      border-collapse: collapse;
      background: url(thbg.gif) #fff repeat-x left top;
   }
```

```
table.dataTable td,
table.dataTable th {
     color: #555555;
     border-bottom: 1px solid #eee;
     line-height:16px;
     line-height:18px;
     padding: 3px 7px 3px 6px;
     padding: 2px 7px 2px 6px;
     white-space: nowrap;
  }
table.dataTable td {
     white-space: nowrap;
     overflow: hidden;
     text-overflow: ellipsis;
     text-overflow: ellipsis;
   }
table.dataTable tr.dataTableHead td,
table.dataTable tr.dataTableHead td span {
     color: #445055;
     font-weight: bold;
  }
table.dataTable tr.dataTableHead td {
     height: 27px;
     line-height:27px;
     padding: 0 7px 0 6px;
     border-left: #D6D6D6 0px solid;
     border-bottom: #C6C6C6 0px solid;
     background: url(th.gif) no-repeat left top;
  }
table.dataTable tr.dataTableHead:first-child {
     background-image: none;
 }
table.dataTable tr.odd td{
     background:#f7fcff;
 }
.datatitle{
     text-align:left;
     padding-bottom:5px;
 }
.datatitle h3{
     font-size:12px;
     font-weight:normal;
     color:#666;
 }
.datatitle img{
     vertical-align:middle;
     margin-right:5px;
  }
```

附录 3 科技成果转化页面设计

1. 科技成果转化查询

```
<!DOCTYPE html PUBLIC "-//W3C//DTD HTML 4.01 Transitional//EN"
"http://www.w3.org/TR/html4/loose.dtd">
<html>
<head>
<meta http-equiv="Content-Type" content="text/html; charset=UTF-8">
<link href="css/common.css" rel="stylesheet" type="text/css" />
<script src="js/WdatePicker.js" type="text/javascript"></script>
<title>科技成果转化管理</title>
</head>
<body>
<div span class="title"><strong>科技成果转化</strong></div>
<div class="container">
  <div class="content">
    <div class="mainarea">
      <div class="rect rect-white topmargin">
        <div class="rmm">
          <div class="datatitle topmargin">
            <h3><img src="img/result.gif" />科技成果转化管理</h3>
            <span class="page-link"> 项目名称
            <input type="text"  name="tranName"  size="8">
            申请日期
<input type="text" name="startTime" size="8" onClick="WdatePicker()">-
<input type="text" name="endTime" size="8" onClick="WdatePicker()">
            提交状态
            <select name="declSubmStatus1" >
              <option value="3" >全部</option>
              <option value="1" >未提交</option>
              <option value="2" >已提交</option>
            </select>
             <input type="button" id="button12" value="查询" />
            </span> </div>
          <table   width="100%"   cellpadding="2"   cellspacing="0"
class="dataTable">
            <tr class="dataTableHead" >
              <td width="5%" align="center"></td>
  <td width="30%" align="center"><strong>项目名称</strong></td>
  <td width="20%" align="center"><strong>科技成果转化类型</strong></td>
  <td width="11%" align="center"><strong>填报日期</strong></td>
 <td width="15%" align="center"><strong>提交状态</strong></td>
            </tr>
            <tr class="odd" >
              <td align="center">
             <input type="radio" name="radio11" id="radio11" />
              </td>
              <td align="center" bordercolor="1" >
```

```
            <a href="" title="服装批发管理系统">
             服装批发管理系统 </a> </td>
           <td align="center"> 技术成果合作 </td>
           <td align="center"> 2015-03-23</td>
           <td align="center"> 已提交 </td>
         </tr>
         <tr class="odd2"  >
           <td align="center">
           <input type="radio" name="radio11" id="radio11" />
           </td>
      <td align="center" bordercolor="1" >
        <a href="" title="车辆出口管理系统">
             车辆出口管理系统 </a> </td>
         <td align="center"> 技术成果合作</td>
           <td align="center"> 2015-03-24</td>
           <td align="center"> 已提交 </td>
         </tr>
         <tr class="odd" >
           <td align="center">
         <input type="radio" name="radio11" id="radio11"/>
           </td>
       <td align="center" bordercolor="1" >
       <a href="" title="教育管理系统"> 教育管理系统 </a> </td>
           <td align="center"> 技术成果合作</td>
           <td align="center"> 2015-03-25</td>
           <td align="center"> 已提交 </td>
         </tr>
         <tr class="odd2"  >
           <td align="center">
   <input         type="radio"        name="radio11"        id="radio11"
onClick="selectOne('259','1')"/>
           </td>
           <td align="center" bordercolor="1" >
           <a href="" title="华迪--教育">
           华迪--教育 </a> </td>
           <td align="center"> 技术成果合作</td>
           <td align="center"> 2015-05-15</td>
           <td align="center"> 未提交 </td>
         </tr>
        </table>
        <div class="page"> <span class="page-info">
<button class="lbutton" type="button"><span>新增</span></button>
<button class="lbutton" type="button"><span>修改</span></button>
<button class="lbutton" type="button" onClick="confirm('确认删除这条信息
吗? ')"><span>删除</span></button>
<button class="lbutton" type="button"><span>提交审核</span></button>
         </span> <span class="page-link"> 共 1
         页 , 当前是第 1 页 <a href=""> 首页 </a>
         <a href="">上一页</a> <a href="">下一页</a>
         <a href="">末页</a> 转
         <select name="goPage" id="goPage" >
           <option value="1" selected='selected'>1</option>
```

```
            </select>
            页 </span> </div>
        </div>
      </div>
    </div>
  </div>
</div>
</body>
</html>
```

2. 添加

```
<!DOCTYPE  html  PUBLIC  "-//W3C//DTD  HTML  4.01  Transitional//EN"
"http://www.w3.org/TR/html4/loose.dtd">
<html>
<head>
<meta http-equiv="Content-Type" content="text/html; charset=UTF-8">
<title>添加科技成果转化信息</title>
<link href="css/common.css"  rel="stylesheet" type="text/css"/>
<script src="js/WdatePicker.js" type="text/javascript"></script>
</head>
<body>
<div span class="title"> <strong>科技成果转化</strong> </div>
<div class="container">
  <div class="content">
    <div class="mainarea">
      <div class="rect rect-white topmargin">
        <div class="rmm">
          <div class="datatitle topmargin">
            <h3><img src="img/result.gif" />添加科技成果转化信息 </h3>
          </div>
         <table width="100%" cellpadding="2" cellspacing="0"
class="dataTable">
            <tr class="odd">
              <td width="20%" height="25" align="right">
                 <span style="color: red"><strong>*</strong></span>
                 <strong>项目名称</strong> </td>
          <td width="30%" align="left">
            <input type="text"  id="tranName" value="" size="20" />
          </td>
          <td width="20%" align="right">
               <strong>产权证编号</strong> </td>
            <td width="30%" align="left">
              <input name="tranOwnRighNum" type="text"  size="20" />
            </td>
            </tr>
            <tr class="odd2">
              <td width="20%" align="right">
                <span style="color: red"><strong>*</strong></span>
                <strong>行业类型</strong> </td>
              <td width="30%" align="left">
                <input name="tranTrade" type="text" size="20" />
              </td>
              <td width="20%" align="right">
                <span style="color: red"><strong>*</strong></span>
                <strong>持有人</strong> </td>
              <td width="30%" align="left">
                <input name="tranOwner" type="text" size="20" />
```

```
        </td>
      </tr>
      <tr class="odd">
        <td width="20%" align="right">
 <span style="color: red"><strong>*</strong> </span>
 <strong>联系电话</strong> </td>
 <td width="30%" align="left">
   <input name="tranOwnTel" type="text" size="20" />
 </td>
<td width="20%" align="right"><strong>挂牌价格</strong></td>
<td width="30%" align="left">
   <input name="tranTagPrice" type="text" size="20" /> 元
 </td>
 </tr>
      <tr class="odd2">
        <td width="20%" align="right">
           <span style="color: red"><strong>*</strong></span>
           <strong>科技成果转化类型 </strong> </td>
        <td width="30%" align="left">
          <select>
            <option value="1"> 技术成果合作 </option>
            <option value="2"> 技术成果转让 </option>
            <option value="3"> 专利技术合作 </option>
            <option value="4"> 项目共同开发 </option>
          </select>
        </td>
        <td width="20%" align="right">
           <span style="color: red"><strong>*</strong></span>
           <strong>项目技术情况</strong> </td>
        <td width="30%" align="left">
          <select>
            <option value="1"> 研制阶段 </option>
            <option value="2"> 试生产阶段 </option>
            <option value="3"> 小批量生产 </option>
            <option value="4"> 小批量生产 </option>
            <option value="5"> 其他 </option>
          </select>
        </td>
      </tr>
      <tr class="odd">
        <td width="20%" align="right">
          <span style="color: red"><strong>*</strong></span>
            <strong>项目企业情况</strong></td>
        <td width="30%" align="left">
          <select>
            <option value="1"> 种子期 </option>
            <option value="2"> 创建期 </option>
            <option value="3"> 创建期 </option>
            <option value="4"> 扩张期 </option>
            <option value="5"> 成熟期 </option>
          </select>
        </td>
        <td width="20%" align="right">
```

```
      <span style="color: red"><strong>*</strong></span>
      <strong>产权类型</strong> </td>
    <td width="30%" align="left">
      <select>
        <option value="1"> 股权 </option>
        <option value="2"> 物权 </option>
        <option value="3"> 债权 </option>
        <option value="4"> 知识产权 </option>
        <option value="5"> 其他 </option>
      </select>
    </td>
  </tr>
  <tr class="odd2">
    <td width="20%" align="right">
        <strong>
         <span style="color: red">*</span>
         知识产权类型</strong></td>
    <td width="80%" colspan="3" align="left">
      <select>
        <option value="1"> 专利申请权 </option>
        <option value="2"> 专利权 </option>
        <option value="3"> 著作权 </option>
        <option value="4"> 商标权 </option>
        <option value="5"> 技术秘密 </option>
        <option value="6"> 其他 </option>
      </select>
    </td>
  </tr>
  <tr class="odd">
<td width="20%" align="right">
      <span style="color: red">
      <strong>*</strong> </span>
      <strong>专利状态</strong> </td>
    <td width="80%" colspan="3" align="left">
      <select>
        <option value="1"> 无专利 </option>
        <option value="2"> 申请中 </option>
        <option value="3"> 已获专利证书 </option>
      </select>
    </td>
  </tr>
  <tr id="pateType" style="display: none">
    <td width="20%" align="right">
      <span style="color: red"><strong>*</strong></span>
      <strong>专利类型</strong> </td>
    <td width="80%" colspan="3" align="left">
      <select>
        <option value="1"> 发明 </option>
        <option value="2"> 实用新型 </option>
        <option value="3"> 外观设计 </option>
      </select>
    </td>
  </tr>
```

```
          <tr id="pateDate">
          <td width="20%" align="right">
             <strong>专利申请日期</strong> </td>
      <td width="80%" align="left" colspan="3">
         <input name="tranPateDate" type="text"
size="20" onClick="WdatePicker()" />
            </td>
          </tr>
          <tr id="authDate">
           <td width="20%" align="right">
              <strong>授权公告日</strong> </td>
            <td width="80%" align="left" colspan="3">
              <input name="tranAuthDate" type="text"
size="20" onClick="WdatePicker()" />
            </td>
          </tr>
          <tr class="odd2">
            <td width="20%" align="right">
          <span style="color: red"><strong>*</strong>
         </span><strong>项目介绍</strong> </td>
       <td width="80%" colspan="3" align="left">
     <textarea name="tranIntro" cols="60" rows="5"> </textarea>
 </td>
</tr>
<tr class="odd">
  <td width="20%" align="right">
       <span style="color: red"><strong>*</strong></span>
         <strong>其他说明</strong> </td>
    <td width="80%" colspan="3" align="left">
    <textarea name="tranOtheIntro" cols="60" rows="5"></textarea>
            </td>
          </tr>
        </table>
        <div class="page">
          <tr>
            <th align="left">  </th>
            <td colspan="3">
<button class="lbutton" type="submit"> <span>保存</span></button>
<button class="lbutton" type="button"><span>重置</span></button>
<button class="lbutton" type="button"
onclick="javascript:history.go(-1);"> <span>返回</span> </button></td>
          </tr>
        </div>
      </div>
    </div>
  </div>
 </div>
</div>
</body>
</html>
```

3. 修改

```
<!DOCTYPE html PUBLIC "-//W3C//DTD HTML 4.01 Transitional//EN"
"http://www.w3.org/TR/html4/loose.dtd">
<html>
<head>
<meta http-equiv="Content-Type" content="text/html; charset=UTF-8">
```

```
<link href="css/common.css" rel="stylesheet" type="text/css" />
<script src="js/WdatePicker.js" type="text/javascript"></script>
<title>修改科技成果转化信息</title>
</head>
<body>
<div span class="title"><strong>科技成果转化</strong></div>
<div class="container">
  <div class="content">
    <div class="mainarea">
      <div class="rect rect-white topmargin">
        <div class="rmm">
          <div class="datatitle topmargin">
          <h3><img src="img/result.gif" />修改科技成果转化信息</h3>
          </div>
          <table    width="100%"    cellpadding="2"    cellspacing="0"
class="dataTable">
        <tr class="odd">
          <td width="20%" align="right" >
            <strong>项目名称</strong></td>
          <td width="30%" align="left">华迪--教育</td>
          <td width="20%" align="right" >
             <strong>产权证编号</strong></td>
          <td width="30%" align="left">
<input name="tranOwnRighNum"  type="text" size="20" value="00029292"/>
              </td>
            </tr>
            <tr class="odd2">
              <td width="20%" align="right" >
                 <span style="color:red"><strong>*</strong></span>
                 <strong>行业类型</strong></td>
              <td width="30%" align="left">
<input name="tranTrade"  type="text" size="20" value="教育行业"/>
              </td>
              <td width="20%" align="right" >
                 <span style="color:red"><strong>*</strong></span>
                 <strong>持有人</strong></td>
              <td width="30%" align="left">
    <input name="tranOwner" type="text" size="20" value="李 XX" />
              </td>
            </tr>
            <tr class="odd">
              <td width="20%"  align="right" >
                  <span style="color:red"><strong>*</strong></span>
                  <strong>联系电话</strong></td>
              <td width="30%" align="left">
<input name="tranOwnTel" type="text" size="20" value="13544434443"/>
              </td>
             <td width="20%" align="right" >
                  <strong>挂牌价格</strong></td>
              <td width="30%" align="left">
<input name="tranTagPrice" type="text" size="20" value="3000000.0"/>
              元</td>
            </tr>
            <tr class="odd2">
              <td width="20%" align="right">
```

```
    <span style="color:red"><strong>*</strong></span>
    <strong>科技成果转化类型 </strong></td>
  <td width="30%" align="left">
    <select>
      <option value="1" selected>技术成果合作</option>
      <option value="2" >技术成果转让</option>
      <option value="3" >专利技术合作</option>
      <option value="4" >项目共同开发</option>
    </select>
    </td>
  <td width="20%" align="right" >
    <span style="color:red"><strong>*</strong></span>
    <strong>项目技术情况</strong></td>
  <td width="30%" align="left">
    <select>
      <option value="1" selected>研制阶段</option>
      <option value="2" >试生产阶段</option>
      <option value="3" >小批量生产</option>
      <option value="4" >小批量生产</option>
      <option value="5" >其他</option>
    </select>
    </td>
</tr>
<tr class="odd">
  <td width="20%" align="right" >
      <span style="color:red"><strong>*</strong></span>
      <strong>项目企业情况</strong></td>
  <td width="30%" align="left">
       <select>
      <option value="1" selected>种子期</option>
      <option value="2" >创建期</option>
      <option value="3" >创建期</option>
      <option value="4" >扩张期</option>
      <option value="5" >成熟期</option>
    </select>
    </td>
  <td width="20%" align="right" >
      <span style="color:red"><strong>*</strong></span>
      <strong>产权类型</strong></td>
  <td width="30%" align="left">
    <select>
      <option value="1" selected>股权</option>
      <option value="2" >物权</option>
      <option value="3" >债权</option>
      <option value="4" >知识产权</option>
      <option value="5" >其他</option>
    </select>
   </td>
</tr>
<tr class="odd2">
  <td width="20%" align="right" >
    <strong><span style="color:red">*</span>
```

```
          知识产权类型</strong></td>
        <td width="80%" colspan="3" align="left">
          <select>
            <option value="1" selected>专利申请权</option>
            <option value="2" >专利权</option>
            <option value="3" >著作权</option>
            <option value="4" >商标权</option>
            <option value="5" >技术秘密</option>
            <option value="6" >其他</option>
          </select>
         </td>
      </tr>
      <tr class="odd">
        <td width="20%" align="right" >
          <span style="color:red"><strong>*</strong></span>
          <strong>专利状态</strong></td>
        <td width="80%" colspan="3" align="left">
          <select>
            <option value="1" selected>无专利</option>
            <option value="2" >申请中</option>
            <option value="3" >已获专利证书</option>
          </select>
        </td>
      </tr>
  <input type="hidden" name="tranPateStatusHidden" value="1">
      <tr id="pateType" style="display: none">
        <td width="20%" align="right" >
          <span style="color:red"><strong>*</strong></span>
          <strong>专利类型</strong></td>
        <td width="80%" colspan="3" align="left">
          <select>
            <option value="1" selected>发明</option>
            <option value="2" >实用新型</option>
            <option value="3" >外观设计</option>
          </select>
        </td>
      </tr>
      <tr id="pateDate" style="display: none">
       <td width="20%" align="right" >
          <strong>专利申请日期</strong></td>
        <td width="80%" align="left" colspan="3" >
<input         name="tranPateDate"        type="text"         size="20"
onClick="WdatePicker()"/>
          </td>
      </tr>
     <tr id="authDate" style="display: none">
      <td width="20%" align="right" bgcolor="#f1f1f1">
       <strong>授权公告日</strong></td>
   <td width="80%" align="left" colspan="3">
<input         name="tranAuthDate"        type="text"         size="20"
onClick="WdatePicker()"/>
          </td>
      </tr>
      <tr class="odd2">
```

```
            <td width="20%" align="right">
              <span style="color:red"><strong>*</strong></span>
              <strong>项目介绍</strong></td>
            <td width="80%" colspan="3" align="left">
<textarea name="tranIntro" cols="60" rows="10">
这是一个相当优秀的教育平台，欢迎大家的光临！</textarea>
          </td>
          </tr>
          <tr class="odd">
            <td width="20%" align="right">
              <strong>其他说明</strong></td>
            <td width="80%" colspan="3" align="left">
             <textarea name="tranOtheIntro" cols="60" rows="10">
这是一个相当优秀的教育平台，欢迎大家的光临！</textarea></td>
            </tr>
          </table>
          <div class="page">
            <tr>
              <th align="left"> </th>
              <td colspan="3">
<button class="lbutton" type="button" ><span>保存</span></button>
 <button class="lbutton" type="button"><span>重置</span></button>
 <button                  class="lbutton"                     type="button"
onClick="javascript:history.go(-1);"><span>返回</span></button></td>
            </tr>
          </div>
        </div>
      </div>
      <!--清除浮动-->
      <br class="clear" />
    </div>
  </div>
</div>
</body>
</html>
```

4. 查看

```
<!DOCTYPE  html  PUBLIC  "-//W3C//DTD  HTML  4.01  Transitional//EN"
"http://www.w3.org/TR/html4/loose.dtd">
<html>
<head>
<meta http-equiv="Content-Type" content="text/html; charset=UTF-8">
<title>科技成果转化详细信息</title>
<link rel="stylesheet" type="text/css" href="css/common.css">
</head>
<body>
<div span class="title"><strong>科技成果转化</strong></div>
<div class="container">
  <div class="content">
    <div class="mainarea">
      <div class="rect rect-white topmargin">
        <div class="rmm">
          <div class="datatitle topmargin">
           <h3><img src="img/result.gif" />科技成果转化详细信息</h3>
          </div>
     <table       width="100%"       cellpadding="2"       cellspacing="0"
```

```
class="formtable">
   <tr class="odd">
      <td width="20%" height="25" align="right" >
         <strong>项目名称</strong></td>
      <td width="30%" align="left">
<input type="text" size="20" value="华迪--教育" readonly="readonly"/>
      </td>
      <td width="20%" align="right" >
        <strong>产权证编号</strong></td>
      <td width="30%" align="left">
<input type="text" size="20" value="00029292" readonly="readonly"/>
     </td>
 </tr>
<tr class="odd2">
   <td width="20%" align="right" >
      <strong>行业类型</strong></td>
    <td width="30%" align="left">
<input  type="text" size="20" value="教育行业" readonly="readonly"/>
 </td>
     <td width="20%" align="right" >
       <strong>持有人</strong></td>
     <td width="30%" align="left">
<input  type="text" size="20" value="李 XX" readonly="readonly"/>
</td>
</tr>
<tr class="odd">
   <td width="20%" align="right" >
     <strong>联系电话</strong></td>
   <td width="30%" align="left">
<input  type="text" size="20" value="13544*****" readonly="readonly"/>
   </td>
   <td width="20%" align="right">
      <strong>挂牌价格</strong></td>
    <td width="30%" align="left">
<input  type="text" size="20" value="3000000.0" readonly="readonly"/>元
</td>
    </tr>
    <tr class="odd2">
    <td width="20%" align="right">
      <strong>科技成果转化类型 </strong></td>
    <td width="30%"  align="left">
<input type="text" size="20" value="技术成果合作" readonly="readonly"/>
    </td>
    <td width="20%"  align="right">
       <strong>项目技术情况</strong></td>
     <td width="30%"   align="left">
<input type="text" size="20" value="研制阶段" readonly="readonly"/>
 </td>
</tr>
<tr class="odd">
  <td width="20%" align="right" >
     <strong>项目企业情况</strong></td>
   <td width="30%"  align="left">
<input type="text" size="20" value="种子期" readonly="readonly"/>
```

```
  </td>
  <td width="20%" align="right" >
     <strong>产权类型</strong></td>
  <td width="30%"  align="left">
<input type="text" size="20" value="股权" readonly="readonly"/>
 </td>
</tr>
<tr class="odd2">
  <td width="20%" align="right">
     <strong>知识产权类型</strong></td>
  <td width="80%" colspan="3" align="left">
<input type="text" size="20" value="专利申请权" readonly="readonly"/>
  </td>
</tr>
<tr class="odd">
  <td width="20%" align="right" >
     <strong>专利状态</strong></td>
  <td width="80%" colspan="3" align="left">
<input type="text" size="20" value="无专利"  readonly="readonly"/>
   </td>
  </tr>
<input type="hidden" name="tranPateStatusHidden" value="1">
<tr id="pateType" style="display: none">
  <td width="20%" align="right" >
     <strong>专利类型</strong></td>
  <td width="80%" colspan="3" align="left">
<input type="text" size="20" value="发明" readonly="readonly"/>
  </td>
</tr>
<tr id="pateDate" style="display: none">
   <td width="20%" align="right" >
     <strong>专利申请日期</strong></td>
   <td width="80%" align="left" colspan="3" >
<input  type="text" size="20" value="" readonly="readonly"/>
   </td>
</tr>
<tr id="authDate" style="display: none">
   <td width="20%" align="right" >
     <strong>授权公告日</strong></td>
    <td width="80%" align="left" colspan="3">
  <input  type="text" size="20" value="" readonly="readonly"/>
   </td>
</tr>
<tr class="odd2">
   <td width="20%" align="right">项目介绍</td>
   <td width="80%" colspan="3" align="left">
       <textarea  cols="60" rows="10" readonly="readonly">
这是一个相当优秀的教育平台，欢迎大家的光临！</textarea>
   </td>
</tr>
<tr class="odd">
 <td width="20%" align="right" ><strong>其他说明</strong></td>
 <td width="80%" colspan="3" align="left">
     <textarea  cols="60" rows="10" readonly="readonly">
     这是一个相当优秀的教育平台，欢迎大家的光临！</textarea>
```

```
</td>
</tr>
</table>
<div class="page"> <span >
  <button           class="lbutton"                  type="button"
onClick="javascript:history.go(-1);"><span>返回</span></button>
      </span> </div>
    </div>
   </div>
  </div>
 </div>
</div>
</body>
</html>
```

5. **审核查询列表**

```
<!DOCTYPE  html  PUBLIC  "-//W3C//DTD  HTML  4.01  Transitional//EN"
"http://www.w3.org/TR/html4/loose.dtd">
<html>
<head>
<meta http-equiv="Content-Type" content="text/html; charset=UTF-8">
<link href="css/common.css" rel="stylesheet" type="text/css" />
<script src="js/WdatePicker.js" type="text/javascript"></script>
<title>科技成果转化申请审核</title>
</head>
<body>
<div span class="title"><strong>科技成果转化</strong></div>
<div class="container">
  <div class="content">
    <div class="mainarea">
      <div class="rect rect-white topmargin">
        <div class="rmm">
          <div class="datatitle topmargin">
            <h3><img src="img/result.gif" />科技成果转化审核</h3>
            <span class="page-link"> 项目名称
             <input type="text"  name="tranName" size="8">
            申请日期
<input type="text" name="startTime" size="8" onClick="WdatePicker()"> -
<input type="text" name="endTime" size="8" onClick="WdatePicker()">
            审核状态
            <label>
            <select name="declAudiStatus1" >
              <option value="3" >全部</option>
              <option value="1" >未审核</option>
              <option value="2" >已审核</option>
            </select>
            </label>
         <input type="submit"  id="btnQuery" value="查询"/>
            </span> </div>
          <table     width="100%"     cellpadding="2"     cellspacing="0"
class="dataTable">
            <tr class="dataTableHead">
              <td width="5%" align="center"></td>
              <td width="10%" align="center">
                  <strong>项目名称</strong></td>
```

```
  <td width="16%" align="center">
     <strong>行业类型</strong></td>
  <td width="19%" align="center">
     <strong>科技成果转化类型</strong></td>
  <td width="22%" align="center">
     <strong>填报日期</strong></td>
  <td width="16%" align="center">
     <strong>审核状态</strong></td>
</tr>
<tr class="odd" >
  <td align="center">
   <input type="radio" name="radio11" id="radio11" />
  </td>
  <td align="center" bordercolor="1" >
    <a href=""> 教育平台信息系统</a></td>
  <td align="center">IT 行业</td>
  <td align="center">技术成果合作<br/>
    <br/>
    <br/>
  </td>
  <td align="center">2010-02-03</td>
  <td align="center">未审核</td>
</tr>
<tr class="odd2" >
  <td align="center">
   <input type="radio" name="radio11" id="radio11" />
  </td>
  <td align="center" bordercolor="1" >
    <a href="">服装批发管理系统</a></td>
  <td align="center">服装行业</td>
  <td align="center">技术成果合作<br/>
    <br/>
    <br/>
  </td>
  <td align="center">2015-03-23</td>
  <td align="center">未审核</td>
</tr>
<tr class="odd" >
  <td align="center">
    <input type="radio" name="radio11" id="radio11"/>
  </td>
  <td align="center" bordercolor="1" >
   <a href="">车辆出口管理系统</a></td>
  <td align="center">外贸行业</td>
  <td align="center">技术成果合作<br/>
    <br/>
    <br/>
  </td>
  <td align="center">2015-03-24</td>
  <td align="center">已审核</td>
</tr>
<tr class="odd2" >
  <td align="center">
    <input type="radio" name="radio11" id="radio11" />
```

```
      </td>
       <td align="center" bordercolor="1" >
        <a href="">教育管理系统</a> </td>
       <td align="center">教育行业</td>
       <td align="center">技术成果合作<br/>
         <br/>
         <br/>
       </td>
       <td align="center">2015-03-25</td>
       <td align="center">已审核</td>
     </tr>
     <tr class="odd" >
       <td align="center">
        <input type="radio" name="radio11" id="radio11"/>
      </td>
       <td align="center" bordercolor="1" >
        <a href="">银行自助系统</a></td>
       <td align="center">金融行业</td>
       <td align="center">技术成果合作<br/>
       </td>
       <td align="center">2010-03-05</td>
       <td align="center">未审核</td>
     </tr>
   </table>
   <div class="page"> <span class="page-info">
     <button class="lbutton" type="button">审核通过</button>
     <button class="lbutton" type="button">审核不通过</button>
     </span> <span class="page-link"> 共
     <label>1</label>
     页 ，当前是第
     <label>1</label>
     页 <a href=""></a> <a href=""></a>
     <a href=""> << </a> <a href=""> >> </a>
     转<select name="goPage" id="goPage">
       <option value="1" selected='selected'>1</option>
     </select>
     页 </span> </div>
    </div>
   </div>
  </div>
 </div>
</div>
</body>
</html>
```

6. 审核通过

```
<!DOCTYPE html PUBLIC "-//W3C//DTD HTML 4.01 Transitional//EN"
"http://www.w3.org/TR/html4/loose.dtd">
<html>
<head>
<meta http-equiv="Content-Type" content="text/html; charset=UTF-8">
<link href="css/common.css" rel="stylesheet" type="text/css" />
<title>添加科技成果转化审核结果</title>
<script type="text/javascript">
```

```
function doClear()
{
   form1.all("declAudiSuggest").value="";
}
 function checkInput()
{
   var declAudiSuggest = form1.all("declAudiSuggest").value;
   if(declAudiSuggest=="")
     {
         alert("审核意见不能为空！");
         form1.all("declAudiSuggest").focus()
         return false;
     }
}
</script>
</head>
<body>
  <div span class="title"><strong>科技成果转化</strong></div>
  <div class="container">
  <div class="content">
    <div class="mainarea">
      <div class="rect rect-white topmargin">
        <div class="rmm">
          <div class="datatitle topmargin">
            <h3><img src="img/result.gif" />科技成果转化审核通过</h3>
          </div>
          <table    width="100%"    cellpadding="2"    cellspacing="0"
class="formtable">
            <tr class="odd">
               <td width="20%" align="right">
                  <strong>项目名称</strong></td>
              <td width="80%" align="left">银行自助系统</td>
            </tr>
            <tr class="odd2">
              <td width="20%" align="right" >
                  <strong><span style="color:red">*</span>
                  审核意见</strong></td>
              <td width="80%" align="left">
 <textarea name="declAudiSuggest"  cols="60" rows="10"></textarea>
             </td>
            </tr>
          </table>
          <div class="page">
            <tr>
              <th align="left"> </th>
              <td colspan="3">
                <button class="lbutton" type="button" >保存</button>
                <button class="lbutton" type="button" >重置</button>
 <button                class="lbutton"                type="button"
 onClick="javascript:history.go(-1);"><span>返回</span></button></td>
            </tr>
          </div>
        </div>
      </div>
      <!--清除浮动-->
      <br class="clear" />
```

```
    </div>
  </div>
</body>
</html>
```

7. **审核不通过**

```
<!DOCTYPE html PUBLIC "-//W3C//DTD HTML 4.01 Transitional//EN"
"http://www.w3.org/TR/html4/loose.dtd">
<html>
<head>
<meta http-equiv="Content-Type" content="text/html; charset=UTF-8">
<link rel="stylesheet" type="text/css" href="css/common.css">
<title>添加科技成果转化审核结果</title>
<script type="text/javascript">
function doClear()
{
   form1.all("declAudiSuggest").value="";
}
 function checkInput()
{
     var declAudiSuggest = form1.all("declAudiSuggest").value;
   if(declAudiSuggest=="")
     {
          alert("审核意见不能为空！");
          form1.all("declAudiSuggest").focus()
          return false;
     }
}
</script>
</head>
<body>
  <div span class="title"><strong>科技成果转化</strong></div>
  <div class="container">
  <div class="content">
    <div class="mainarea">
      <div class="rect rect-white topmargin">
        <div class="rmm">
          <div class="datatitle topmargin">
            <h3><img src="img/result.gif" />科技成果转化审核不通过</h3>
          </div>
     <table      width="100%"      cellpadding="2"      cellspacing="0"
class="formtable">
            <tr class="odd">
               <td width="20%" align="right" >
                  <strong>项目名称</strong></td>
              <td width="80%" align="left">银行自助系统</td>
              <input type="hidden" name="statusId" value="208">
            </tr>
            <tr class="odd2">
          <td width="20%" align="right"  scope="row">Email 抄送</td>
              <td width="80%" align="left">aaa@126.com</td>
            </tr>
            <tr class="odd">
              <td width="20%" align="right" ><strong>
                 <span style="color:red">*</span>审核意见</strong>
              </td>
              <td width="80%" align="left">
```

```
<textarea name="declAudiSuggest" cols="85" rows="10"></textarea>
              </td>
           </tr>
         </table>
         <div class="page">
           <tr>
             <th align="left"> </th>
             <td colspan="3">
                <button class="lbutton" type="submit">保存</button>
                <button class="lbutton" type="button">重置</button>
<button                    class="lbutton"                    type="button"
onClick="javascript:history.go(-1);"><span>返回</span></button></td>
           </tr>
         </div>
       </div>
     </div>
     <!--清除浮动-->
     <br class="clear" />
   </div>
  </div>
</body>
</html>
```

附录 4　开发视图源码

1. 添加科技成果转化

```
<form         id="form1"        name="form1"        method="post"
action="${pageContext.request.contextPath  }/technologyTransformation/p
ateTechCoopManage!saveDeclStatInfo.action"
onSubmit="return checkInput()">
<div span class="title">
<strong>科技成果转化</strong>
</div>
<div class="container">
<div class="content">
<div class="mainarea">
<div class="rect rect-white topmargin">
<div class="rmm">
<div class="datatitle topmargin">
<h3>
  <img          src="${pageContext.request.contextPath            }
/images/icons/result.gif" />添加科技成果转化信息</h3>
</div>
<table width="100%" cellpadding="2" cellspacing="0"
class="dataTable">
  <tr class="odd">
   <td width="20%" height="25" align="right">
      <span style="color: red"><strong>*</strong></span>
      <strong>项目名称</strong>
   </td>
   <td width="30%" align="left">
      <input name="techTranProjects.tranName" type="text"
      id="tranName" value="" size="20" />
   </td>
   <td width="20%" align="right">
      <strong>产权证编号</strong>
   </td>
   <td width="30%" align="left">
<input name="techTranProjects.tranOwnRighNum"  type="text" size="20" />
   </td>
</tr>
<tr class="odd2">
   <td width="20%" align="right">
     <span style="color: red"><strong>*</strong></span>
     <strong>行业类型</strong>
   </td>
    <td width="30%" align="left">
<input name="techTranProjects.tranTrade"  type="text" size="20"/>
    </td>
    <td width="20%" align="right">
       <span style="color: red"><strong>*</strong>
       </span><strong>持有人</strong>
    </td>
    <td width="30%" align="left">
```

```
 <input name="techTranProjects.tranOwner" type="text"size="20"/>
    </td>
  </tr>
  <tr class="odd">
    <td width="20%" align="right">
       <span style="color: red"><strong>*</strong>
       </span><strong>联系电话</strong>
    </td>
    <td width="30%" align="left">
  <input name="techTranProjects.tranOwnTel" type="text" size="20"/>
    </td>
    <td width="20%" align="right">
       <strong>挂牌价格</strong>
    </td>
    <td width="30%" align="left">
       <input     name="techTranProjects.tranTagPrice"     type="text"
  size="20" value="" />元
    </td>
  </tr>
  <tr class="odd2">
     <td width="20%" align="right">
        <span style="color: red"><strong>*</strong>
        </span><strong>科技成果转化类型 </strong>
     </td>
     <td width="30%" align="left">
        <select name="techTranProjects.tranType">
        <%List<DataDictionary>
  listdata=CommonUtils.findDataDictionary("0104");
       request.setAttribute("listdata", listdata);%>
       <c:forEach items="${listdata}" var="tranTypeData">
       <option          value="${tranTypeData.dataDictCode          }">
  ${tranTypeData.dataDictName }
       </option>
        </c:forEach>
        </select>
     </td>
     <td width="20%" align="right">
         <span style="color: red"><strong>*</strong>
         </span><strong>项目技术情况</strong>
     </td>
     <td width="30%" align="left">
         <select name="techTranProjects.tranTech"><%
         List<DataDictionary>
  listTranTech=CommonUtils.findDataDictionary("0107");
        request.setAttribute("listTranTech", listTranTech); %>
      <c:forEach items="${listTranTech}" var="tranTechData">
         <option         value="${tranTechData.dataDictCode          }">
  ${tranTechData.dataDictName }
        </option>
      </c:forEach>
    </select>
    </td>
  </tr>
  <tr class="odd">
     <td width="20%" align="right">
        <span style="color: red"><strong>*</strong>
        </span><strong>项目企业情况</strong>
```

```
    </td>
    <td width="30%" align="left">
        <select name="techTranProjects.tranFirm">
        <%                                                    List<DataDictionary>
listTranFirm=CommonUtils.findDataDictionary("0108");
        request.setAttribute("listTranFirm", listTranFirm); %>
       <c:forEach items="${listTranFirm}" var="tranFirmData">
        <option          value="${tranFirmData.dataDictCode          }">
${tranFirmData.dataDictName }
        </option>
      </c:forEach>
     </select>
     </td>
     <td width="20%" align="right">
         <span style="color: red"><strong>*</strong>
         </span><strong>产权类型</strong>
     </td>
     <td width="30%" align="left">
         <select name="techTranProjects.tranOwnRighType">
         <%List<DataDictionary>
listTranOwnRighType=CommonUtils.findDataDictionary("0109");
request.setAttribute("listTranOwnRighType", listTranOwnRighType); %>
      <c:forEach items="${listTranOwnRighType}"
        var="tranOwnRighTypeData">
        <option      value="${tranOwnRighTypeData.dataDictCode       }">
${tranOwnRighTypeData.dataDictName }
        </option>
      </c:forEach>
     </select>
   </td>
</tr>
<tr class="odd2">
    <td width="20%" align="right">
        <strong><span style="color: red">*</span>
         知识产权类型</strong>
    </td>
    <td width="80%" colspan="3" align="left">
       <select name="techTranProjects.tranRighType">
         <%List<DataDictionary>
listTranRighType=CommonUtils.findDataDictionary("0110");
request.setAttribute("listTranRighType", listTranRighType);
     %>
   <c:forEach items="${listTranRighType}"var="tranRighTypeData">
    <option value="${tranRighTypeData.dataDictCode }">
${tranRighTypeData.dataDictName }
     </option>
     </c:forEach>
     </select>
   </td>
</tr>
<tr class="odd">
    <td width="20%" align="right">
        <span style="color: red"><strong>*</strong>
        </span><strong>专利状态</strong>
    </td>
    <td width="80%" colspan="3" align="left">
        <select name="techTranProjects.tranPateStatus"
onchange="onSelectPateStatus()">
```

```
        <%List<DataDictionary>
listTranPateStatus=CommonUtils.findDataDictionary("0111");request.setA
ttribute("listTranPateStatus", listTranPateStatus);
      %>
          <c:forEach
items="${listTranPateStatus}"var="tranPateStatusData">
       <option
value="${tranPateStatusData.dataDictCode  }">${tranPateStatusData.dataD
ictName }
       </option>
      </c:forEach>
      </select>
     </td>
</tr>
<tr id="pateType" style="display: none">
     <td width="20%" align="right">
      <span style="color: red"><strong>*</strong>
         </span><strong>专利类型</strong>
     </td>
     <td width="80%" colspan="3" align="left">
        <select                   name="techTranProjects.tranPateType">
List<DataDictionary>
listTranPateType=CommonUtils.findDataDictionary("0112");
request.setAttribute("listTranPateType", listTranPateType);
      %>
        <c:forEach items="${listTranPateType}"var="tranPateTypeData">
           <option
value="${tranPateTypeData.dataDictCode  }">${tranPateTypeData.dataDictN
ame }
           </option>
       </c:forEach>
      </select>
    </td>
</tr>
<tr id="pateDate" style="display: none">
    <td width="20%" align="right">
         <strong>专利申请日期</strong>
    </td>
    <td width="80%" align="left" colspan="3">
   <input  name="techTranProjects.tranPateDate"  type="text"   size="20"
onclick="WdatePicker()" />
 </td>
</tr>
<tr id="authDate" style="display: none">
     <td width="20%" align="right">
          <strong>授权公告日</strong>
     </td>
      <td width="80%" align="left" colspan="3">
<input  name="techTranProjects.tranAuthDate"    type="text"  size="20"
onclick="WdatePicker()" />
    </td>
</tr>
<tr class="odd2">
    <td width="20%" align="right">
        <span style="color: red"><strong>*</strong>
        </span><strong>项目介绍</strong>
    </td>
    <td width="80%" colspan="3" align="left">
```

```
<textarea                                  name="techTranProjects.tranIntro"
cols="60"rows="10"></textarea>
    </td>
</tr>
<tr class="odd">
    <td width="20%" align="right">
        <span style="color: red"><strong>*</strong>
        </span><strong>其他说明</strong>
    </td>
    <td width="80%" colspan="3" align="left">
<textarea                             name="techTranProjects.tranOtheIntro"
cols="60"rows="10"></textarea>
    </td>
 </tr>
</table>
<div class="page">
  <table><tr>
     <th align="left"> </th>
     <td colspan="3">
         <button class="sbutton" type="submit">保存</button>
         <button class="sbutton" type="button" onclick="doClear()">
重置</button>
<button                 class="sbutton"                    type="button"
onclick="JavaScript:history.go(-1);">
     <span><em>返回</em>
     </span></button>
    </td>
  </tr></table>
  </div>
  </div>
  </div>
  </div>
 </div>
</div>
</form>
```

2. 脚本

```
function checkInput()
  {
     var tranName = $("#tranName").val();
     if(tranName=="")
     {
         alert("项目名称不能为空！");
         $("#tranName").focus();
         return false;
     }
    var tranTrade =form1.all("techTranProjects.tranTrade").value;
    if(tranTrade=="")
     {
         alert("行业类型不能为空！");
         form1.all("techTranProjects.tranTrade").focus();
         return false;
     }
    var tranOwner = form1.all("techTranProjects.tranOwner").value;
    if(tranOwner=="")
     {
         alert("持有人不能为空！");
```

```
        form1.all("techTranProjects.tranOwner").focus();
        return false;
    }
  var tranOwnTel= form1.all("techTranProjects.tranOwnTel").value;
  if (tranOwnTel == "")
  {
      alert("联系电话不能为空！");
      form1.all("techTranProjects.tranOwnTel").focus();
      return false;
  }
  if(tranOwnTel != "")
  {
      var flag = CheckPhone(tranOwnTel);
      if(!flag)
      {
         alert('对不起，电话号码或手机号码有误！');
form1.all("techTranProjects.tranOwnTel").focus();
            return false;
        }
  }
 var tranTagPrice = form1.all("techTranProjects.tranTagPrice").value;
   if(tranTagPrice!="")
    {
       var flag = BASEisNotFloat(tranTagPrice);
       if(flag)
       {
          alert("挂牌价格只能由数字和小数点构成！");
          form1.all("techTranProjects.tranTagPrice").focus();
          return false;
       }
    }
  var tranType = form1.all("techTranProjects.tranType").value;
  if(tranType=="")
    {
        alert("科技成果转化类型不能为空！");
        form1.all("techTranProjects.tranType").focus();
        return false;
    }
   var tranTech = form1.all("techTranProjects.tranTech").value;
   if(tranTech=="")
    {
        alert("项目技术情况不能为空！");
        form1.all("techTranProjects.tranTech").focus();
        return false;
    }
   var tranFirm = form1.all("techTranProjects.tranFirm").value;
   if(tranFirm=="")
    {
        alert("项目企业情况不能为空！");
        form1.all("techTranProjects.tranFirm").focus();
        return false;
    }
   var tranOwnRighType =
form1.all("techTranProjects.tranOwnRighType").value;
   if(tranOwnRighType=="")
    {
        alert("产权类型不能为空！");
```

```
        form1.all("techTranProjects.tranOwnRighType").focus();
        return false;
     }
      var                    tranRighType                          =
form1.all("techTranProjects.tranRighType").value;
   if(tranRighType=="")
     {
         alert("知识产权类型不能为空！");
         form1.all("techTranProjects.tranRighType").focus();
         return false;
     }
 var                          tranPateStatus                       =
form1.all("techTranProjects.tranPateStatus").value;
   if(tranPateStatus=="")
     {
         alert("专利状态不能为空！");
         form1.all("techTranProjects.tranPateStatus").focus();
         return false;
     }
   var tranIntro = form1.all("techTranProjects.tranIntro").value;
   if(tranIntro=="")
     {
         alert("项目介绍不能为空！");
         form1.all("techTranProjects.tranIntro").focus();
         return false;
     }
   var                        tranOtheIntro                        =
form1.all("techTranProjects.tranOtheIntro").value;
    if(tranOtheIntro=="")
     {
       alert("其他说明不能为空！");
form1.all("techTranProjects.tranOtheIntro").focus();
         return false;
     }
     if(tranPateStatus == "2")
     {
     var tranPateDate = form1.all("techTranProjects.tranPateDate").value;
     if(tranPateDate != "" )
     {
         var str = tranPateDate.split(/[-\s:]/);
         var nowtime = new Date();
         if(nowtime.getYear() < str[0])
         {
              alert('专利申请日期不能在当前时间之后');
form1.all("techTranProjects.tranPateDate").focus();
              return false;
         }
else if(nowtime.getYear() == str[0] && (nowtime.getMonth() + 1) < str[1])
         {
           alert('专利申请日期不能在当前时间之后');
form1.all("techTranProjects.tranPateDate").focus();
             return false;
         }
else if(nowtime.getYear() == str[0] && (nowtime.getMonth() + 1) == str[1]
           && nowtime.getDate() < str[2])
         {
             alert('专利申请日期不能在当前时间之后');
```

```
form1.all("techTranProjects.tranPateDate").focus();
            return false;
        }
      }
    }
    if(tranPateStatus == "3")
    {
    var tranPateDate = form1.all("techTranProjects.tranPateDate").value;
    var tranAuthDate = form1.all("techTranProjects.tranAuthDate").value;
if(tranPateDate != "" )
    {
      var str = tranPateDate.split(/[-\s:]/);
      var nowtime = new Date();
      if(nowtime.getYear() < str[0])
      {
        alert('专利申请日期不能在当前时间之后');
form1.all("techTranProjects.tranPateDate").focus();
        return false;
      }
else if(nowtime.getYear() == str[0] && (nowtime.getMonth() + 1) < str[1])
      {
        alert('专利申请日期不能在当前时间之后');
form1.all("techTranProjects.tranPateDate").focus();
        return false;
      }
else if(nowtime.getYear() == str[0] && (nowtime.getMonth() + 1) == str[1]
       && nowtime.getDate() < str[2])
      {
         alert('专利申请日期不能在当前时间之后');
form1.all("techTranProjects.tranPateDate").focus();
         return false;
       }
     }
    if(tranAuthDate != "")
    {
       var str1 = tranAuthDate.split(/[-\s:]/);
       var nowtime = new Date();
       if(nowtime.getYear() < str1[0])
       {
         alert('授权公告日不能在当前时间之后');
form1.all("techTranProjects.tranAuthDate").focus();
         return false;
      }
else if(nowtime.getYear() == str1[0] && (nowtime.getMonth() + 1) < str1[1])
      {
         alert('授权公告日不能在当前时间之后');
form1.all("techTranProjects.tranAuthDate").focus();
         return false;
      }
else if(nowtime.getYear() == str1[0] && (nowtime.getMonth() + 1) == str1[1]
       && nowtime.getDate() < str1[2])
      {
          alert('授权公告日不能在当前时间之后');
form1.all("techTranProjects.tranAuthDate").focus();
           return false;
      }
    }
    if(tranPateDate != "" && tranAuthDate != "")
```

```
    {
      var str = tranPateDate.split(/[-\s:]/);
      var str1 = tranAuthDate.split(/[-\s:]/);
      if(str1[0] < str[0])
      {
         alert("专利申请日期不能大于授权公告日");
        form1.all("techTranProjects.tranAuthDate").focus();
         return false;
      }
     else if((str1[0] == str[0]) && (str1[1] < str[1]))
      {
        alert("专利申请日期不能大于授权公告日");
        form1.all("techTranProjects.tranAuthDate").focus();
        return false;
      }
  else if((str1[0] == str[0]) && (str1[1] == str[1]) &&(str1[2] < str[2]))
      {
        alert("专利申请日期不能大于授权公告日");
        form1.all("techTranProjects.tranAuthDate").focus();
        return false;
      }
    }
   }
  }
 function doClear()
 {
    form1.all("techTranProjects.tranName").value="";
    form1.all("techTranProjects.tranOwnRighNum").value="";
    form1.all("techTranProjects.tranTrade").value="";
    form1.all("techTranProjects.tranOwner").value="";
    form1.all("techTranProjects.tranOwnTel").value="";
    form1.all("techTranProjects.tranTagPrice").value="";
    form1.all("techTranProjects.tranPateDate").value="";
    form1.all("techTranProjects.tranAuthDate").value="";
    form1.all("techTranProjects.tranIntro").value="";
    form1.all("techTranProjects.tranOtheIntro").value="";
 }
 function onSelectPateStatus()
 {
 var                                                    tranPateStatus
 =document.all("techTranProjects.tranPateStatus").value;
    var pateType = form1.all("pateType");
    var pateDate = form1.all("pateDate");
    var authDate = form1.all("authDate");
    if(tranPateStatus =="2")
   {
      pateType.style.display="";
      pateDate.style.display="";
      authDate.style.display="none";
   }
   else if(tranPateStatus =="3")
   {
      pateType.style.display="";
      pateDate.style.display="";
      authDate.style.display="";
   }
   else
   {
      pateType.style.display="none";
```

```
            pateDate.style.display="none";
            authDate.style.display="none";
        }
    }
    function BASEisNotFloat(theFloat){
    //判断是否为浮点数
        len=theFloat.length;
        dotNum=0;
        if (len==0)
           return true;
        for(var i=0;i<len;i++){
           oneNum=theFloat.substring(i, i+1);
           if (oneNum==".")
              dotNum++;
        if ( ((oneNum<"0" || oneNum>"9") && oneNum!=".") || dotNum>1)
             return true;
        }
        if (len>1 && theFloat.substring(0, 1)=="0"){
           if (theFloat.substring(1, 2)!=".")
              return true;
        }
        return false;
    }
    function CheckPhone(tranOwnTel)
    {   //验证电话号码手机号码，包含 153，159 号段
        var p1 = /^(([0\+]\d{2, 3}-)?(0\d{2, 3})-)?(\d{7,  8})(-(\d{3, }))?$/;
        var me = false;
        if (p1.test(tranOwnTel))me=true;
        if (!me)
        {
          var rule= {required:/.+/,phone:/^((\(\d{3}\))|(\d{3}\-))?(\(0\d{2,
    3}\)|0\d{2, 3}-)?[1-9]\d{6, 7}$/,
    mobile:/^((\(\d{3}\))|(\d{3}\-))?13\d{9}$/,
    idCard:/^\d{15}(\d{2}[A-Za-z0-9])?$/                                         ,
    mail:/^([a-zA-Z0-9]+[_|\_|\.]?)*[a-zA-Z0-9]+@([a-zA-Z0-9]+[_|\_|\.]?)*
    [a-zA-Z0-9]+\.[a-zA-Z]{2, 3}$/
    }
          if(tranOwnTel.length !=11)
          {
              alert("移动电话号码应该是 11 位!!");
              return false;
          }
          if(!(rule.mobile.test(tranOwnTel)))
          {
               alert('移动电话格式不正确! ');
               return false;
          }
         return true;
      }
      else
      {
        return true;
      }
     }
```

3. 查询科技成果转化

```
<form name="form1" id="form1" method="post"
action="${pageContext.request.contextPath }/technologyTransformation/p
ateTechCoopManage!findAudiInfos.action" onSubmit="return
selectInput()">
<c:url var="next" value="pateTechCoopManage!listDeclStatInfo.action">
<c:param name="order" value="next"></c:param>
</c:url>
<c:url var="pre" value="pateTechCoopManage!listDeclStatInfo.action">
<c:param name="order" value="pre"></c:param>
</c:url>
<c:url var="first" value="pateTechCoopManage!listDeclStatInfo.action">
<c:param name="order" value="first"></c:param>
</c:url>
<c:url var="last" value="pateTechCoopManage!listDeclStatInfo.action">
<c:param name="order" value="last"></c:param>
</c:url>
<input type="hidden" name="statusId">
<input type="hidden" name="declSubmStatus">
<div span class="title"><strong>科技成果转化</strong></div>
<div class="container">
  <div class="content">
    <div class="mainarea">
      <div class="rect rect-white topmargin">
        <div class="rmm">
         <div class="datatitle topmargin">
  <h3><img src="images/icons/result.gif" />科技成果转化管理</h3>
  <span class="page-link"> 项目名称
      <input type="text"  name="tranName"  size="8" value="${tranName }">
       申请日期
      <input type="text" name="startTime" size="8" value="${startTime }"
onclick="WdatePicker()">-
<input  type="text"  name="endTime"  size="8"  value="${endTime  }"
onclick="WdatePicker()">提交状态
    <select name="declSubmStatus1" >
       <option value="3"
<c:if test="${requestScope.declSubmStatus1 eq '3'}">
selected</c:if>>全部</option>
      <option value="1"
<c:if test="${requestScope.declSubmStatus1 eq '1'}">
selected</c:if>>未提交</option>
  <option value="2"
<c:if test="${requestScope.declSubmStatus1 eq '2'}">
selected</c:if>>已提交</option>
</select>
<input type="submit" name="btnS" id="btnS" value="查询" />
 </span></div>
   <table width="100%" cellpadding="2" cellspacing="0" class="dataTable">
    <tr class="dataTableHead" >
      <td width="5%" align="center"></td>
      <td width="30%" align="center">
          <strong>项目名称</strong></td>
      <td width="20%" align="center">
          <strong>科技成果转化类型</strong></td>
      <td width="11%" align="center">
```

```
            <strong>填报日期</strong></td>
        <td width="15%" align="center">
            <strong>提交状态</strong></td>
    </tr>
   <c:forEach items="${results}" var="declStatInfo" varStatus="s">
      <c:choose>
      <c:when test="${(s.index % 2) == 0}">
      <tr class="odd" >
       <td align="center">
          <input        type="radio"      name="radio11"       id="radio11"
onclick="selectOne('${declStatInfo.statusId}'                          ,
'${declStatInfo.declSubmStatus}')"/> </td>
      <td align="center" bordercolor="1" >
       <a
href="${pageContext.request.contextPath }/technologyTransformation/pat
eTechCoopManage!viewDeclStatInfo.action?statusId=${declStatInfo.status
Id }" title="${declStatInfo.techTranProjects.tranName}">
<!-- 判断科技成果转化项目的长度，超过制订长度，则截断 2015-2-3 -->
       <c:choose>
       <c:when
test="${fn:length(declStatInfo.techTranProjects.tranName)>20}">${fn:su
bstring(declStatInfo.techTranProjects.tranName, 0, 20)}...
       </c:when>
       <c:otherwise>
       ${declStatInfo.techTranProjects.tranName}
       </c:otherwise>
       </c:choose>
       </a>
       </td>
        <td align="center">
         <c:if test="${declStatInfo.techTranProjects.tranType eq '1'}">
技术成果合作</c:if>
         <c:if test="${declStatInfo.techTranProjects.tranType eq '2'}">
技术成果转让</c:if><br/>
         <c:if test="${declStatInfo.techTranProjects.tranType eq '3'}">
专利技术合作</c:if>
         <c:if test="${declStatInfo.techTranProjects.tranType eq '4'}">
项目共同开发</c:if>
       </td>
       <td              align="center">               <fmt:formatDate
value="${declStatInfo.declDataSubmTime}" pattern="yyyy-MM-dd"/></td>
       <td align="center">
<c:if test="${declStatInfo.declSubmStatus eq '1'}">未提交</c:if>
<c:if test="${declStatInfo.declSubmStatus eq '2'}">已提交</c:if>
       </td>
    </tr>
      </c:when>
      <c:otherwise>
      <tr class="odd2"  >
        <td align="center">
<input          type="radio"          name="radio11"          id="radio11"
onclick="selectOne('${declStatInfo.statusId}'                          ,
'${declStatInfo.declSubmStatus}')"/>
       </td>
        <td align="center" bordercolor="1" >
       <a
```

```
href="${pageContext.request.contextPath }/technologyTransformation/pateTechCoopManage!viewDeclStatInfo.action?statusId=${declStatInfo.statusId }" title="${declStatInfo.techTranProjects.tranName}">
<!-- 判断科技成果转化项目的长度，超过制订长度，则截断 2015-2-3 -->
        <c:choose>
        <c:when
test="${fn:length(declStatInfo.techTranProjects.tranName)>20}">${fn:substring(declStatInfo.techTranProjects.tranName, 0, 20)}...
        </c:when>
        <c:otherwise>
        ${declStatInfo.techTranProjects.tranName}
        </c:otherwise>
        </c:choose>
        </a>
        </td>
        <td align="center">
          <c:if test="${declStatInfo.techTranProjects.tranType eq '1'}">
技术成果合作</c:if>
          <c:if test="${declStatInfo.techTranProjects.tranType eq '2'}">
技术成果转让</c:if>
         <c:if test="${declStatInfo.techTranProjects.tranType eq '3'}">
专利技术合作</c:if>
          <c:if test="${declStatInfo.techTranProjects.tranType eq '4'}">
项目共同开发</c:if>
           </td>
  <td align="center"> <fmt:formatDate
value="${declStatInfo.declDataSubmTime}" pattern="yyyy-MM-dd"/></td>
        <td align="center">
<c:if test="${declStatInfo.declSubmStatus eq '1'}">未提交</c:if>
<c:if test="${declStatInfo.declSubmStatus eq '2'}">已提交</c:if>
        </td>
    </tr>
      </c:otherwise>
      </c:choose>
  </c:forEach>
  </table>
    <div class="page">
  <span class="page-info">
<button class="lbutton" type="button"
onclick="addTechTranProjects()"><span>新增</span></button>
  <button class="lbutton" type="button"
onClick="modifyTechTranProjects()"><span>修改</span></button>
  <button class="lbutton" type="button"
onclick="deleteTechTranProjects()"><span>删除</span></button>
  <button class="lbutton" type="button"
onclick="submitTechTranProjects()"><span>提交审核</span></button>
  </span>
  <span class="page-link">
 共<label>${maxPage }</label>页 ，当前是第<label>${currentPage}</label>页
<c:choose>
     <c:when test="${((tranName==null)||(tranName =='))&&((startTime
==null)||(startTime =='))&&((endTime ==null)||(endTime
=='))&&((declSubmStatus1 == null)|| (declSubmStatus1 =='))}">
             <a href="${first}">&lt;&lt;</a>
             <a href="${pre}">&lt;</a>
```

```
            <a href="${next}">&gt;</a>
            <a href="${last}">&gt;&gt;</a>
            </c:when>
            <c:otherwise>
<a href="#" onclick="changePage('first1')">&lt;&lt;</a>
<a href="#" onclick="changePage('pre1')">&lt;</a>
<a href="#" onclick="changePage('next1')">&gt;</a>
<a href="#" onclick="changePage('last1')">&gt;&gt;</a>
            </c:otherwise>
        </c:choose>
                转
<select name="goPage" id="goPage" onchange="doJump()">
<c:forEach var ="i" begin="1" end="${maxPage}">
             <c:choose>
<c:when test="${((goPage != null) && (goPage == i)) || ((goPage == null)
&& (i == 1))}">
 <option value="${i}" selected='selected'>${i}</option>
             </c:when>
             <c:otherwise>
                 <option value="${i}">${i}</option>
             </c:otherwise>
             </c:choose>
          </c:forEach>
         </select> 页</span></div>
       </div>
     </div>
</div>
</div></div>
```

4. 审核科技成果转化

```
<form name="form1" id="form1" method="post"
action="${pageContext.request.contextPath }/technologyTransformation/p
ateTechCoopAudit!findAudiInfos.action" onSubmit="return
selectInput()"><c:url var="next"
value="pateTechCoopAudit!listDeclStatInfo.action">
<c:param name="order" value="next"></c:param>
</c:url><c:url var="pre"
value="pateTechCoopAudit!listDeclStatInfo.action">
<c:param name="order" value="pre"></c:param>
</c:url><c:url var="first"
value="pateTechCoopAudit!listDeclStatInfo.action">
<c:param name="order" value="first"></c:param>
</c:url><c:url var="last"
value="pateTechCoopAudit!listDeclStatInfo.action">
<c:param name="order" value="last"></c:param>
</c:url><input type="hidden" name="statusId">
<input type="hidden" name="declAudiStatus">
    <div span class="title"><strong>科技成果转化</strong></div>
<div class="container">
  <div class="content">
    <div class="mainarea">
      <div class="rect rect-white topmargin">
        <div class="rmm"> <div class="datatitle topmargin">
  <h3><img
src="${pageContext.request.contextPath }/images/icons/result.gif" />科技
成果转化审核</h3>
  <span class="page-link">
```

```
   项目名称
     <input type="text"  name="tranName" size="8" value="${tranName }">
  申请日期
    <input type="text" name="startTime"  size="8" value="${startTime }"
onclick="WdatePicker()">
    -
    <input  type="text"  name="endTime"   size="8"  value="${endTime  }"
onclick="WdatePicker()">
审核状态
<label>
<select name="declAudiStatus1" >
  <option  value="3"  <c:if  test="${requestScope.declAudiStatus1  eq
'3'}">selected</c:if>>全部</option>
  <option  value="1"  <c:if  test="${requestScope.declAudiStatus1  eq
'1'}">selected</c:if>>未审核</option>
  <option  value="2"  <c:if  test="${requestScope.declAudiStatus1  eq
'2'}">selected</c:if>>已审核</option>
</select>
</label>
  <input type="submit" name="button12" id="button12" value="查询" />
          </span>
          </div>
  <table width="100%" cellpadding="2" cellspacing="0" class="dataTable">
    <tr class="dataTableHead">
      <td width="5%" align="center"><label></label></td>
      <td width="10%" align="center"><strong>项目名称</strong></td>
   <td width="16%" align="center"><strong>行业类型</strong></td>
    <td width="19%" align="center"><strong>科技成果转化类型</strong></td>
<td width="22%" align="center"><strong>填报日期</strong></td>
  <td width="16%" align="center"><strong>审核状态</strong></td>
    </tr>
 <c:forEach items="${results}" var="declStatInfo" varStatus="s">
      <c:choose>
      <c:when test="${(s.index % 2) == 0}">
      <tr class="odd" >
       <td align="center">
       <label>
         <input      type="radio"      name="radio11"      id="radio11"
onclick="selectOne('${declStatInfo.statusId}','${declStatInfo.declAudi
Status}')"/>
       </label>
       </td>
         <td align="center" bordercolor="1" >
       <a
href="${pageContext.request.contextPath }/technologyTransformation/pat
eTechCoopManage!viewDeclStatInfo.action?statusId=${declStatInfo.status
Id }">
       ${declStatInfo.techTranProjects.tranName}</a>
       </td>
           <td align="center">
           ${declStatInfo.techTranProjects.tranTrade}
           </td>
      <td align="center">
          <c:if test="${declStatInfo.techTranProjects.tranType eq '1'}">
技术成果合作</c:if>
```

```
            <c:if test="${declStatInfo.techTranProjects.tranType eq '2'}">
技术成果转让</c:if>
            <c:if test="${declStatInfo.techTranProjects.tranType eq '3'}">
专利技术合作</c:if>
            <c:if test="${declStatInfo.techTranProjects.tranType eq '4'}">
项目共同开发</c:if>
       </td>
       <td                 align="center">                 <fmt:formatDate
value="${declStatInfo.declDataSubmTime}" pattern="yyyy-MM-dd"/></td>
        <td align="center">
   <c:if test="${declStatInfo.declAudiStatus eq '1'}">未审核</c:if>
   <c:if test="${declStatInfo.declAudiStatus eq '2'}">已审核</c:if>
       </td>
    </tr>
      </c:when>
      <c:otherwise>
      <tr class="odd2" >
       <td align="center">
       <label>
        <input      type="radio"      name="radio11"      id="radio11"
onclick="selectOne('${declStatInfo.statusId}','${declStatInfo.declAudi
Status}')"/>
       </label>
       </td>
         <td align="center" bordercolor="1" >
       <a
href="${pageContext.request.contextPath  }/technologyTransformation/pat
eTechCoopManage!viewDeclStatInfo.action?statusId=${declStatInfo.status
Id }">
       ${declStatInfo.techTranProjects.tranName}</a>
       </td>
           <td align="center">
           ${declStatInfo.techTranProjects.tranTrade}
           </td>
      <td align="center">
<c:if test="${declStatInfo.techTranProjects.tranType eq '1'}">技术成果合
作</c:if>
<c:if test="${declStatInfo.techTranProjects.tranType eq '2'}">技术成果转
让</c:if>
<c:if test="${declStatInfo.techTranProjects.tranType eq '3'}">专利技术合
作</c:if>
<c:if test="${declStatInfo.techTranProjects.tranType eq '4'}">项目共同开
发</c:if>
       </td>
       <td                 align="center">                 <fmt:formatDate
value="${declStatInfo.declDataSubmTime}" pattern="yyyy-MM-dd"/></td>
     <td align="center">
<c:if test="${declStatInfo.declAudiStatus eq '1'}">未审核</c:if>
<c:if test="${declStatInfo.declAudiStatus eq '2'}">已审核</c:if>
       </td>
    </tr>
      </c:otherwise>
      </c:choose>
  </c:forEach>
</table><div class="page">
```

```
  <span class="page-info">
  <button class="lbutton" type="button" onclick="pass()"><span>审核通过
</span></button>
  <button class="lbutton" type="button" onClick="noPass()"><span>审核不通
过</span></button> </span>
  <span class="page-link">
  共<label>${maxPage }</label>页 ，当前是第<label>${currentPage}</label>
页          <c:choose>
     <c:when test="${((tranName==null)||(tranName =='))&&((startTime
==null)||(startTime          ==''))&&((endTime          ==null)||(endTime
==''))&&((declAudiStatus1 == null)|| (declAudiStatus1 ==''))}">
             <a href="${first}">&lt;&lt;</a>
             <a href="${pre}">&lt;</a>
             <a href="${next}">&gt;</a>
             <a href="${last}">&gt;&gt;</a>
             </c:when>
             <c:otherwise>
               <a href="#" onclick="changePage('first1')">&lt;&lt;</a>
             <a href="#" onclick="changePage('pre1')">&lt;</a>
             <a href="#" onclick="changePage('next1')">&gt;</a>
             <a href="#" onclick="changePage('last1')">&gt;&gt;</a>
             </c:otherwise>
        </c:choose>
              转          <select      name="goPage"       id="goPage"
onchange="doJump()">
          <c:forEach var ="i" begin="1" end="${maxPage}">
              <c:choose>
              <c:when test="${((goPage != null) && (goPage == i)) ||
((goPage == null) && (i == 1))}">
              <option value="${i}" selected='selected'>${i}</option>
              </c:when>
              <c:otherwise>
                  <option value="${i}">${i}</option>
              </c:otherwise>
              </c:choose>
          </c:forEach>
         </select>
              页
          </span>
        </div>
      </div>
    </div>
</div>
</div>
</div>
</form>
```

5. 审核通过

```
<form id="form1" name="form1" method="post"
action="${pageContext.request.contextPath }/technologyTransformation/p
ateTechCoopAudit!savePassAudit.action" onSubmit="return checkInput()">
   <div span class="title"><strong>科技成果转化</strong></div>
<div class="container">
  <div class="content">
   <div class="mainarea">
     <div class="rect rect-white topmargin">
       <div class="rmm">
```

```
    <div          class="datatitle              topmargin"><h3><img
src="${pageContext.request.contextPath }/images/icons/result.gif" />添加
科技成果转化审核结果</h3>
  </div>
  <table width="100%" cellpadding="2" cellspacing="0" class="formtable">
  <tr class="odd">
<td width="20%" align="right"><strong>项目名称</strong></td>
<td                                                       width="80%"
align="left">${declStatInfo.techTranProjects.tranName}</td>
 <input type="hidden" name="statusId" value="${declStatInfo.statusId }">
</tr><tr class="odd2">
  <td width="20%" align="right" ><strong><span style="color:red">*</span>
审核意见</strong></td>
  <td width="80%" align="left">
    <textarea name="declAudiSuggest" cols="60" rows="10"></textarea>
  </td>
</tr></table>
<div class="page">
<table>
<tr>
  <th align="left"> </th>
  <td colspan="3">
  <button class="sbutton" type="submit" ><span>保存</span></button>
<button  class="sbutton"  type="button"  onClick="doClear()"><span> 重 置
</span></button>
<button               class="sbutton"                  type="button"
onclick="javascript:history.go(-1);"><span>返回</span></button>
         </td>
      </tr>
    </table>
  </div>
 </div>
</div>
</div>
</div> </form>
```

6. 审核不通过

```
<form id="form1" name="form1" method="post"
action="${pageContext.request.contextPath }/technologyTransformation/p
ateTechCoopAudit!saveNopassAudit.action" onSubmit="return
checkInput()">
<div span class="title"><strong>科技成果转化</strong></div>
<div class="container">
  <div class="content">
    <div class="mainarea">
      <div class="rect rect-white topmargin">
        <div class="rmm">
          <div class="datatitle topmargin">  <h3><img
src="${pageContext.request.contextPath }/images/icons/result.gif" />添加
科技成果转化审核结果</h3>
  </div>
  <table width="100%" cellpadding="2" cellspacing="0" class="formtable">
<tr class="odd">
<td width="20%" align="right" ><strong>项目名称</strong></td>
<td                                                       width="80%"
align="left">${declStatInfo.techTranProjects.tranName}</td>
```

```
 <input type="hidden" name="statusId" value="${declStatInfo.statusId }">
</tr>  <tr class="odd2">
    <td width="20%" align="right"  scope="row"><b>Email 抄送</b></td>
    <td width="80%" align="left">${declStatInfo.indiUser.userEmail }</td>
  </tr><tr class="odd">
  <td width="20%" align="right" ><strong><span style="color:red">*</span>
审核意见</strong></td>
  <td width="80%" align="left">
    <textarea name="declAudiSuggest" cols="85" rows="10"></textarea>
  </td>
</tr>
</table>
<div class="page">
<table>
<tr>
  <th align="left"> </th>
  <td colspan="3">
  <button class="sbutton" type="submit" ><span>保存</span></button>
<button  class="sbutton"  type="button"  onClick="doClear()"><span> 重 置
</span></button>
<button class="sbutton" type="button"
onclick="javascript:history.go(-1);"><span>返回</span></button>
        </td>
      </tr>
    </table>
  </div>
 </div>
</div>
</div>
</div>
</form>
```

附录 5 开发数据组件源码

审核状态信息相关 Dao 实现类

```
public class DeclStatInfoDaoImpl extends HibernateDaoSupport implements
DeclStatInfoDao {
//@author qugang
//根据申报表查找申报状态信息表
public DeclStatInfo findByFundDeclare(FundDeclare fundDeclare) {
String         hql="from          DeclStatInfo          status          where
status.fundDeclare.fundDeclId="+fundDeclare.getFundDeclId();
List<DeclStatInfo> list=this.getHibernateTemplate().find(hql);
if(list!=null&&list.size()==1){
return list.get(0);
}
return null;
}

public void delete(Integer statusId) {
DeclStatInfo declStatInfo = this.findById(statusId);
getHibernateTemplate().delete(declStatInfo);
}

public List<DeclStatInfo> findAll() {
String hql = "from DeclStatInfo";
List<DeclStatInfo> list = this.getHibernateTemplate().find(hql);
if(list!=null){
return list;
}
return null;
}

public DeclStatInfo findById(Integer statusId) {
String hql = "from DeclStatInfo d where d.statusId = ?";
List<DeclStatInfo> list = this.getHibernateTemplate().find(hql,
statusId);
if (null != list && list.size() == 1)
return list.get(0);
else
return null;
}

public void save(DeclStatInfo declStatInfo) {
this.getHibernateTemplate().save(declStatInfo);
}

public void update(DeclStatInfo declStatInfo) {
this.getHibernateTemplate().update(declStatInfo);
}

public List<DeclStatInfo> get(int start, int length) {
String hql = "from DeclStatInfo";
Session session=this.getSession();
```

```
List<DeclStatInfo>list=session.createQuery(hql).setFirstResult(start).
setMaxResults(length).list();

if(list!=null){
this.releaseSession(session);
return list;
}
return null;
}

public int getCount() {
String hql="select count(*) from DeclStatInfo";
List list=this.getHibernateTemplate().find(hql);
return ((Long)(list.get(0))).intValue();
}

public  List<DeclStatInfo>  findLike4AppAudit(String  queryProjName,
Integer queryDeclSubmStatus, String startTime, String endTime, Integer
start, Integer length) {

if(queryProjName==null)
queryProjName="";

if(startTime ==null || "".equals(startTime)){
startTime="2000-10-1";
}else{
startTime=startTime+" 00:00:00";
}
if(endTime ==null || "".equals(endTime)){
endTime="2050-10-1";
}else{
endTime=endTime+" 23:59:59";
}

String hql;
if(null == queryDeclSubmStatus)
hql = "from DeclStatInfo d where d.entrDeclare.ventProjects.ventName like
'%" +queryProjName+
"%' and d.declSubmStatus = 2  and d.declDataSubmTime between '" +startTime+
"' and '" +endTime+
"'";
else if(queryDeclSubmStatus == 1)
hql = "from DeclStatInfo d where d.entrDeclare.ventProjects.ventName like
'%" +queryProjName+
"%'   and  d.declSubmStatus  =  2   and  d.declAudiStatus  =  1   and
d.declDataSubmTime between '" +startTime+
"' and '" +endTime+
"'";
else if(queryDeclSubmStatus == 2)
hql = "from DeclStatInfo d where d.entrDeclare.ventProjects.ventName like
'%" +queryProjName+
"%'   and  d.declSubmStatus  =  2   and  d.declAudiStatus  =  2   and
d.declDataSubmTime between '" +startTime+
"' and '" +endTime+
"'";
else
hql = "from DeclStatInfo d where d.entrDeclare.ventProjects.ventName like
'%" +queryProjName+
"%'   and  d.declSubmStatus  =  2   and  d.declDataSubmTime  between  '"
+startTime+
```

```
"' and '" +endTime+
"'";
Session session = getSession();
List<DeclStatInfo> list = session.createQuery(hql).list();
if(list!=null){
this.releaseSession(session);
return list;
}
return null;
}

public Integer findLike4AppAudit(String queryProjName, Integer queryDeclSubmStatus, String startTime, String endTime) {
if(queryProjName==null)
queryProjName=" ";

if(startTime ==null || "".equals(startTime)){
startTime="2000-10-1";
}else{
startTime=startTime+" 00:00:00";
}
if(endTime ==null || "".equals(endTime)){
endTime="2050-10-1";
}else{
endTime=endTime+" 23:59:59";
}

String hql;
if(null == queryDeclSubmStatus)
hql = "from DeclStatInfo d where d.entrDeclare.ventProjects.ventName like
'%" +queryProjName+
"%' and d.declSubmStatus = 2 and d.declDataSubmTime between '" +startTime+
"' and '" +endTime+
"'";
else if(queryDeclSubmStatus == 1)
hql = "from DeclStatInfo d where d.entrDeclare.ventProjects.ventName like
'%" +queryProjName+
"%' and d.declSubmStatus = 2  and d.declDataSubmTime between '" +startTime+
"' and '" +endTime+
"'";
else if(queryDeclSubmStatus == 2)
hql = "from DeclStatInfo d where d.entrDeclare.ventProjects.ventName like
'%" +queryProjName+
"%' and d.declSubmStatus = 2  and d.declDataSubmTime between '" +startTime+
"' and '" +endTime+
"'";
else
hql = "from DeclStatInfo d where d.entrDeclare.ventProjects.ventName like
'%" +queryProjName+
"%' and d.declSubmStatus = 2  and d.declDataSubmTime between '" +startTime+
"' and '" +endTime+
"'";
Session session = getSession();
List<DeclStatInfo> list = session.createQuery(hql).list();
if(list!=null)
{
this.releaseSession(session);
return list.size();
}
else
```

```
return 0;
}

public List<DeclStatInfo> findLike4AppAudited(String queryProjName,
String queryUserName, Integer userId, Integer start, Integer length) {
if(null == queryProjName)queryProjName="";
if(null == queryUserName)queryUserName="";
String    hql    =    "from    DeclStatInfo    d    where
d.entrDeclare.ventProjects.indiUser.userId = ?  and d.declType = '11' and
d.entrDeclare.ventProjects.ventName like ? and d.declAudiStatus = '2' and
d.entrDeclare.ventProjects.indiUser.userTrueName like ? ";
Session session = getSession();

List<DeclStatInfo>       list=session.createQuery(hql).setParameter(0,
userId).setParameter(1,          "%"+queryProjName+"%").setParameter(2,
"%"+queryUserName+"%").setFirstResult(start).setMaxResults(length).lis
t();
this.releaseSession(session);

if(list!=null){
   return list;
}
return null;
}

public   Integer   findLike4AppAudited(String   queryProjName,   String
queryUserName, Integer userId) {
if(null == queryProjName)queryProjName="";
if(null == queryUserName)queryUserName="";
String    hql    =    "from    DeclStatInfo    d    where
d.entrDeclare.ventProjects.indiUser.userId = ?  and d.declType = '11' and
d.declAudiStatus = '2' and d.entrDeclare.ventProjects.ventName like ? and
d.entrDeclare.ventProjects.indiUser.userTrueName like ? ";
Session session = getSession();

List                   list=session.createQuery(hql).setParameter(0,
userId).setParameter(1,          "%"+queryProjName+"%").setParameter(2,
"%"+queryUserName+"%").list();

if(list!=null){
   this.releaseSession(session);
   return list.size();
}
return 0;
}

public List<DeclStatInfo> findLike4AppAuditManage(String queryProjName,
Integer queryAudiResult, String startTime, String endTime, Integer start,
Integer length) {
if(queryProjName==null)
queryProjName="";

if(startTime ==null || "".equals(startTime)){
startTime="2000-10-1";
}else{
startTime=startTime+" 00:00:00";
}
if(endTime ==null || "".equals(endTime)){
endTime="2050-10-1";
}else{
```

```
endTime=endTime+" 23:59:59";
}

String hql;
if(null == queryAudiResult)
hql = "from DeclStatInfo d where d.entrDeclare.ventProjects.ventName like
'%" +queryProjName+
"%' and d.declAudiStatus = 2  and d.declDataSubmTime between '" +startTime+
"' and '" +endTime+
"'";
else if(queryAudiResult == 1)
hql = "from DeclStatInfo d where d.entrDeclare.ventProjects.ventName like
'%" +queryProjName+
"%'  and  d.declAudiStatus  =  2  and  d.declAudiResult  =  '1'  and
d.declDataSubmTime between '" +startTime+
"' and '" +endTime+
"'";
else if(queryAudiResult == 2)
hql = "from DeclStatInfo d where d.entrDeclare.ventProjects.ventName like
'%" +queryProjName+
"%'  and  d.declAudiStatus  =  2  and  d.declAudiResult  =  '2'  and
d.declDataSubmTime between '" +startTime+
"' and '" +endTime+
"'";
else
hql = "from DeclStatInfo d where d.entrDeclare.ventProjects.ventName like
'%" +queryProjName+
"%' and d.declAudiStatus = 2  and d.declDataSubmTime between '" +startTime+
"' and '" +endTime+
"'";
Session session = getSession();

List<DeclStatInfo> list = session.createQuery(hql).list();
if(list!=null){
this.releaseSession(session);
return list;
}
return null;
}

public  Integer  findLike4AppAuditManage(String  queryProjName,  Integer
queryAudiResult, String startTime, String endTime) {
if(queryProjName==null)
queryProjName="";

if(startTime ==null || "".equals(startTime)){
startTime="2000-10-1";
}else{
startTime=startTime+" 00:00:00";
}
if(endTime ==null || "".equals(endTime)){
endTime="2050-10-1";
}else{
endTime=endTime+" 23:59:59";
}

String hql;
if(null == queryAudiResult)
hql = "from DeclStatInfo d where d.entrDeclare.ventProjects.ventName like
'%" +queryProjName+
```

```
"%' and d.declAudiStatus = 2  and d.declDataSubmTime between '" +startTime+
"' and '" +endTime+
"'";
else if(queryAudiResult == 1)
hql = "from DeclStatInfo d where d.entrDeclare.ventProjects.ventName like
'%" +queryProjName+
"%'  and  d.declAudiStatus  =  2  and  d.declAudiResult  =  '1'  and
d.declDataSubmTime between '" +startTime+
"' and '" +endTime+
"'";
else if(queryAudiResult == 2)
hql = "from DeclStatInfo d where d.entrDeclare.ventProjects.ventName like
'%" +queryProjName+
"%'  and  d.declAudiStatus  =  2  and  d.declAudiResult  =  '2'  and
d.declDataSubmTime between '" +startTime+
"' and '" +endTime+
"'";
else
hql = "from DeclStatInfo d where d.entrDeclare.ventProjects.ventName like
'%" +queryProjName+
"%' and d.declAudiStatus = 2  and d.declDataSubmTime between '" +startTime+
"' and '" +endTime+
"'";
Session session = getSession();
List<DeclStatInfo> list = session.createQuery(hql).list();

if(list!=null){
this.releaseSession(session);
return list.size();
}
else
return 0;
}

//构建一个 Criteria
private Criteria createCriteria(Criterion...criterions) {

Criteria criteria = getSession().createCriteria(DeclStatInfo.class);
for(Criterion cri : criterions) {
criteria.add(cri);
}
return criteria;
}

public List<DeclStatInfo> findByProperties(
Map<String, Object> properties_values) {
List<Criterion> criterions = new ArrayList<Criterion>();
Set<String> keys = properties_values.keySet();
for(String key : keys) {
criterions.add(Restrictions.eq(key, properties_values.get(key)));
}
Criteria     criteria     =     createCriteria(criterions.toArray(new
Criterion[0]));
return (List<DeclStatInfo>)criteria.list();
}

public    List<DeclStatInfo>    findByProperties(Map<String,    Object>
properties_values, Integer start, Integer length) {
```

```
List<Criterion> criterions = new ArrayList<Criterion>();
Set<String> keys = properties_values.keySet();
for(String key : keys) {
criterions.add(Restrictions.eq(key, properties_values.get(key)));
}
Criteria      criteria      =      createCriteria(criterions.toArray(new
Criterion[0]));
return
(List<DeclStatInfo>)criteria.setFirstResult(start).setMaxResults(lengt
h).list();
}

public List<DeclStatInfo> listAppAudited(Integer userId, Integer start,
Integer length) {
String      hql      =      "from      DeclStatInfo      d      where
d.entrDeclare.ventProjects.indiUser.userId = ? and d.declType = ? and
d.declAudiStatus = ?";
Session session = getSession();
List<DeclStatInfo>   list   =   session.createQuery(hql).setParameter(0,
userId).setParameter(1, "11").setParameter(2, "2").list();
if(list!=null){
this.releaseSession(session);
return list;
}
return null;
}

public Integer listAppAudited(Integer userId) {
String      hql      =      "from      DeclStatInfo      d      where
d.entrDeclare.ventProjects.indiUser.userId = ?  and d.declType = ? and
d.declAudiStatus = ?";
Session session = getSession();
List<DeclStatInfo>   list   =   session.createQuery(hql).setParameter(0,
userId).setParameter(1, "11").setParameter(2, "2").list();

if(list!=null){
  this.releaseSession(session);
  return list.size();
}
return 0;
}

public Integer findOtherInfos() {
String hql = "from DeclStatInfo d where (d.declAudiResult =null or
d.declAudiResult   =   2)   and   d.declType   in   (1,6,11)   order   by
d.declDataSubmTime desc";
Session session = getSession();
List<DeclStatInfo> list = session.createQuery(hql).list();
if(list!=null){
this.releaseSession(session);
return list.size();
}
return 0;
}

public List<DeclStatInfo> findOtherInfos(Integer start, Integer length)
{
String hql = "from DeclStatInfo d where (d.declAudiResult =null or
d.declAudiResult   =   2)   and   d.declType   in   (1,6,11)   order   by
d.declDataSubmTime desc";
```

```
Session session = getSession();
List<DeclStatInfo>                    list                    =
session.createQuery(hql).setFirstResult(start).setMaxResults(length).l
ist();

if(list!=null){
this.releaseSession(session);
return list;
}
return null;
}
}
```

参考文献

[1] Stephen Schach.面向对象软件工程[M]. 北京：机械工业出版社，2009.
[2] robert c. martin. 敏捷软件开发：原则、模式与实践[M]. 北京：清华大学出版社，2003.
[3] bruce e.wampler. java 与 uml 面向对象程序设计[M]. 北京：人民邮电出版社，2002.
[4] bruce eckel. java 编程思想[M]. 4 版. 北京：机械工业出版社，2007.
[5] bob hughes.软件项目管理[M]. 北京：机械工业出版社，2010.
[6] 冯庆东. Java Web 程序开发参考手册[M]. 北京：机械工业出版社，2013.
[7] 蒋海昌. java web 设计模式之道[M]. 北京：清华大学出版社，2013.
[8] 张志锋. java web 技术整合应用与项目实战[M]. 北京：清华大学出版社，2013.
[9] donald brown. struts 2 实战[M]. 北京：人民邮电出版社，2010.
[10] craig walls. spring in action（第二版）中文版[M]. 北京：人民邮电出版社，2008.
[11] christian bauer. hibernate 实战（英文版. 第 2 版）[M]. 北京：人民邮电出版社，2007.